大飞机出版工程

总主编 顾诵芬

民用运输类飞机驾驶舱
人为因素设计原则

Design Principle for Flight Deck Human Factors of Civil Transportation Aircraft

傅 山 编著

上海交通大学出版社
SHANGHAI JIAO TONG UNIVERSITY PRESS

内容提要

民用运输类飞机的安全性、经济性和舒适性与驾驶舱人为因素有着密切的关系。本书从航空人与航空器的统一、设计与审定的统一的原则出发,探讨民用运输类飞机驾驶舱人为因素设计的思想与技术体系。以民用飞机驾驶舱对人为因素的要求(包括设计要求、适航认证要求和运营要求)为指引,系统地阐述民用运输类飞机驾驶舱人为因素设计理念与原则的产生、设计指南和标准的制定。结合民用运输类飞机设计与审定过程,介绍相关的设计方法和符合性验证方法。本书在引用和分析大量民用运输类飞机人为因素设计的研究成果和实际案例的基础上,系统地提出了以和谐为导向的民用运输类飞机人为因素设计理念与实践指导。

本书可作为民用运输类飞机设计与适航审定人员的参考资料,也可作为相关领域大学生和研究生的教材和参考文献。

图书在版编目(CIP)数据

民用运输类飞机驾驶舱人为因素设计原则/傅山编著. —上海:上海交通大学出版社,2013
(大飞机出版工程)
ISBN 978 - 7 - 313 - 10747 - 3

Ⅰ.①民…　Ⅱ.①傅…　Ⅲ.①民用飞机-运输机-座舱-人为因素-设计　Ⅳ.①V271

中国版本图书馆 CIP 数据核字(2013)第 308962 号

民用运输类飞机驾驶舱人为因素设计原则

编　　著:傅　山
出版发行:上海交通大学出版社　　　　　地　　址:上海市番禺路 951 号
邮政编码:200030　　　　　　　　　　电　　话:021 - 64071208
出 版 人:韩建民
印　　制:浙江云广印业有限公司　　　　经　　销:全国新华书店
开　　本:787mm×1092mm　1/16　　　印　　张:15.5
字　　数:296 千字
版　　次:2013 年 12 月第 1 版　　　　　印　　次:2013 年 12 月第 1 次印刷
书　　号:ISBN 978 - 7 - 313 - 10747 - 3/V
定　　价:69.00 元

大飞机出版工程

丛书编委会

总主编：

顾诵芬（中国航空工业集团公司科技委副主任、两院院士）

副总主编：

金壮龙（中国商用飞机有限责任公司董事长）

马德秀（上海交通大学党委书记、教授）

编　委：（按姓氏笔画排序）

王礼恒（中国航天科技集团公司科技委主任、院士）

王宗光（上海交通大学原党委书记、教授）

刘　洪（上海交通大学航空航天学院教授）

许金泉（上海交通大学船舶海洋与建筑工程学院工程力学系主任、教授）

杨育中（中国航空工业集团公司原副总经理、研究员）

吴光辉（中国商用飞机有限责任公司副总经理、总设计师、研究员）

汪　海（上海交通大学航空航天学院副院长、研究员）

沈元康（国家民航总局原副局长、研究员）

陈　刚（上海交通大学副校长、教授）

陈迎春（中国商用飞机有限责任公司常务副总设计师、研究员）

林忠钦（上海交通大学副校长、院士）

金兴明（上海市经济与信息化委副主任、研究员）

金德琨（中国航空工业集团公司科技委委员、研究员）

崔德刚（中国航空工业集团公司科技委委员、研究员）

敬忠良（上海交通大学航空航天学院常务副院长、教授）

傅　山（上海交通大学航空航天学院研究员）

适航系列编委会

总　序

国务院在 2007 年 2 月底批准了大型飞机研制重大科技专项正式立项,得到全国上下各方面的关注。"大型飞机"工程项目作为创新型国家的标志工程重新燃起我们国家和人民共同承载着"航空报国梦"的巨大热情。对于所有从事航空事业的工作者,这是历史赋予的使命和挑战。

1903 年 12 月 17 日,美国莱特兄弟制作的世界第一架有动力、可操纵、比重大于空气的载人飞行器试飞成功,标志着人类飞行的梦想变成了现实。飞机作为 20 世纪最重大的科技成果之一,是人类科技创新能力与工业化生产形式相结合的产物,也是现代科学技术的集大成者。军事和民生对飞机的需求促进了飞机迅速而不间断的发展和应用,体现了当代科学技术的最新成果;而航空领域的持续探索和不断创新,为诸多学科的发展和相关技术的突破提供了强劲动力。航空工业已经成为知识密集、技术密集、高附加值、低消耗的产业。

从大型飞机工程项目开始论证到确定为《国家中长期科学和技术发展规划纲要》的十六个重大专项之一,直至立项通过,不仅使全国上下重视起我国自主航空事业,而且使我们的人民、政府理解了我国航空事业半个世纪发展的艰辛和成绩。大型飞机重大专项正式立项和启动使我们的民用航空进入新纪元。经过 50 多年的风雨历程,当今中国的航空工业已经步入了科学、理性的发展轨道。大型客机项目其产业链长、辐射面宽、对国家综合实力带动性强,在国民经济发展和科学技术进步中发挥着重要作用,我国的航空工业迎来了新的发展机遇。

大型飞机的研制承载着中国几代航空人的梦想,在 2016 年造出与波音 B737 和空客 A320 改进型一样先进的"国产大飞机"已经成为每个航空人心中奋斗的目标。然而，大型飞机覆盖了机械、电子、材料、冶金、仪器仪表、化工等几乎所有工业门类，集成了数学、空气动力学、材料学、人机工程学、自动控制学等多种学科，是一个复杂的科技创新系统。为了迎接新形势下理论、技术和工程等方面的严峻挑战，迫切需要引入、借鉴国外的优秀出版物和数据资料，总结、巩固我们的经验和成果，编著一套以"大飞机"为主题的丛书，借以推动服务"大型飞机"作为推动服务整个航空科学的切入点，同时对于促进我国航空事业的发展和加快航空紧缺人才的培养，具有十分重要的现实意义和深远的历史意义。

2008 年 5 月，中国商用飞机有限公司成立之初，上海交通大学出版社就开始酝酿"大飞机出版工程"，这是一项非常适合"大飞机"研制工作时宜的事业。新中国第一位飞机设计宗师——徐舜寿同志在领导我们研制中国第一架喷气式歼击教练机——歼教 1 时，亲自撰写了《飞机性能捷算法》，及时编译了第一部《英汉航空工程名词字典》，翻译出版了《飞机构造学》、《飞机强度学》，从理论上保证了我们飞机研制工作。我本人作为航空事业发展 50 年的见证人，欣然接受了上海交通大学出版社的邀请担任该丛书的主编，希望为我国的"大型飞机"研制发展出一份力。出版社同时也邀请了王礼恒院士、金德琨研究员、吴光辉总设计师、陈迎春副总设计师等航空领域专家撰写专著、精选书目，承担翻译、审校等工作，以确保这套"大飞机"丛书具有高品质和重大的社会价值，为我国的大飞机研制以及学科发展提供参考和智力支持。

编著这套丛书，一是总结整理 50 多年来航空科学技术的重要成果及宝贵经验；二是优化航空专业技术教材体系，为飞机设计技术人员培养提供一套系统、全面的教科书，满足人才培养对教材的迫切需求；三是为大飞机研制提供有力的技术保障；四是将许多专家、教授、学者广博的学识见解和丰富的实践经验总结继承下来，旨在从系统性、完整性和实用性角度出发，把丰富的实践经验进一步理论化、科学化，形成具有我国特色的"大飞机"理论与实践相结合的知识体系。

"大飞机"丛书主要涵盖了总体气动、航空发动机、结构强度、航电、制造等专业方向，知识领域覆盖我国国产大飞机的关键技术。图书类别分为译著、专著、教材、工具书等几个模块；其内容既包括领域内专家们最先进的理论方法和技术成果，也包括来自飞机设计第一线的理论和实践成果。如:2009 年出版的荷兰原福克飞机公司总师撰写的 *Aerodynamic Design of Transport Aircraft*(《运输类飞机的空气动力设计》),由美国堪萨斯大学 2008 年出版的 *Aircraft Propulsion*(《飞机推进》)等国外最新科技的结晶;国内《民用飞机总体设计》等总体阐述之作和《涡量动力学》、《民用飞机气动设计》等专业细分的著作;也有《民机设计 1000 问》、《英汉航空双向词典》等工具类图书。

　　该套图书得到国家出版基金资助,体现了国家对"大型飞机项目"以及"大飞机出版工程"这套丛书的高度重视。这套丛书承担着记载与弘扬科技成就、积累和传播科技知识的使命,凝结了国内外航空领域专业人士的智慧和成果,具有较强的系统性、完整性、实用性和技术前瞻性,既可作为实际工作指导用书,亦可作为相关专业人员的学习参考用书。期望这套丛书能够有益于航空领域里人才的培养,有益于航空工业的发展,有益于大飞机的成功研制。同时,希望能为大飞机工程吸引更多的读者来关心航空、支持航空和热爱航空,并投身于中国航空事业做出一点贡献。

2009 年 12 月 15 日

序　一

发展国产大型客机是党中央、国务院在 21 世纪作出的具有重要战略意义的决策。"民机发展,适航先行",是民用航空事业的基本理念。适航是国产大型客机获得商业成功、走向国际市场的法定前提和重要保证。

众所周知,第二次世界大战结束后,世界航空工业的两个超级大国——美国和苏联,分别成功制造了大型飞机波音 707 飞机和图 - 154 飞机,并投入民用航空运输领域。经过数十年的市场选择,最后的结果值得我们深思。目前,世界大型民机市场几乎完全由美国波音和欧洲空客两大航空巨头垄断,而辉煌一时的苏联民用运输机在市场上所占的份额不足 0.5%。造成这种结果的最重要因素,就是它的飞机安全性没有完全保证;同时,其保障安全性的适航体系也没有完全建立和全面实施。

美国高度重视适航体系的建立和发展。早在 1926 年商务部就成立了航空司,并颁发第 7 号航空通报,对飞行员、航图、导航和适航标准进行管理。1934 年,航空司更名为航空局。从 1934 年到 1958 年相继制定并颁发了民用航空规章(CAR)如 CAR04(飞机适航要求)、CAM04(要求和解释材料)、CAR03(小飞机)、CAR06(旋翼机)、CAR04a - 1(TSO)、CAR7(运输类旋翼飞机)等。

1958 年,航空局更名为联邦航空局(FAA),被赋予制定和监督实施美国航空规章(FAR)的职责。FAA 归属交通运输部,但局长由总统直接任命。

波音 707 飞机于 1958 年获得 FAA 型号合格证,获得了适航批准。在美国严格的审定标准和审定程序下,该飞机具有良好的安全性和市场表现,先后共交付 1010 架,被誉为商用民航客机的典范。美国的适航体系和概念也得到了世界上绝大多数国家的认可。

苏联图 - 154 飞机却命运多舛。该飞机于 1966 年开始设计,苏联当时没有构成体系的民用飞机适航标准和主要参考强度规范等。虽然苏联民用飞机和直升机适航标准联合委员会于 1967 年制订了《苏联民用飞机适航标准》,该标准涵盖了运输类飞机、直升机、发动机和螺旋桨等各种航空产品,但适航要求不够详细和完善。1972年,图-154获得苏联民用航空部运送乘客许可并投入运行。该飞机虽然生产了900余架,但却发生了56次重大事故,最终没能在国际主流民机市场获得认可。

欧洲空中客车公司在国际民机市场的崛起,从另一个侧面说明了强有力的适航管理能力是大型客机成功的关键因素之一。欧洲为了在国际民机市场上和美国分庭抗礼,于1990年成立联合航空局(JAA),大力加强适航审定体系和适航管理能力建设,为空中客车公司后来居上进而在国际大型民机市场与波音公司平分秋色,起到了支撑和保障作用。

纵观欧美和苏联的运输类飞机发展历程可以发现,民机型号的发展不仅需要先进的航空工业基础,更重要的是要有国际认可的安全性——适航性。

当前,在国家政策指引下,中国航空业呈现跨越式发展。ARJ21-700新支线飞机、215直升机、MA600螺旋桨飞机、Y12F轻型多用途飞机、N5B农用飞机、H0300水陆两栖飞机、L7初级教练机、28F直升机、Y8F-600飞机等型号陆续开展研制工作。2009年12月16日,大型客机C919基本总体技术方案经过评审并获得通过,转入初步设计阶段;2010年向中国民航局提交大型客机取证申请,预计大型客机争取在2014年首飞,2016年交付客户使用。

面对正在开展的支线飞机和大型客机适航审定工作,我国的适航管理面临着新的严峻的挑战,突出表现为两个主要矛盾:一是国际审定技术快速发展与我国适航审定能力相对滞后的矛盾,尽管我们采用"影子审查"的中美两国政府合作方式来弥补;二是国内民用航空工业的快速发展与有限的适航符合性基础能力的矛盾。

现实迫切需要引入、借鉴国外的优秀出版物和数据资料,同时总结、巩固我国30年的实践经验和科研成果,编著一套以"民用飞机适航"为主题的丛书,这对于促进我国适航管理技术的发展和加快适航紧缺人才的培养,具有十分重要的现实意义和深远的历史意义。

与适航事业结缘近30年,并见证了中国适航发展变迁,我怀着继续为中国适航管理竭尽绵薄之力的愿望,欣然接受了上海交通大学出版社的邀请,担任"民用飞机适航"丛书的名誉主编。出版社同时邀请了中国民用航空局张红鹰总工程师、中商飞吴光辉总设计师和原民航局适航司副司长赵越让等适航专家撰写专著、精选书目,承担翻译、审校等工作,以确保这套丛书具有高品质和重大的社会价值,为我国的大飞机研制以及适航技术的发展提供参考和智力支持。

这套丛书主要涵盖了适航理念与原则、机载软件适航、试飞、安全可靠性、金属材料与非金属材料等专业方向,知识领域覆盖我国国产大飞机适航的关键技术,内容既包括适航领域专家们最先进的理论方法和技术成果,也包括来自工艺部门进行适航符合性验证的理论和实践成果。

该套图书得到国家出版基金资助,体现了国家对"大型飞机项目"以及"民用飞机适航出版工程"的高度重视。这套丛书承担着记录与弘扬科技成就、积累和传播科技知识的使命,凝结了国内外民机适航领域专业人士的智慧和成果,具有较强的系统性、完整性、实用性和技术前瞻性,既可作为实际工作指导用书,也可作为相关专业人员的学习参考用书。期望这套丛书能够有益于民用航空领域里适航人才的培养,有益于国内适航法规的完善、有益于国内适航技术的发展,有益于大飞机的成功研制。同时吸引更多的读者重视适航、关心适航、支持适航,为国产大型客机的商业成功做出贡献。

最后,我们衷心感谢中商飞、上海交通大学出版社和参与编写、编译、审校的专家们以及热心于适航教育的有识之士做出的各种努力。

由于国内外专家们的背景、经历和实践等差异,有些观点和认识不尽相同,但本着"仁者见仁,智者见智","百花齐放,百家争鸣"的精神,给读者以研究、思考的广阔空间,也诸多裨益。当然,不同认识必将在未来的实践检验中得到统一和认可。这也是我们出版界伟大的社会责任。我们期望的事业也就蓬勃发展了。大家努力吧!

2013 年 4 月 20 日

序　二

2012 年 7 月 8 日,国务院出台了《国务院关于促进民航业发展的若干意见》。其中明确提出"积极支持国产民机制造",包括加强适航的审定和航空器的适航评审能力建设,健全适航审定组织体系,积极为大飞机战略服务,积极拓展中美、中欧等双边适航范围,提高适航审定国际合作水平。2013 年 1 月 14 日,国务院办公厅以国办函[2013]4 号文件下发了《促进民航业发展重点工作分工方案的通知》,要求有关部门认真贯彻落实《国务院关于促进民航业发展的若干意见》精神,将涉及本部门的工作进行分解和细化,并抓紧制订出具体落实措施。由此可见,适航和适航审定能力建设已上升为国家民航强国战略、国产大飞机战略的有效组成部分。

适航是民用飞机进入市场的门槛,代表了公众对民用飞机安全的认可,也是民用飞机设计的固有属性。尽管相比国外,我国的适航管理起步较晚,1987 年国务院才颁布《中华人民共和国民用航空器的适航管理条例》,但是我们一开始在适航标准的选用上就坚持了高标准并确定了与欧美国家接轨的道路,几十年国际民用飞机的发展和经验已充分证明我国适航管理道路的正确性和必要性,对于国家的大飞机战略,我们仍将坚持和选择这样的道路,只有这样,才能确保我国从民航大国走向民航强国,形成有国际竞争力的民用飞机产业。

飞机已经诞生 110 年了,国外先进的民机发展历史也有七八十年,我国民机发展历史较短,目前还无真正意义上按 25 部适航标准要求取得型号合格证的产品出现,但可喜的是从中央到企业,从民航到工业界,业界领导和专家将适航及适航能力的突破作为国产民用飞机产业发展的基础和前提,达成了共识。专家、学者、工程师和适航工作者全面探索和开辟了符合中国国情的适航成功道路的研究及实践,并直接应用到 C919 等型号研制中。我很高兴地看到上海交通大学出版社面向大飞机项目的适航技术提高和专业适航人才的培养,适时推出"民用飞机适航出版工程"系列丛书,引入、借鉴国外的优秀出版物,总结并探索我国民机发展适航技术的实践经验及工程实践道路,直接呼应了国家重大任务,应对了民机产业发展,这无疑具有十分重要的现实意义和深远的历史意义。

张红鹰

2013 年 7 月 20 日

作者介绍

傅山,博士,教授,博士生导师。1985 年毕业于西北工业大学航空电子工程专业。1995 年毕业于英国赫瑞瓦特大学(Heriot-Watt University)获 Ph. D. 学位。曾在英国克兰菲尔德大学(Cranfield University)工程学院任高级讲师和图像处理实验室主任。2006 年 12 月,加入上海交通大学航空航天学院。现任 SCI 国际期刊 *Journal of Strain Analysis for Engineering Design*,*Journal of Aviation Psychology and Applied Human Factors* 编委。主要致力于人机环系统工程、人在环飞行控制系统、航空人为因素、精密测量及智能系统等领域的研究。在英国期间曾负责多项欧共体、英国国家级科研项目,并承担过多项工业应用科研项目。加入上海交通大学以来,已承担多项国家级和省部级项目,并且紧密服务于 ARJ21 和 C919 的型号任务。主持的代表性项目包括国家"973"项目课题:"民用飞机驾驶舱人机工效综合评估理论与方法"和重大专项课题:"C919 大型客机人为因素适航要求和符合性验证方法研究"。主要讲授的课程有"工程心理学"、"航空人为因素与飞行安全"和"民用飞机适航管理与符合性验证技术概论"。

序

　　写这本书的动力始于八年前的一系列小故事。回国前,为了规划日后的工作方向,请教了中航工业科技委委员、洛阳光电研究所原所长张雄安先生,他给我的建议是回国后的工作先从民用航空领域入手。此前已在航空领域做了 20 年研究的我,第一次开始认真考虑民用航空的特殊性,并促使我将工作重点投入到对民用飞机的研究,幸运的是当时成立不久的上海交通大学空天科学技术研究院也将民用航空确定为重点研究方向。有了工作上的定位,自然少不了与各方面的联系,在代表上海交通大学与中国民用航空局的联系中,结识了我西北工业大学的学长,时任适航司副司长、现任中国商飞公司适航管理部部长的赵越让先生,此后的多次交往中,除了谈交大与中国民用航空局的合作议题,我们讨论最多的就是航空人为因素方面的话题。每次交谈都可以感受到赵学长所承受的压力——由于我国民用航空人为因素研究力量薄弱对我国民机研制进程的制约所形成的压力。在赵学长的推荐下,我成了中国商飞公司人为因素工作组的专家。在人为因素工作组的工作过程中,结识了另一位专家,上海航空器适航审定中心副主任欧阳旭坡先生。以数理科学为研究背景的欧阳有着一般官员可能缺少的学术气质,作为我国大型民用客机适航审定的负责人,其责任心又驱使他系统地思考适航审定过程中的所有问题。欧阳先生当然没法同我讨论他所关注的所有问题,但在航空人为因素,特别是驾驶舱人为因素方面,欧阳先生花了大量的时间与精力与我探讨和分享。正是这三个人使我回国后的工作专注于航空人为因素的研究。

　　还有一件事:在某型国产飞机的适航审定过程中,由于研制单位对驾驶舱人为因素的适航审定没有把握,便通过我请来了两位欧洲的专家协助工作。这两位专家刚进入驾驶舱的时候，被驾驶舱空间之大、系统配置之先进所震撼，赞美之词不断。然而随着了解的深入，两位专家变得越来越安静了。最后实在是看不懂了，问我要"Design Philosophy Document"。什么？这是什么东西？我相信大部分的读者是在这里第一次接触到这个名称，更别说五六年之前了。该型号飞机的总设计师明确告诉我，这个文件从来就不曾有过。可想而知，当时场面显得十分尴尬。

"设计理念"是设计学中的基本概念，它表达设计者的信念，是任何产品设计的最顶层的文件。它统一设计中所采用的各项原则，使它们和谐共存。产品的子系统或子功能之间所产生的矛盾，要在设计理念的指导下进行协调。很显然，上面提到的两位专家注意到了该驾驶舱中太多的不协调，试图通过设计理念文件来了解设计师的意图，可惜我们的设计师并没有意识到设计需要理念。

在过去相当长的一段时间里，我们工业产品，包括航空产品是以仿制为主的。在仿制的过程中，工程技术人员不需要有自己的设计理念。而今天，我们在许多行业已经赶上或接近世界先进水平，引领成了我们无法回避的责任。也就是说，我们的设计师们需要有自己的理念，并在这个理念指导下统一设计人员的思想，完成飞机的研制工作。

当然，光有理念是没用的，必须通过设计原则、设计标准和流程来保证理念的落实。这本书正是在这样的背景产生的。写作过程中得到了同行们的大力支持，包括上海交通大学先进设计研究所的陈泳博士、张执南博士，以及当时我的博士后研究员、现供职于上海飞机设计研究院的董大勇博士，还有我的研究生们。他们在资料收集方面给予了很大的帮助，并在与他们无数次的探讨过程中，不断修正和完善本书的内容。

本书的目的不是要告诉读者驾驶舱人为因素设计的理念和原则是什么，而是试图告诉读者驾驶舱设计是需要理念的；而且理念不是空的，是需要设计原则和标准来支撑的；设计理念、原则和标准是有联系、可追溯、可验证的。

我个人认为，八年的经历与积累对于这样一本书来说有点短，但向我们的民用飞机设计师们灌输设计理念的必要性已经非常紧迫了，我衷心希望本书的出版能够抛砖引玉，引起同行们对设计理念的重视。由于编者水平有限、时间仓促，不足甚至差错在所难免，希望各位读者多提宝贵意见。

目　　录

第2部分 飞机驾驶舱设计过程中的人为因素

第3部分　人为因素的适航符合性要求

第1部分
民用飞机驾驶舱人为
因素设计理念与原则

1 驾驶舱人为因素设计理念的研究

驾驶舱人为因素设计理念的研究内容主要包括驾驶舱人为因素设计的一般原理、基本原则、基本理论和方法。驾驶舱人为因素设计理念对驾驶舱设计的各个阶段都具有指导意义,特别是在概念设计阶段,作为驾驶舱操作系统设计和人为因素设计活动的最高原则,对驾驶舱的设计或其子系统的改进起着决定性作用。驾驶舱设计中所体现的最高原则是:对操作安全性永无止境的追求。基于这一原则,驾驶舱人为因素设计理念还包括以下五项基本原则:

(1) 与机组共同设计。在驾驶舱设计开发的各个阶段都需要飞行员的参与,飞行员作为驾驶舱的最终用户,对驾驶舱需要作哪些改进、哪种驾驶舱更能够满足飞行需要最有发言权。

(2) 和谐的人—机界面设计。设计支持无缝互动的人—机界面,满足驾驶舱可用性和易用性的需求。

(3) 在各个层次上全面提高机组的安全意识。通过提供飞行员易于察觉的安全警示、告警等方式,在飞行各阶段为飞行员提供及时、准确的信息,降低人为差错概率。

(4) 确保设计的简单、可靠和易维护。不仅能够降低机组的记忆、工作负荷,还能够减少机组信息混淆、操作失误发生的机会。

(5) 在采用任何新技术时要以满足上述四点要求为原则。

基于以上原则,进行驾驶舱设计首先应该确定清晰的设计目标。由于驾驶舱设计是一个系统工程,涉及设计人员、驾驶舱本身、飞行员及航空公司、飞机运行环境以及相关社会因素,设计目标至少应包括以下几个方面(见图 1.1):

(1) 满足飞行机组通常的使用习惯以及机组在飞行、导航、通信和管理飞机系统时的基本需求。

(2) 设计中必须考虑到现有及预期可能存在的飞行环境的限制。

(3) 需要考虑制造商/供应商可能的战略决策,使设计目标切实可行。

(4) 重视设计管理,以实现上述 3 项目标。设计管理贯穿设计各个阶段,对设计目标能否实现有着重要影响,是设计工作顺利进行的保证。飞机驾驶舱的设计和开发的参与者常常分布在世界各地,为使上述主体建立良好的互动、协作关系,保证设计理念得到充分贯彻和执行就必须认识到驾驶舱设计不仅具有技术性,也兼具社

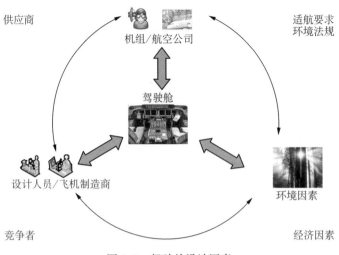

供应商　　　　　　　　　　　　　　　　　适航要求
环境法规

竞争者　　　　　　　　　　　　　　　　经济因素

图 1.1　驾驶舱设计因素

会性,驾驶舱设计能否达到既定目标不仅需要好的设计,也离不开卓越的设计管理。

驾驶舱人为因素设计理念旨在驾驶舱布置、飞行控制、自动化系统、提示及告警各方面,定义能够满足上述各方面目标的设计概念。驾驶舱人为因素设计理念不仅为设计人员提供开发新驾驶舱和改型现有驾驶舱的指导,还有助于设计方法和方案的形成与实现,使人—机接口和操作方法的一致性得到保障。

2　驾驶舱人为因素设计理念的构成

美国国家运输安全委员会(National Transportation Safety Board，NTSB)将1988 年到 1997 年期间中的 144 起飞行事故归因为：机组人为错误、飞机故障、维护不足、天气原因、空中交通管制和其他因素。如图 2.1 所示，人为因素导致了 105 起事故的发生，占事故发生率的 73％，其次是飞机故障。因此，驾驶舱设计应将人为因素作为设计中的首要因素予以考虑，包括下列基本内容："以人为中心"的设计原则、自动化系统和设计管理。

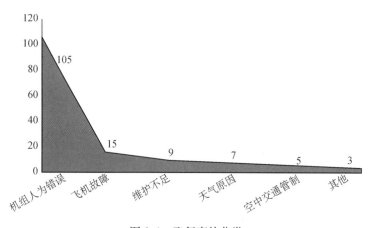

图 2.1　飞行事故分类

2.1　人为因素设计理念涉及的内容

"以人为中心"的设计原则要求设计者在设计的早期开始对人的能力和局限性进行考虑直到设计工作完成，设计活动应围绕人与自动控制系统的和谐关系展开，从而确保自动化系统能够帮助机组以安全、有效、高效的方式执行任务，提升飞行效率和安全。如图 2.2 所示，"以人为中心"的设计原则要求机组全程参与到设计过程中，并且通过设计通信传达需求，确保设计尽可能地满足机组人员提出的需求及其潜在需求。

关于"以人为中心"的驾驶舱设计原则，至少应包括以下几点：

1) 人—机交互环境简洁自然

简洁不是简化，简洁是一种高层次的原则。如果设计是简洁的，那么它将易于

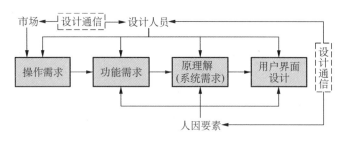

图 2.2　"以人为中心"的设计原则

理解,从而易于学习和记忆,并预知它的作用和功能。简洁不但使设计易于使用,还能够提高人—机界面设计的可理解性。在驾驶舱布置和程序设计时,应尽可能考虑人的思维和操作习惯,使其符合飞行员通常的飞行理念,便于操纵和管理飞机。

　　2) 飞行控制系统的操作设计应尽量减轻飞行员的记忆负担

　　飞行是科技含量很高的、复杂的技能活动,最终输出不允许有错误,但是飞行控制系统程序比较复杂,相互关联多,特别是在情况紧急时,飞行员仓促选择程序很容易出错。广为接受的驾驶舱设计原则之一是显示器中活动元件的运动方向应与相关的控制器运动方向一致才符合人的认知习惯,但某些自动系统的设计不符合这一原则。例如,备用姿态指示器仪表内的飞机图案是固定的,而人工地平线是运动的,由于它反映的是飞行员由驾驶舱风挡看出去时地平线的变化情况,因此常被称为由内向外看的显示,虽然符合工程学原理,但却没有考虑人的认知习惯反应,飞行学员在初学时很难理解,常常将左右坡度混淆、出现反操纵的现象;如果采用由外向内看的姿态指示器中使人工地平线不动而飞机图案运动,则可反映从驾驶舱窗外看到的飞机姿态的实际变化情况,符合"操纵—显示"一致性的逻辑及人的通常习惯,可避免由于情况紧急、情绪紧张而激发的本能习惯行为造成错误操作的结果。因此,在按飞行规律科学地编排标准程序时,还应考虑到飞行员的记忆能力,在留有足够安全裕度的前提下,充分考虑飞行员的记忆能力,使操作更加简单易懂。

　　3) 系统设计时应考虑到机组是否有能力对自动化系统进行监视

　　自动化系统常常不能以简单易懂的方式向飞行员表达它们的真正意图,只会严格按照编制的程序工作。例如,自动化系统中多种操作模式的组合使用辅助机组人员实现高效飞行,同时也增加了模式混淆的可能性,多模式认知问题已成为飞行操作中的难题,许多经验丰富的飞行员也对自动化系统的工作感到难以理解和掌握,而这正是飞行员人为引发各类突发事件和事故的潜在危险。因此,在设计飞行控制系统时,应考虑到机组对系统的接受和掌握能力,使自动化系统充分地为人所用。

　　4) 建立防止人为差错系统,避免和减少人为差错造成的安全隐患

　　虽然人具有能动性和创造力,是阻止飞行事故发生的重要屏障,而且人通过学习可以减少差错、提高对威胁与差错的管理能力,但由于人固有的局限性,人为差错的发生是很难改变的。"以人为中心"的航空系统中最脆弱、最容易受到不利因素的影响就是人本身。对近年来飞行事故分析显示,机组人为差错在所有事故的原因中

所占比例达到 2/3 以上,因此对人为错误的研究与管理对提高飞行安全非常重要。人为差错体现在很多方面,例如驾驶舱准备时忘记打开自动油门;在模式控制面板上操作时,自动驾驶仪不小心接通;机组的注意力集中在解决某一问题上,对飞机系统的状态缺少足够的监控等。飞行系统的改进常常运用逆向追溯思维,在事故发生后,对既发事故进行分析的基础上改进系统。不可否认,这种方法对系统的"亡羊补牢"具有极大的改进作用,但是,若能够在设计系统时,运用正向控制思维,尽可能充分地考虑人为因素,则在人为差错触发的安全威胁或差错出现前,能够最大限度地减少和避免危险的发生。驾驶舱防差错设计已成为保证航空安全的关键因素之一,防差错系统首要任务是避免错误的发生,其次是在错误造成灾难之前捕获错误,最后是减少漏网错误造成的后果。未来的运输飞机驾驶舱中,不仅飞行员要监视自动化系统的工作,反过来系统也要监督飞行员,监视飞行员的心理、生理和行为,在需要提醒其集中注意力并能够进行"人为危险分析"以保证飞行员不可能对飞机实施会导致灾难性事故的单个动作;同时,还要确保飞行员始终处于控制环路之中,这也是"以人为中心"的自动化系统最具有挑战性的目标。因为这样可以保持飞行员的情境意识,避免飞行员在自动系统失灵的情况下重新回到控制环路的能力退化。

"以人为中心"的设计原则涉及许多方面,但必须包括下列基本专题:飞行员/机组的责任、飞行员/机组的权限、飞行员/机组特性、飞行员/机组人为差错。详述如下:

(1)飞行员/机组的责任。

驾驶舱设计理念应该明确反映飞行机组的基本任务,即飞行、导航、通信和系统管理。根据规章,对于飞机的安全和正确操作,飞行员是并且应该被设计成最终责任者。这就要求驾驶舱设计必须提供足够的信息和特征来支持指定给飞行员/机组的责任和权力。为此,设计应保证的基本原则为:

a. 飞行员所需信息必须清晰、无歧义。

b. 飞行机组应该能够管理驾驶舱中的所有信息,要求驾驶舱设计要有助于减轻机组人员信息处理负担。

c. 操作方面,驾驶舱布局要考虑到不同人群的差异性,符合机组人员的操作习惯,所有报警和警告要符合机组的认知特征。

(2)飞行员/机组的权限。

驾驶舱管理中,飞行员/机组应拥有最终的决策权。设计中,应通过简洁的设计使得飞行员通过简单的操作便可获取飞行员所拥有的权限,同时设置过载保护。但需明确以下原则:

a. 飞行员/机组拥有飞机操作的最高权限。

b. 所有机组成员都要对飞行的安全负责任。对机组其他人员的动作保持警醒。机组成员之间要相互依赖,但不能相互迷信。中国的航空公司由于历史上存在的准军事化管理文化,驾驶舱内权力梯度太陡,机长是领导、教员、老同志或者个性较强,而副驾驶多是刚上飞机不久的新人,在这样的机组搭配下,机长对副驾驶的操纵动作监控起来肯定是基于权力的决策。实际上,在机组内部,每个飞行员都是另一飞行员的备份系统,要及时验证对方的动作并随时准备接替主控飞行员的职责,这是飞行安全所必需的。发现问题应当立即得到纠正,避免因失误造成不良后果才去亡羊补牢。

c. 合理分配不同飞行阶段机组与系统的操作权限,但仍需以飞行员/机组拥有最高操作权限为基本原则。

(3) 飞行员/机组特性。

如图 2.3 所示,飞行员/机组是驾驶舱的决策中心,机组的决策能力受限于机组经验、机组注意力分配与控制能力、机组资源管理能力、机组动态问题求解能力和机组风险管理能力。上述因素都可以作为输入信息,在驾驶舱设计时应首先获取此类信息,依据这些信息所设计的驾驶舱是机组有效决策的保障。

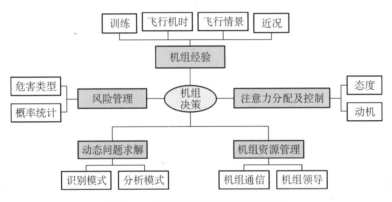

图 2.3 影响机组决策的有关因素

以人为中心的设计,在设计飞行机组/驾驶舱系统的性能时,要充分考虑飞行员的地位和作用,即飞行员作为个体操作者、团队成员、指挥者和驾驶舱所有者。根据上述角色划分,考虑飞行员/机组角色定位的设计原则如图 2.4 所示。

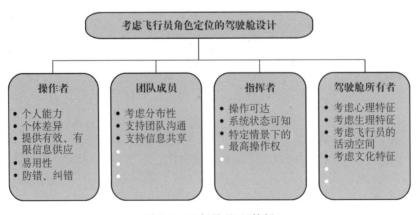

图 2.4 飞行员/机组特征

（4）飞行员/机组人为差错。

人为差错包括未达到操作者或指令下达者的目的,以及因未能满足某一操作标准而发生的错误。例如,机长不断地要求副驾驶下压操作杆,这时副驾驶所犯的错误是没有在降落时及时下压操作杆,导致飞机在跑道中段着陆。这里副驾驶的差错在于没有达到机长要求在跑道端着陆的要求。

关于人为什么会犯错,目前还没有广为接受的人为差错起因的权威理论。关于错误的分类方法如图 2.5 所示,人的不安全操作可能是有意的也可能是无意的。有意的不安全操作可以是误解或者有目的的违规,无意的不安全操作可能是失误或过失。这里失误、过失和误解都是错误。

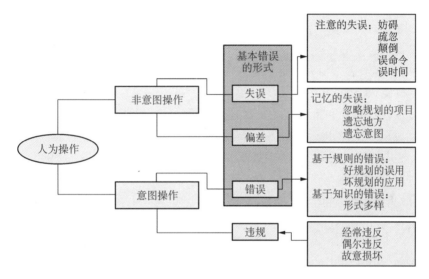

图 2.5　人为差错分类方案

通过案例分析发现,缺乏反馈是飞行中人为差错的重要原因。反馈不仅是由自动化系统提供的,也可以是实际环境中存在的,反馈的效果还取决于人是否作出反馈,以及如何利用反馈信息。针对人为差错,驾驶舱设计者应对有助于操作人员和驾驶舱自动化系统预防、容忍、检测和纠正人和系统的问题予以重点关注。

驾驶舱设计时,针对人为错误的设计原则至少应包括:

（1）预先作用防止错误。

a. 设计中提供直接和清晰的反馈,如按下按钮,显示绿色表示接通。

b. 系统应有能力对计算机辅助系统和集成显示预报系统是否处于正常状态进行监控。

c. 考虑目标用户的文化观念,目前主流飞机的设计者和制造者均来自于欧美,在驾驶舱设计中主要体现的是西方用户的需求,而东西方文化差异也体现在飞行员的思维和操作习惯中,因此设计者应充分考虑不同用户的文化,使驾驶舱能够满足特点区域或群体用户的一般需求。

d. 系统设计具有包容性,在发生故障时仍能够及时调整模式安全运行,或将故障对飞行安全的影响降到最小。

(2) 设计培训内容和方式。

a. 利用航空心理学研究方法分析机组人员特征,通过培训使机组人员具有胜任其任务的心理模型,并保证他们的心理模型正确。

b. 容许机组思考发生错误的可能性和错误的因果关系因素。

c. 利用模拟器(如模拟舱)加强机组人员的认知能力,特别是培训他们应对和处理从未遇到过的危机,如驾驶飞机在侧风超过飞机设计值、大雨等特殊环境中起降。

d. 利用模拟器帮助机组保持难得运用的操作技能的能力,由于飞机自动化程度的提高使得飞行员部分操作能力退化。

(3) 限制错误暴露的机会。

为了防止过失导致的操作错误,某些设备应至少由两个以上操作步骤才能开启,但同时也要考虑这一方式是否会造成机组在危机时刻错失良机。

(4) 报警和警告。

合理的设计报警和警告方式,例如危机报警可以设计多种报警方式。设计时也要考虑到过多的报警和警告方式是否会增加操作人员的负荷和分散他们的注意力。

(5) 考虑什么行为是可接受的、什么错误是可能的、什么是要去做的。

设计时要让操作人员了解自动化能做什么、不能做什么,出现紧急情况应该如何处理,应负何种责任。

2.2 设计优先次序

驾驶舱设计中考虑的优先次序依次为安全、舒适性和效率。驾驶舱设计的最高目标是使能够帮助机组安全、舒适和高效地实现任务目标。

1) 系统设计以提高安全性为原则

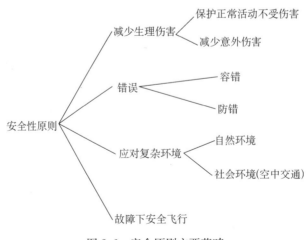

图 2.6　安全原则主要范畴

2) 提高操作效率是基本要求

如图 2.7 所示,驾驶舱环境中机组主要通过显示系统、计算机和控制系统实现信息和操作交互。因此,提高效率需从这三个方面入手。

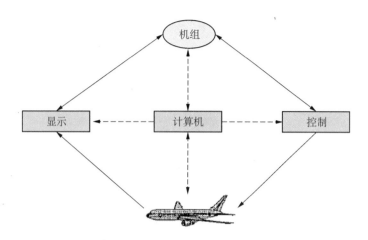

图 2.7　机组与驾驶舱的交互模式

从人—机和谐界面的角度讲,高效的要求体现在:显示系统应显示飞行员最关心的信息,提供一个友好的显示界面,而且机组要能迅速有效地控制各个系统。关于高效原则的具体内容如图 2.8 所示。

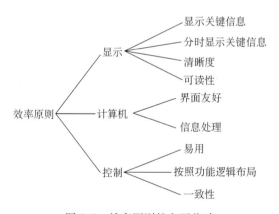

图 2.8　效率原则的主要范畴

3) 舒适度不容忽视

人—机界面交流是否顺畅、驾驶舱环境是否舒适直接影响到机组的心理和生理状态,关乎飞行员能力的发挥,关系到飞行安全。设计中,应从视觉、听觉、触觉、空间因素等方面提高驾驶舱舒适度。

2.3 自动化

自动化是指基于人工传感器的各种环境变量的感知的机械化和集成,基于计算机的数据处理和决策,以及基于马达或装置对环境施力的机械动作或以处理信息对人通信的信息动作。自动化的范畴如图2.9所示。

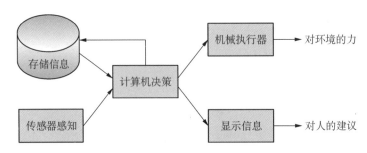

图 2.9　自动化的范围

提高机组使用自动化系统的能力是发挥自动化功能提高航空安全的关键。设计者和飞行员都必须明确,自动化系统作为辅助工具不能替代飞行员的工作。对于飞行员来说,无论任何时候,人工操纵飞机的意识和能力一定要得到绝对保证。因此,必须始终坚持飞行员在驾驶舱中的中心地位,不可以过分依赖自动化系统。

自动化系统的设计需要考虑以下原则:

(1) 飞行员/机组始终拥有飞行管理的最高权限。

(2) 确定自动化与人工操作的任务分配原则。

(3) 确保自动化系统的可靠性,具备过载保护能力,进行冗余设计。

(4) 需要确定哪些任务是单调、重复或者特别困难的,以对此实施自动化。

(5) 需要研究不同任务目标的最佳分类与最适宜的自动化水平,将飞行员工作负荷降到一个合理值。

(6) 自动化系统需要具备系统状态显示功能、报警和警告功能。

(7) 自动化系统的界面设计简洁。

(8) 解决自动化系统失效时飞行员如何直接超越或制服自动化的技术。

2.4 新技术/新功能的应用原则

在驾驶舱设计中,设计者经常考虑的是系统功能和性能的实现,也就是高效率原则,而对安全和舒适的问题往往容易忽略。例如,1998年瑞士航空公司111号航班采用了为头等舱乘客提供娱乐实施的新功能,但由于忽视了安全性因素,最终导致229名乘客罹难。由此可见,采用新技术和新功能要受到以下条件的约束:①明显有利于安全;②明显的操作优势;③确实能满足飞行员的某种需求。确保或有利于安全是首要因素。采用新技术或新功能时要做到:首先,必须完成民用飞机工作环境下对长期、可靠工作,坚固耐用性的验证工作;其次,机组必须获得使用新技术和新功能的必要经验。

2.5 设计管理

驾驶舱设计涉及设计团队、飞行员/航空公司、驾驶舱系统以及飞行环境等多方面因素。驾驶舱设计离不开人的因素,使驾驶舱设计理念达成一致,充分贯彻设计思想,使先进的技术成果充分发挥作用都需要设计者进行协作和整合。这一活动就是设计管理。按照普遍接受的说法,设计管理是指界定设计问题,寻找合适的设计人员,且尽可能地使设计人员在既定的时间和预算内解决设计问题(Farr M, 1965)的活动。对于驾驶舱设计而言,设计管理贯穿设计全过程,是驾驶舱设计理念得以贯彻实施的保障。

驾驶舱设计过程中的一大挑战是避免设计团队以往的经验和先入为主的思维主导设计过程。设计团队必须把其当作一个新的知识领域去探索,探索的过程中需要了解可能遇到以下阻碍:

(1) 设计问题本身并不清晰时便纠缠于它的细节,即问题定义不清晰。

(2) 对项目本身和它的基本方向过于细化的管理,使团队成员不能获得真正的主动权,从而限制了他们的创造力。

(3) 不同领域的团队成员对其他领域存在偏见。主要表现在忽视其他领域的价值,认为自己的领域才是团队中最重要的,并试图从自身领域单一角度来设计系统。

(4) 管理方式给团队传达了一个清楚但错误的信息,即团队成员虽然在一个交叉的团队内工作,但仍然保留着传统的、领域间相互独立的工作方式,缺少协同、协调和协作。

针对上述问题,设计管理的目标应确保所有人都应该没有偏见地把团队作为一个整体来分享自己的知识和信息,即提高设计相关信息的品质,增强传播的力量,使其能更可靠、更便捷、更迅速地在团队中传播。

驾驶舱系统设计的设计管理原则包括以下方面:

(1) 如何开始?

在开始设计之前,需要确定设计些什么,以及为什么要设计它们,应该满足哪些约束条件;同样重要的是,需要确定哪些东西不需要设计。需要理解设计的价值所在:包括对用户(飞行员/机组)和客户(航空公司)。必须清楚所设计的产品在同类产品中的定位,以及它与市场上其他类似的产品的差异点在哪。

(2) 如何保证以用户而不是以技术来作为驾驶舱设计的驱动力?

确定以飞行员/机组为中心的设计理念,要求飞行员/机组参加整个设计过程,获取飞行员/机组的需求、要求和愿望,以满足用户需求,即人—机和谐作为设计的驱动力。对于新技术和新功能的采用要以满足用户需求为基本前提。

(3) 如何平衡团队整体、成员和不同专业之间的关系?

采用基于利益的协商机制(见 3.3 节)确保团队成员的创造力得以发挥,确保与供应商之间的有效合作。

(4) 如何为设计开发提供和分配资源?

建立系统化设计开发流程,依据流程中各节点的设计需求进行资源配置,但要考虑到其中存在的变数,进行资源配置时留有余度。

(5) 如何确保设计在市场上竞争取胜?

创造一个能够被市场上多数用户所接受的产品,实施以用户为中心的一体化系统设计开发方法。

3 驾驶舱设计的普遍原理

3.1 航空心理学

1999 年 7 月 16 日,小肯尼迪驾驶一架帕萨拉托克型私人飞机从新泽西州起飞,消失在浓雾弥漫的夜空。根据徐建安先生的著作《飞机、飞行和我:飞上蓝天不是梦》,从这起飞机事故中可以得到如下启示:①当飞行员面临所不熟悉的事物时,千万不要过分自信;②不要在可能的坏天气下飞行,对天气预报要有自己的判断,即使已经起飞发现情况不好,也可以找个就近的机场降落,不要被自尊心和自信心所困扰。根据这一事故案例以及其他航空事故案例分析,多数的航空事故都与飞行员的人为因素有关。

航空飞行中,在复杂多变的条件下从事紧张的驾驶操作,要求飞行员具有较全面的优秀心理素质和较完善的个性特征;飞行中缺乏视觉参照物,完全依靠仪器仪表的指示进行操作,从而要求飞行员具备精确的视觉-动作协调反应能力,灵敏的错觉纠正意识,坚强沉着的意志,稳定的情绪等特征。为了培养和选拔飞行员,心理素质的测定和训练过程的检测方法,均是航空心理学重要的研究方面。此外,通过航空心理学(Aviation Psychology)研究为以人为中心的设计驾驶舱设计理念获取十分重要的输入信息,对于提高飞行安全性、增加工作环境的舒适度和提高总做效率都有重要意义。

1) 航空心理学概述

航空心理学是研究“民用飞机驾驶舱设计”的理论基础。航空心理学是研究航空环境中人员的飞行能力与其心理品质之间关系的心理学分支学科。航空心理学是以飞行员—飞机—环境系统为对象,研究系统中飞行员的行为以及人与机器和环境的相互作用,主要涉及心理过程、人格特征、心理学选拔、临床心理、训练心理、心理训练、飞行事故、心理卫生以及航空功效学等问题。航空心理学研究的目的是使工程设计与机组人员的身心特点相匹配,从而提高人—机安全性,并使机组人员在系统中能够舒适而有效地工作。

现在,航空心理学在驾驶舱的设计和改进中得到广泛的应用,包括人—机交互、设备的功能设计、显示与控制设备的设计和布局、空中导航、警报系统等领域。

2) 航空心理学主要研究内容

航空心理学主要研究与工程设计有关的人体生理、心理特点，并为人—机—环境系统的设计提供有关人的输入信息。例如，为了使工作空间、工作台、驾驶舱、控制器和其他各种用具的设计和安排适合使用者的体质特点，就必须测定人体静态结构、动态功能尺寸和人体生物力学参数；为了设计优质的人—机信息交换系统和装置，就必须研究人的传信特点和能力限度，研究人的信息加工模型；为了提高系统的可靠性，就要研究人在超工作负荷或低工作负荷时，特别是在报警应急时的反应能力和行为特点；个体能力的差异和影响能力水平发挥的主客观条件等，也是工程心理学研究的重要课题。除上述研究内容以外，航空心理学研究还要承担从心理学角度去选拔和训练飞行员，从心理学观点对航空工程提出要求的任务。

3）航空心理学主要研究方法

航空心理学的研究采用调查和观察法、现场试验、情境模拟、实验室实验和数学模拟等方法。这些方法在情境逼真度、使用灵活性、结果概括性和实用性等方面，各有优点和局限性。例如数学模拟方法，有耗资低、改变方便、简单易行等优点，但得到的结论往往不能直接用于解决复杂的实际问题；现场试验法具有真实性，但由于需要考虑的因素复杂多变，条件控制有局限性，因而不容易精确地分析变量间的因果关系。

3.2　和谐设计基础

飞机驾驶舱的客户（拥有者，可以理解为航空公司购买飞机并拥有它）为航空公司，其用户（使用者，在驾驶舱环境中工作的机组人员）为机组人员。好的驾驶舱设计对于满足客户和用户需求，带来客户和用户高满意度十分重要。在驾驶舱设计中，和谐设计（harmony-oriented design）举足轻重，做好这门功课可以使飞行员安全、舒适和高效地完成飞行工作，明显减少设计工作中的反复、浪费以及降低交付风险。

1）人—机交互界面设计中存在的问题

这里用了两个非航空领域的例子，希望能向读者们更加直接地呈现问题所在。图 3.1 是北京两家酒店的定制式电话机，这两部电话机显然与七天连锁酒店等酒店所用的普通电话机不同。那种普通电话机只有普通的拨号键，然后电话旁会放置一个牌子或客房指南，告诉用户如何拨打电话。这种普通电话人—机界面十分简单，拨号不具备可视性，当用户拨下号码后，在界面上看不到任何反馈，用户无法确定是否拨号正确。

图 3.1(a)为北京京燕饭店的客房电话，该话机界面 2 设置了酒店服务直通服务，用户无需查阅客房指南便可根据自己的需求进行呼叫选择，用户操作动作与操作结果之间具有明确的匹配性，因此信息反馈较佳。界面 1 为光感屏幕，当房间内光线较暗时，屏幕就会亮起来，显示"欢迎下榻北京京燕饭店字样"，但问题是当用户夜间休息时，该红色背景的光感屏实在太亮了，而关掉屏幕的唯一办法只有切断电源。界面 1 的设计没有考虑到休息时并不需要刺眼红光的用户需求。相比之下，图

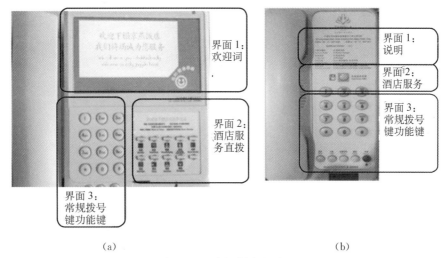

（a）   （b）

图 3.1　酒店订制式电话机

（a）北京京燕饭店客房电话　（b）北京唐拉雅秀酒店客房电话

3.1（b）所示的北京唐拉雅秀酒店客房电话，界面 2 只有一个呼叫服务功能键，只要用户按下该按键，就可以跟服务台通话，直接表达自己想要的服务，同时也没有光感屏夜间难以关闭的困扰。

　　如图 3.2 所示，虽然这款 SONY 录音笔技术性功能优越，但操作起来却十分麻烦，仅说明就长达 90 页，使用时需要对照说明书才知道同时按哪几个键才能实现技术功能，没有谁会一直记着如何设置录音笔。由此例可以看出技术进步带来的矛盾，即技术进步的同时也给设计带来了巨大的难题。另外也说明设计人员所采取的概念模式（概念模式是一种体现产品设计意图和使用方式的模式）与用户所理解的概念模式不同，用户在不看说明书的前提下无法预测其操作行为的效果。

SONY 录音笔：
长达 90 页的说明书
复杂的操作方法容易
忘记如何操作

设计人员的概念模式？
录音笔的表象？
用户的概念模式？

图 3.2　操作复杂的 SONY
录音笔

　　2）用户活动心理学

　　按照 Norman（*The Design of Everyday Things* 一书的作者，为人—机交互领域做出了重大贡献）的观点，用户从事一件事的活动过程可以描述如下：首先，用户需要明白做这件事的目的，即行动目标；然后，必须自己动手或借助外力采取行动；最后，查看目标是否已达到。用户活动的结构包括五个基本部分，如图 3.3 所示。

　　（1）目标：需要想到什么最重要，这就是目标。

　　（2）执行：对客体采取的行动。例如，飞行员拉杆、调节油门等活动。

　　（3）客体：即用户直接操作的设计对象。如驾驶舱系统。

　　（4）评估：衡量活动执行的结果与目标之间存在的差距。

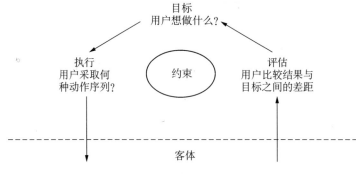

图 3.3　用户活动的整个过程

（5）约束：在执行活动的过程中，人们必须考虑的客观因素。例如，起飞阶段拉杆时要考虑飞机仰角，油门开度。

执行和评估这两项用户活动都可以划分为三个明显的过程。下面分别进行描述。

如图 3.4（a）所示，目标是活动的结果，通常表述比较模糊。意图是实现目标所需采取的某个具体动作。活动是实现意图所需要采取的具体动作序列。上述活动都属于用户心理活动阶段。只有通过执行，才能在外部世界产生效果。例如飞行员的目标：由上海飞达北京。转化为意图便为：安全驾驶飞机。但飞行员还需要明确如何操作飞机，如何与空管、地勤等方面进行通信。把目标转化成意图，再把意图转化成一系列的具体动作。然后通过执行动作实现开动飞机。

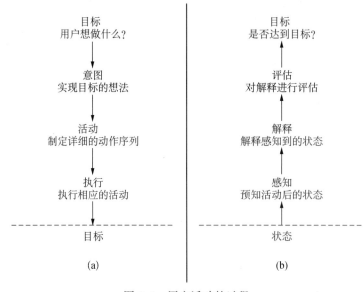

图 3.4　用户活动的过程

（a）执行阶段　（b）评估阶段

如图 3.4(b) 所示,在相关的活动执行完成之后,用户必须对完成结果进行评估。为了进行评估,首先感知执行后的状态,然后解释感知的状态并评估它和起始目标之间的关系。例如,飞行员拉杆(执行),飞机起飞(状态),飞机平稳上升(解释状态)、飞机飞往目的地(目标)。

3) 以用户为中心的设计

以用户为中心的设计,即设计应以用户的需求和利益为基础,以产品的可用性和易用性为侧重点,同时产品设计中还需要考虑许多因素,如功能、性能、质量、成本、外观等等。

首先,以用户为中心的设计需要建立一个用户易于理解的概念模式。如图 3.5 所示,设计模式是指设计人员所使用的概念模式,即正确使用系统达到预想功能的活动序列;用户模式是指用户在于系统交互作用的过程中形成的概念模式;系统表现是系统根据设计模式给定输入所展现的系统行为。以用户为中心的设计要求设计模式—系统模式—用户模式相互统一。但现在设计中存在的问题是设计人员缺少与用户直接交流,只能通过系统表现这一途径展现设计人员的设计模式。如果系统表现不能清晰、准确地反映出设计模式,那么用户在使用过程中就会建立错误的概念模式,而基于错误概念模式所进行的用户活动(操作),不但不会产生期望的系统表现,反而还可能会对用户造成伤害。

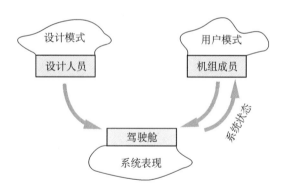

图 3.5 设计、系统及用户的概念模式

图 3.4 表示用户执行和评估活动的讨论,关注的是用户的交互心理活动,并未将客体(系统)加到交互界面中。进行人—机界面设计需要将客体加入到界面设计中。使得用户和系统可以通过界面进行交互,将系统(客体)包括在内的人—机交互框架包括四个主要组件(见图 3.6):用户,使用用户的任务语言;系统,设计赋予系统的行为属性;输入,设计赋予系统的输入语言;输出,系统行为所表现的系统状态。基于这一框架,以人为中心的设计需要探索用户心理、所设计的系统要能从易用性和好评估的角度支持用户活动。

以用户为中心的设计,需要考虑的因素主要有:

(1) 保证用户能够随时看出哪些是可行的操作。图 3.2 中的某款录音笔,其说

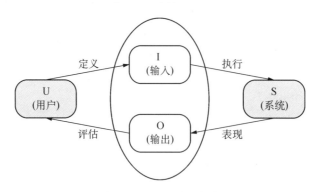

图 3.6　人—机交互框架

明书就长达 90 页,而且设置方法十分复杂,若不经常使用容易忘记操作方法。

（2）注重产品的可视性,包括系统的概念模式、可供选择的操作和操作的结果。仍以图 3.2 所示的录音笔为例,显然用户很难理解设计者的概念模式,而实际上使用该录音笔时需要花费一定时间阅读使用说明书。一个录音笔的使用竟如此麻烦,是因为厂家未能为用户提供一个简单的概念模式,如果有一个正确的概念模式,使用时将会容易很多。

（3）便于用户评估系统的工作状态。SONY 录音笔在工作时会就工作状态在屏幕上给用户以提示,用户也可以通过播放的形式查看录音笔的工作效果。由于设计驾驶舱采用了较高程度的自动化装置,那么机组在工作时,就很难评估界面背后系统真实的工作状态。

（4）在用户意图和所需操作之间、操作与结果之间、可见信息与对系统状态的评估之间建立自然匹配关系。明确获取用户计划通过那些有关联的活动实现其目标,如果设计人员按照其个人所理解的设计模式去设计产品,虽然产品也能够满足功能,但未必符合用户的活动习惯。例如,自行车通常将后刹车手柄装载左侧车龙头上,而用户通常习惯于右手操作,这样一来需要操作后刹车时,很可能就会造成前轮制动,如果雨天路滑就可能会出现事故。

简而言之,以用户为中心就是设计人员要确保:设计人员要获取明确的用户意图信息,根据用户意图进行设计,使得用户能够理解操作方法、用户能够看出系统的工作状态。

4）和谐设计的原则

在以用户为中心的设计理念下,设计人员如何进行设计才能降低用户操作的复杂性,实现人—机—环境的系统和谐?根据设计学、心理学和认知科学研究,可以归纳出以下原则。

（1）易用性。提供一个好的概念模式。使得用户能够快速理解设计人员的设计意图,一个好的概念模式能使我们预测操作行为的结果。如果设计者没有提供一种概念模式,用户可能会创造自己的概念模式,结果容易出错。例如,提供好的概念模式,操作驾驶舱设备时飞行员能够预测操作行为的结果。如果没有一个好的概念模式,那么机组人员只能靠死记硬背,只能按照操作手册(说明书)去做,难以真正理解这样做的原因,将产生何种结果,一旦出现差错如何处理。一个好的概念模式将帮助我们进一步了解物品,明确如何操作以及将产生何种结果。

(2)简化任务结构。设计人员需要注意用户的心理特征,考虑到人类记忆能力存在的局限性,利用新技术将负载的操作进行简化。提供心理辅助手段,如计算机警示;改善反馈机制,增强控制能力,例如飞机上的近地显示装置可帮助飞行员观察地面信息;善用自动化,辅助飞行员减轻脑力和体力负担。改善操作的性质,例如以触摸代替键盘。

(3)设置反馈。建立正确的匹配关系,当给系统输入时,系统要给出确定的输出,即显示操作结果。如果没有反馈,用户便不清楚自己的操作是否恰当。

(4)利用约束。利用自然和人为的限制因素,要想使产品使用起来方便,同时又不易造成人为失误的最可靠方法是限制用户的选择范围。例如问卷调查只允许在给定的选项中做出选择。

(5)容错性。设计时要考虑可能出现的人为差错,留有裕度,以提高安全性。

(6)标准化。尽可能采用标准化,以增加通用性,减小用户的学习成本。

3.3　设计中的多利益方协商

1)驾驶舱设计的特征

民用飞机驾驶舱的设计具有技术性、社会性和认知性的特征。其中,技术性特征是指驾驶舱中任何元器件及其所组成的子系统、系统的功能实现是基于特定的学科原理。在设计研究中,设计人员从技术的角度,通过获取和应用领域知识将产品设计正确。

社会性特征是指驾驶舱是典型的复杂产品,其设计需要来自机械、电子、工业设计等多学科领域的设计人员鼎力合作方能完成。驾驶舱设计中,具有不同责任、不同能力和兴趣的不同设计人员在他们各自的领域工作时,大多数在阐述问题时都使用本学科领域的术语,因此设计中设计人员之间需要大量的沟通。同时,仅凭设计人员个体努力还不够,驾驶舱设计是一个社会过程,它除了需要在对象(针对驾驶舱本身)世界里认真地工作,还需要设计人员之间、设计人员与用户之间,以及各有关利益方之间交换信息和进行设计协商。

认知性特征是指设计参与者因其不同的社会背景或技术背景,对同一设计问题可能存在认知差异。如图3.7所示,对同一对象,不同人有不同的认识,这将导致:①针对某一设计问题需要经过大量的反复沟通,无法在有限的时间内形成有效的知识流,从而延长产品设计周期,增加设计成本;②对某一设计问题认识不够全面,造成设计迭代,影响整个设计进度。

基于设计的社会性和认知性特征,设计参与者致力于驾驶舱设计的认知活动和

图 3.7　设计参与者对同一问题存在认知差异

设计等活动时,需要进行情境化认知,即与飞行员、航空公司等方面一道探讨和协商(negotiation)飞行过程中可能会遇到的自然环境和社会环境,预先针对这些环境进行认知,分析飞行中可能出现的问题,从而在设计时予以考虑。

2) 驾驶舱设计协商中可能存在的问题分析

从参与设计的合作企业层面看,飞机制造商更多的是承担系统集成的职能,子系统或者零部件是由零部件生产厂家提供的。当提供全程服务的零件生产厂家参与系统或部件的设计过程时,由于有许多零部件企业都可以提供可替代的服务,当双方发生冲突时,飞机制造商很可能以选择另外一家零件厂家来迫使对方就范。本来双方都可以表达自己的、同时了解对方的兴趣和利益,但实际上,当双方发生冲突时却不能基于双方权益进行协商,这样的后果是零部件厂商虽然屈从,但在设计更好的零部件方面就不可能投入太多的热情。

从承担设计任务的设计团队层面看,当团队里某个人地位高于其他人时,在发生冲突时,就可能由地位高的人凭借主观意识来作出消解冲突决策,这样做却会影响团队的凝聚力和处事的态度。这种情况下,团队成员可能会认为既然我的努力被别人置之不理,我为什么还要为他卖命、改进设计和确保质量呢?

此外,还可能会出现设计参与者基于各自所掌握的标准、规范来维护各自的设计方案。但不能达成一致认识时,只能由权力大的一方或者上级管理层自上而下地做出某种决定。这样一来,很可能会牺牲创新性解决方案。

3) 驾驶舱设计中的协商原则

如图 3.8 所示,根据 Ury 等人的著作,"权力、权利和权益"是协商中的基本方法。将这些方法运用于设计中的协商时,采用不同基准显然对会协商时的气氛、效率和效果产生不同的影响。

以权力为基准的设计协商中,名义上为协商、实际上是采用强权、威胁、行使上司权力和封闭信息等手段,迫使他人做不愿意做的事。如果是多方参与设计合作,那么协商的结果是产生相互间的矛盾,协商中输掉权益的一方将会在今后的工作中

伺机反击。根据波音公司乔·萨特的回忆录,波
音公司的技术部门一向以平等的企业文化著称,
技术人员在设计中从来不以权力决定协商的结
果,这是波音飞机不断突破的原因,如果基于权
力协商,那么波音公司就会按照用户要求直接设
计双层机舱,就没有首架宽体 B747 飞机的问世
了。日本学者竹内弘高(Takeuchi)等人通过 6
年潜心研究,得出丰田公司不断创新就是源于丰
田"矛盾"的企业的文化,丰田文化既强调行政服
从又崇尚技术争论,后者是指技术争论中不分行
政级别,只崇尚真理,如果说行政服从有助于提
高丰田公司的研发效率,那么技术争论中的平等
则是丰田不断创新的根本所在。

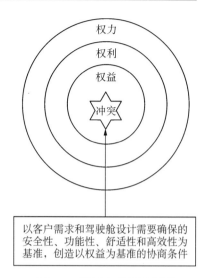

以客户需求和驾驶舱设计需要确保的
安全性、功能性、舒适性和高效性为
基准,创造以权益为基准的协商条件

图 3.8　设计中的协调原则

　　以权利为基准的设计协商中,参与协商的各
方将充分运用各种已有的标准、次序和正确与否的观点来解决冲突。采用该协商方
法,往往有赢得和输掉冲突的双方,或者必须选择折中方案。一个典型的例子是有
些飞机制造商设计飞机时会以满足适航要求为目标,这里适航标准就是产生冲突时
作为协商的基准。虽然设计满足了适航要求但也表明了可能有更理想的方法,如具
有更高安全保障的设计方案在协商中被舍弃。通过以权利为基准的设计协商所获
得的设计方案,往往是常规的、缺乏创新也可能是低效率的,因为这很可能形成阻碍
设计人员探索更好的设计解的障碍。所以,在波音公司设计部门,满足适航标准并
不是波音的设计目标。

　　以权益为基准的设计协商中,协商反映了与设计相关的每一设计人员所关心、
期待和需要的事情。协商时可以了解参与人的个人喜好和工作重心,找到消除冲突
的权衡措施,使得所有参与者的权益得以兼顾,从而促进信息和知识的有效流动,通
过群策群力形成合力驱动设计向理想解的方向进化。其中,重要的一点是协商中所
有人能够真实地交流信息,并且客观的进行协商,为困难的问题寻求创造性的解决
方案。例如,波音公司在 B747 飞机设计中就曾通过权益协商解决了大量的冲突问
题。客户曾要求波音为其开发一款双层大飞机,满足长距离飞行、多载客和载货的
需求,但综合旅客、航空公司、飞机制造商和航空管理局适航要求等多方面权益,最
终基于权益协商得出设计宽体飞机的解决方案,并得到各方的一致认同。

　　综上所述,在飞机驾驶舱设计中,协调的问题超过优化的问题,在设计过程中
的某处,不同对象世界里的不同设计人员的需求和目标总是在某种程度上存在,
因此协调各方是必要的,而协调的基础绝不可能以权力或单纯地以权利为基础。
如图 3.8 所示,我们采取以权益为基础的设计协商原则,这一原则是以确保飞机
安全为协调的基本理念。如果,设计各方超越了协商和合作中的冲突,采用一种

更宽广的视野,就会发现共同的基础:一个共享的信念系统,即设计中的一切协调都应以确保机组"安全、舒适和高效"驾驶飞机为基本准则,而不以设计中某一方的权力或权利为基本准则。

3.4 系统化设计方法学

飞机与汽车等产品不同,如果汽车发生故障还可以停车处理,但飞机则不同,如果在空中发生故障很可能会机毁人亡。而驾驶舱设计对于保障航空安全起着至关重要的作用。因此,针对驾驶舱的设计容不得丝毫差错。系统化设计方法学是关于技术/工程系统化设计的规律、过程、思维方式和工作方法。在驾驶舱设计中采用系统化设计方法学是提高系统安全性的保障。本节给出系统化设计方法学的概念模型,基于该模型能够辅助设计人员进行设计认知,明确设计中各阶段需完成哪些设计任务,为完成设计任务应开展哪些工作。

1) 系统化设计方法学的概念模型

功能(function)、行为(behavior)和结构(structure)是设计领域中的基本概念,可作为描述设计对象和设计过程知识的本体。若要所设计的系统遵循航空心理学及和谐设计原则,必须满足用户的真实意图,由于系统是在一定环境(自然的、社会的)中运行和被使用,因此需要满足环境的需求。一个综合考虑人—机—环境系统的系统化设计模型如图 3.9 所示。模型中概念的定义见定义 3.1~3.8。

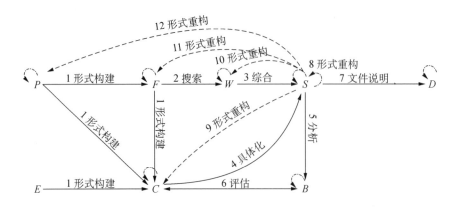

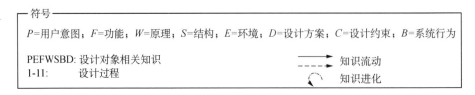

图 3.9　PFWSB 系统化设计模型

根据设计学研究成果,PFWSB 模型中所包括的概念元素的定义如表 3.1 所示。

表 3.1 PFWSB 模型中对象元素的定义

概念	符号	定　义
设计功能	F	满足用户意图。设计主体在设计时所赋予的产品所能够满足预定意图的技术功能
结构行为	B	与结构相关。设计对象在运行中的表现
设计结构	S	包括几何元素、元素属性和历史信息
用户意图	P	用户为实现目标所采取的动作序列
运行环境	E	设计对象运行时所处的社会和自然环境
原理空间	W	能够满足技术功能需求的原理空间
设计约束	C	设计所必须满足的技术功能以外的一切条件,包括产品生命周期各阶段对产品设计的需求
设计描述	D	交付制造部门进行制造实现的设计图纸等资料

由于上述定义中任何一个变量都可以看做是一个对象,那么它就拥有特定的属性和属性值,因此可采用面向对象的方法来表示上述定义中的变量。对于设计而言,设计中的每一个对象都可以包括若干属性和相对应的属性值。设计则是在获取和应用知识来确定设计对象属性和属性值的过程。表 3.1 中各元素的形式化定义如下。

定义 3.1　用户意图 P 用三元组 $P = (P_G, P_A, P_O)$ 表示,其中:

(1) P_G 表示用户希望达到什么样的目标,用户目标 P_G 用二元组 $P_G = (P_{GF}, P_{GC})$ 表示,其中 P_{GF} 是与设计对象技术功能有关的目标,P_{GC} 是与设计对象非技术功能有关的目标,一般是指约束条件,如成本、时间等。

(2) P_A 表示用户所采取的能够实现用户目标的动作序列,动作序列包括两方面:动作执行的序列和执行结果的评估序列。

(3) P_O 表示用户希望通过哪一设计对象来实现其目标。

如图 3.10 所示,用户的目的"需要一个杯子",这是一个非常模糊的需求,所表述仅仅是对一个对象的需求,并不是用户的功能需求。根据这个需要设计主体无法明确设计对象是什么样式的。因此,需要采用如下步骤来明确获取用户隐性知识。

(1) 获取用户功能需求知识:通过对象的有用性来获取用户功能需求,用户表述为"用来喝热水",那么可以明确杯子的功能之一是"装热水",那么杯子应该具备"阻止热量散失"的技术功能 P_{GF},那么如图 3.10 所示的三种杯子都可以在不同程度上实现这一功能,那么哪一种杯子是用户想要的呢? 为此还需要继续获取用于

图 3.10　哪一个杯子能够满足用户意图

对于非技术功能的需求 P_{GC}，用户希望在何种环境中使用以及用户计划如何使用该杯子中的信息。

（2）获取用户使用杯子的动作序列 P_A，如根据用户所采取的握住、拧开盖子加入水、打开饮水口、饮水这样的序列，可以获知用户希望得到一个类似图 3.10 中带有螺旋扣且盖子上带有饮水口的杯子。根据用户动作序列获取用户在操作时如何评估每一步操作是否满足他的需求。至此，设计主体已进一步明确用户意图。

（3）获取用户对杯子的非技术功能需求 P_{GC}，如用户对杯子的价格和便携性等方面的需求。

（4）获取用户对于杯子使用环境中的需求，如杯子是在什么社会场合上使用，在什么自然环境中使用。

当已经明确获取用户意图时，便可按照过程 P→F，P→C 形成产品设计开发说明书以及检验标准。

定义 3.2 环境 E 用四元组 $E = (E_S, E_N, E_L, E_O)$ 表示，其中：

（1） E_S 表示社会环境，主要包括政府/行业部门所制定的法律法规和相关技术标准、人口特征、地域和文化特征、社会个体/群体特征等对设计对象所产生的约束。

（2） E_N 表示自然环境，主要包括空气、温度、湿度、风、雨、雪等自然条件对设计对象所产生的约束。

（3） E_L 表示产品生命周期中的制造阶段、运输仓储、运行维护和报废处理对设计对象的约束需求。

（4） E_O 表示设计对象正常运行需要依赖的元素，如北方的暖气需要循环水才能顺利完成制暖功能，空调需要制冷剂才能正常运转。

定义 3.3 设计功能 F 用二元组 $F = (F_{VN}, F_{FLOW})$ 表示，其中：

（1） F_{VN} 表示采用动名词对（verb-noun pair，VNP）来抽象描述的功能，如"传递运动"。

（2） F_{FLOW} 表示输入—输出流（input-output flow，IOF），主要包括：能量流、物料流和信号流，如内燃机实现着将化学能转换成机械能的功能。

需要注意的是此处功能定义仅仅针对技术功能而言，即设计主体所赋予设计对象通过输入与期望输出之间的那种清晰和可重现关系的描述来满足用户意图的设计对象的有用性。综合采用这两种描述方式是考虑到每一种表示方法都有其局限性。采用自然语言（VNP 就是一种自然语言的描述方式）便于设计主体交流和理解，采用输入输出流（IOF）表示方法便于使用计算机进行推理，如果将两者结合起来，既便于设计师理解又便于推理。

对于非技术功能（non-technical function）我们将其作为约束条件来处理。这样以明确技术功能的实现是基于特定的原理知识。在进行复杂机电产品设计时，由于任何设计主体所拥有的领域知识和领域知识获取资源是有限度，那么利用计算机技术来帮助设计主体拓宽原理解空间、借助分布式资源帮助设计主体进行知识获取则成为设计主体设计创新的有效辅助工具和方法。

定义 3.4　设计约束 C 用四元组 $C = (C_{PF}, C_{PQ}, C_E, C_P)$ 表示,其中:

(1) C_{PF} 表示功能属性的数量值,如吹动空气的量值为 $2\,L/min$。

(2) C_{PQ} 表示功能在其全生命周期中的实现程度及其保持性的度量,可理解为功能实现的偏差。如 $20\,h$ 不间断吹动空气,排量为 $1.6 \pm 0.1\,L$。

(3) C_E 表示环境对设计所产生的约束。如二氧化碳排放量不超过 $10\,g$。

(4) C_P 表示用户意图中的非技术功能。如成本约束,每个活塞的价格不超过 30 元;时间约束,完成设计的时间不超过 1 个月。

将功能的量值独立出来放在约束中是基于以下考虑:在概念设计阶段为了尽可能地拓宽解空间,对于功能的表示通常较为抽象和中立,寻求原理解方案时不必参考具体的数量值,因此我们将功能相关的数量值放入约束中作为评价设计方案是否符合功能需求的依据。在 PFWSB 模型中约束 C 是所设计产品需要满足的规范条件,即是具体化和详细设计的依据也是对设计进行评估和决策的依据。

定义 3.5　原理空间 W 用三元组 $W = (W_E, W_D, W_W)$ 表示,其中:

(1) W_E 表示效应(effect),用于描述实现某一或某些功能的基本原理类别,是关于设计知识的元知识。效应是个分类集合,如光电效应、热效应、电磁效应等。

(2) W_D 表示学科原理(disciplinary knowledge),是实现属性间关联关系的原理知识,如 $F = ma$ 等物理定律。

(3) W_W 表示工作原理(working principle),是实现功能的原理结构,如曲柄连杆机构、杠杆原理,更多的关于工作原理的例子可参考 Pahl 和 Beitz 的《工程设计学》。

定义 3.6　设计结构 S 用三元组 $S = (S_E, S_P, S_H)$ 表示,其中:

(1) S_E 表示结构中的组成元素(element),是指组成系统结构的独立的结构单元,包括功能元件、接口(port)元件和辅助元件。接口元件是实现能量、信息、物料传递的原件,辅助元件是指起到支撑作用的原件。

(2) S_P 表示元素的属性(property),这里 $S_P = (S_{PG}, S_{PP})$ 包括几何属性(geometry property)和物理属性(physical property)。其中几何属性是指元素的尺寸信息、物理属性是指元素的材料、表面处理方面的信息。

(3) S_H 表示元件的历史信息(historical information),是关于元件在何种环境中,如何被使用,发生过哪些问题的记录。

定义 3.7　结构行为 B 用二元组 $B = (B_D, B_U)$ 表示,其中:

(1) B_D 表示设计行为(desired behavior),是指设计结构在给定输入条件是在运行环境中所表现出的与系统功能实现相关的行为。

(2) B_U 表示非设计行为(undesired behavior),是指设计结构运行时所表现出的与系统功能实现无关的行为,其中可能包括对功能实现有害的行为,如机械系统中的磨损行为。

对于技术系统而言,系统行为一般都与特定的原理知识相关,如运动行为一般与运动学原理相关,燃烧行为一般与燃烧学原理相关,因此针对设计结构,基于工作原理可建立能够进行系统行为预测的模型。

定义 3.8 设计描述 D 可以用三元组 $D = (D_G, D_T, D_P)$ 表示,其中:

(1) D_G 表示以图形描述的设计,其中主要包括设计图和技术要求。

(2) D_T 表示以文档形式描述的设计,文档的内容可以是文字、图表、分析公式等形式的组合。

(3) D_P 表示工艺文件,如工艺卡。

设计描述可以仅包括 D_G,如将活塞环设计图交给活塞环工厂,那么该工厂可以根据图纸安排工艺并生产;若设计描述包括 D_G 和 D_P,那么则表示设计部门也要负责产品的工艺设计,然后将两部分交给工厂进行生产,但前提是工艺部门要了解工厂所拥有的资源能否按照工艺要求完成生产;若设计描述仅包括 D_T,那么这类产品可以是软件等形式的产品的设计描述。

PFWSB 模型中所采用的设计行为描述词汇包括:任务澄清阶段采用形式构建(formulation),设计迭代中采用形式重构(reformulation),进行原理解综合采用综合(synthesis),进行技术实现采用具体化(embodiment),获取结构行为知识采用分析(analysis),设计评估采用评估(evaluation),形成最后设计描述采用文件说明(documentation),对于寻求能够满足 F 的原理知识采用搜索(search)。在 PFWSB 模型中每一个数字都对应于设计中所采取的设计行为,如经搜索(search)行为将输入 F 转变成输出 W,从而实现知识的进化,而搜索(search)行为的实现则是一个知识获取的过程。关于设计行为和设计过程的详细描述如表 3.2 所示。

表 3.2 PFWSB 模型中设计过程元素的定义

设计行为	设计过程	设计过程描述
形式构建(formulation)	$P \rightarrow F$	将客户空间的客户意图转述为设计空间的功能需求
形式构建(formulation)	$P \rightarrow C$	用户所确定的质量需求和约束需求
形式构建(formulation)	$F \rightarrow C$	设计师所确定的质量需求以及设计必须满足的约束条件
形式构建(formulation)	$E \rightarrow C$	确定与环境相关的约束条件
搜索(search)	$F \rightarrow W$	搜索能够满足功能需求的原理效应
综合(synthesis)	$W \rightarrow S$	将满足各功能需求的工作原理进行综合得到设计结构
具体化(embodiment)	$C \rightarrow S$	根据设计说明书针对选定的结构进行技术设计
分析(analysis)	$S \rightarrow B$	对结构进行分析获取给定输入信息下的输出信息
评估(evaluation)	$B \leftrightarrow C$	进行设计评估,为设计决策提供决策理由
文件说明(documentation)	$S \rightarrow D$	进一步针对产品进行工艺设计形成最终解决方案
形式重构(reformulation)	$S \rightarrow S$	改变结构
形式重构(reformulation)	$S \rightarrow W$	改变原理
形式重构(reformulation)	$S \rightarrow C$	改变约束需求
形式重构(reformulation)	$S \rightarrow F$	改变功能需求
形式重构(reformulation)	$S \rightarrow P$	改变用户意图

2）系统化设计中的关键概念间的关系描述

明确设计中关键概念和概念之间的关系有助于设计人员在设计中全面考虑设计问题，减少疏漏。基于 PFWSB 本体的设计对象以及相关元素间的关系可以用如图 3.11 所示的本体描述模型表示。其中"人造物（artifact）"表示设计对象，若包含装配体，通常"装配体（assembly）"通过"其部分（part_of）"关系与设计对象"人造物（artifact）"关联，无论是零件还是装配体都通过"具备结构（has_structure）"与结构相连，表示每一个对象都拥有结构元素。每一个设计对象都通过"具备功能（has_function）"与功能相连，表示每一个设计对象都具备功能，同时设计对象也必须满足用户或者环境所施加的约束。根据各类关系可以很容易的识别类与类之间通过何种关系进行关联，在设计时就需要予以考虑。

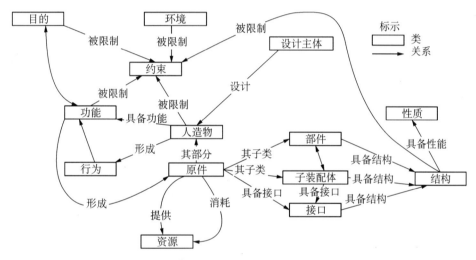

图 3.11　设计中关键概念及其关系描述

注：
概　　念：目的（Purpose）；功能（Function）；环境（Environment）；约束（Constraint）；人造物（Artifact）；行为（Behavior）；资源（Resource）；原件（Component）；部件（Part）；设计主体（Design Subject）；性质（Property）；结构（Structure）；接口（Port）；子装配体（Sub_assembly）
关系描述：被限制（has_constraint）；具备功能（has_function）；形成（implemented_by）；设计（designed_by）；提供（supply_resource）；消耗（consume_resource）；具备结构（has_structure）；具备性能（has_property）；其部分（part_of）；其子类（subclass_of）；具备接口（has_port）

3）系统化设计中的设计过程描述

如图 3.12 所示，根据现有设计学著作（如 Pahl 和 Beitz 的《工程设计学》，Suh 的《公理设计》），设计过程可以分为任务澄清、概念设计、技术设计、设计评估与决策和方案定型这些阶段。采用 PFWSB 模型来描述整个设计过程，其具体的描述过程如下：

（1）任务澄清阶段可以通过子过程 1 来实现，该阶段的设计任务是发现和明确用户意图和环境对产品的约束，从而确定设计说明书。

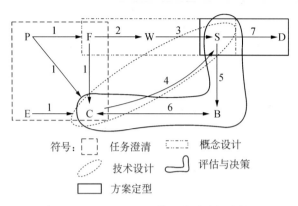

图 3.12 基于 PFWSB 模型的设计行为描述

(2) 概念设计可通过子过程 2，3 来实现，通过建立功能结构并搜索能够满足功能需求的原理知识和工作原理，将工作原理进行综合得到原理方案。

(3) 技术设计通过子过程 4 来实现，根据设计说明书来对选定的设计方案进行具体化设计。

(4) 设计评估和决策阶段通过子过程 5，6 来实现，对具体化后的方案进行评估，判断是否满足设计需求如果需要进行样机试验，那么需要将产品制造出来，然后进行试验评估。

(5) 方案定型通过子过程 7 来实现，对通过评估和决策的具体化方案进一步进行具体的图纸实现、编制生产、物流、使用相关文档，对设计进行全面检查。

(6) 改进设计通过如图 3.9 所示的子过程 8～12 来实现，如果设计方案未通过评估，那么则需要对设计进行改进，通常是先从修改结构入手，如果修改结构仍旧不能满足需求，那么则进一步从约束、原理知识、功能、环境和用户入手对设计进行改进。

4 驾驶舱设计理念的定义

驾驶舱设计是由满足飞行品质所必需的飞行机组操作程序决定,以显控界面为最终表现形式的核心内容,并包括环控、内饰、照明等内容的综合设计。

鉴于空中飞行条件富于变化且难以预测,以及飞机系统本身的复杂性,从而在可预见未来,飞行机组都将因其不可替代的技能、知识和灵活性,始终作为飞机系统中保证飞行安全和效率的重要组成部分。

机组及驾驶舱系统的综合表现取决于设计者对飞机系统、飞行员、自动化系统以及这些组件相互作用规律的理解程度以及对设计理念和原则的贯彻程度。

驾驶舱人为因素设计理念的意义在于将设计中对飞行员的行为以及机组成员与自动化系统合作关系的理解的重要性提高到与驾驶舱技术本身相同的地位。同时,将机组/驾驶舱的设计提高到与气动、结构等其他飞机设计领域相同的地位。

驾驶舱人为因素设计在下列四个层次的文件的指导下进行:

(1) 设计理念——确定责任分配及责任分配的条件。

(2) 设计原则——确定承担相关设计责任的成员所应具备的能力。

(3) 设计指南——确定承担设计责任的各成员为完成设计活动所需要的资源(包括资源组合及分配方式)。

(4) 设计标准——确定将来自不同渠道的设计资源作为组合及分配的依据。

本书的第 1 部分将对驾驶舱人为因素设计理念进行论述,并对如何由设计理念推导出设计原则、如何将设计原则落实到设计指南和标准进行说明,将为设计人员在设计新的驾驶舱或者改进现有驾驶舱时提供参照基准。本书的后续部分将关注驾驶舱设计阶段对人为因素设计理念的贯彻和执行情况,从而保证人机界面工作的正确性和一致性。同时,也为相关机型的后续改进型驾驶舱与原型驾驶舱在设计概念上的一致性提供了保障。

4.1 驾驶舱人为因素设计目标

驾驶舱人为因素设计理念是关于驾驶舱操作设计和人为因素设计的顶层纲领性文件,对驾驶舱设计和驾驶舱子系统变更设计起决定作用。驾驶舱人为因素设计理念应与驾驶舱设计目标共同作为驾驶舱设计的指导。

驾驶舱人为因素设计目标应该包括以下几个方面:

（1）满足机组的通常需要及机组在执行飞行、导航、通信和管理飞机系统等任务的需求。

（2）符合现有及预期的飞行环境的限制条件。

（3）符合制造商/供应商可能的战略决策。

驾驶舱设计理念旨在驾驶舱布置、飞行控制、自动化、提示及告警系统等各方面定义能够满足上述目标的设计概念（design concept）。

4.2 文件的使用和对象

整个文档包括两部，第 1 部分（前 5 章），提纲挈领地对设计理念进行描述并运用设计理念对驾驶舱的设计过程进行概括。第 2 部分对驾驶舱设计指南、测试和评估、设计原理应用以及确定并解决设计准则和设计指南中冲突的方法进行概要性描述。本报告的用户、功能及作用如表 4.1 所示。

表 4.1 文档的使用及其对象

文档	使用对象	功能支持	方式
第1部分	项目总师	高层次的项目资金/重大决策	通告,研发以驾驶舱为中心的设计的思维模式
	部门主管	高层次的设计和资源决策,制定设计过程	通告,研发以驾驶舱为中心的设计的思维模式,建立设计思想体系
	适航当局负责人	认证计划	通告,研发以驾驶舱为中心的设计的思维模式
	航线经理	效益和操作决策	通告,研发以驾驶舱为中心的设计的思维模式
	机组成员	操作性评估	通告,研发以驾驶舱为中心的设计的思维模式
第2部分	研究员	设计概念和原型的开发,研究问题的类别,评估	提供指导,通过解决冲突确定研究的问题,并提供测试和评估（T&E）方法
	工程师	需求开发、设计概念和原型开发	通过设计指南和测试评估为书写和检查需求和概念提供基本原理和知道
	驾驶舱总工程师和首席试飞员	驾驶舱设计中的重要决策	利用设计指南和解决冲突的方法为重要的驾驶舱决策提供指导
	人因设计主管	低层次的设计决策	利用设计指南和解决冲突的方法为选择设计选项提供指导
	适航当局认证飞行员	驾驶舱认证	通告,为评估设计的方法提供建议
	设计人员	低层次的设计决策	利用设计指南和解决冲突的方法为选择设计选项提供指导

　　本书:①建立了以和谐为导向的设计理念,以及在驾驶舱设计中贯彻这一理念应遵守的设计原则;②提供一个与设计准则和理念一致并满足技术快速发展要求的详尽的框架性的驾驶舱设计指南。文档主要面向中国商飞公司大型民用客机项目中的经理、工程师和研究人员。除此之外,它的使用者还包括了大型民用客机项目的其他参与者,以及其他行业中参与这个项目的人员,如中国民用航空管理局和航空公司职工。参与设计的人员对驾驶舱和谐设计理念的理解越深入,越利于他们在自己的设计岗位上贯彻和谐设计理念并更好地发挥作用。例如,某种程度上认证环节通常是确保设计达到优良标准的组成部分,但如果审定中心认证飞行员能从设计的角度理解和谐驾驶舱设计的问题,用与测试和评估方式相似的方法来验证,也许驾驶舱的认证更标准,更快捷,成本更低。

5 设 计 过 程

飞机设计是一个复杂的过程,具有动态变化、非标准化等特点,并且很大程度上依赖于先前的知识和经验,也就是说飞机设计过程是一个继承和发展的过程。技术和知识的积累是飞机设计中不可或缺的要素。但总的来讲,飞机设计过程也遵循一般产品设计的基本过程。目前广泛认可的飞机设计过程主要包括:需求定义、概念设计、初步设计、详细设计、试飞以及交付运营等阶段。从需求定义到交付运营要经历一个很长的周期,并且在此过程中还需要不断的迭代优化。人为因素同时要贯穿飞机设计的整个过程,并且要在较早期的设计节点中介入,通过人为因素测试与评估手段,发现并消除方案中的不良因素,不断优化得到最终的方案。

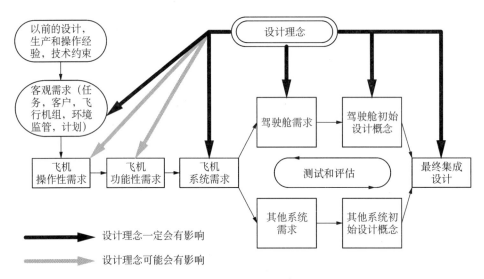

图 5.1 设计理念与设计过程

设计理念对于设计全过程均会产生影响,因此在设计最初必须建立可靠的设计理念,并以此为指导思想开展设计工作。

图 5.2 所示为人为因素在飞机设计过程中的总体规划,其中指出了设计理念、设计原则、设计指南、设计标准四个文档在设计过程中应用。同时给出了不同阶段人为因素关注的要素以及人为因素"设计—测试与评估—再设计"的迭代优化过程。对不同阶段人为因素工作输出报告提出了建议。

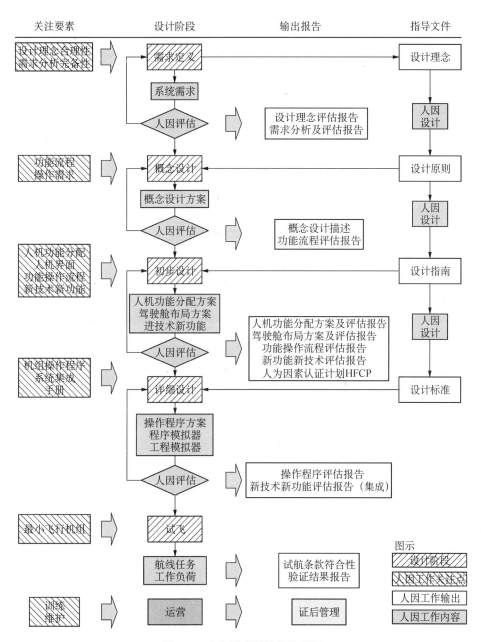

图 5.2 人为因素设计总体规划

6 空客与波音的设计理念对比与分析

表 6.1 所列空客与波音的设计理念摘自 SAE ARP 5056[1]。为了使读者不受中文译文的干扰,正确理解设计理念的真正含义,此处摘录的是原文。

表 6.1　空客与波音的设计理念引文

Airbus(A)	Boeing(B)
1. The pilot is ultimately responsible for the safe operation of the aircraft. He has final authority with adequate information and means to exercise this authority.	1. The pilot is the final authority for the operation of the airplane.
2. The design of a cockpit is dictated by safety, passenger comfort, and efficiency in that order of priority.	2. Flight crew tasks, in order of priority, are: safety, passenger comfort, and efficiency.
3. The design of a cockpit accommodates for a wide range of pilot skill levels and experience acquired on previous aircraft.	3. Design for crew operations based on pilots' past training and operational experience.
4. The automation is considered as a complement available to the pilot, who can decide when to delegate and what level of assistance is desirable, according to the situation.	4. Apply automation as a tool to aid, not replace, the pilot.
5. The human machine interfaces are designed considering system features, together with pilot's strengths and weaknesses.	5. Address fundamental human strengths, limitations, and individual differences — for both normal and non-normal operations.
6. The use of new technologies and implementation of new functionalities are dictated by: ● Significant safety benefits ● Obvious operational advantages ● A clear response to a pilot's needs	6. Use new technologies and functional capabilities only when: ● They result in clear and distinct operational or efficiency advantages, ● There is no adverse effect to the human-machine interface.
7. State of the art human factors considerations are applied in the system design process to manage the potential pilot errors.	7. Design systems to be error-tolerant.
8. The overall cockpit design favors crew communication.	8. Both crew members are ultimately responsible for the safe conduct of the flight.

（续表）

Airbus(A)	Boeing(B)
9. The cockpit design aims at simplifying the crew's task by enhancing situational and aircraft status awareness.	9. The hierarchy of design alternatives is: simplicity, redundancy, and automation.
10. The full authority, when required, is obtained with simple intuitive actions, while aiming at eliminating the risks of overstress or over control.	

分析：

（A）＝空客，（B）＝波音

（1）第一款中（A）的条件从句"with adequate information and means to exercise this authority"其实就是否定了飞行员的"final authority"，因为"adequate"是一个无法准确定义的量；（B）则是无条件的。这一条体现了（A）和（B）在驾驶舱设计理念上的根本差别，这一差别贯穿飞机驾驶舱设计的全部理念。

（2）第二款中（B）明确机组工作的首要任务是保证飞机的安全，（A）则进一步表明是驾驶舱整体，并不一定由机组来保证飞机的安全；具体体现在（A）用"飞行包线保护"而（B）用"飞行包线提醒"。

（3）同样，在第三款中，由于没有指望机组来最终保证飞机的安全性，因而（A）对飞行员的要求相对（B）宽松多了。

（4）自动化系统与飞行机组的关系一般认为有三个级别，即替代、帮助、监测（没有干预）。（A）表明在"条件允许"的情况下，自动化系统可以替代飞行机组职能，（B）则限定自动化级别最高为"帮助"。

（5）在决定飞行机组在驾驶舱中的工作内容时，应充分考虑飞行员通常的习惯和能力。

（6）这里应该这样理解：（A）期望"new technologies and new functionalities"可以提高安全性，而（B）因为没有要求系统对安全性负最终责任，从而没有要求新技术和功能对提高"安全性"负责，只是要求不要产生负面影响。

（7）（A）人为因素是不断发展的，要及时应用到设计中去，以防止相关人为差错继续发生；（B）"系统防差错"：这是非常先进的！人的"差错"总会不断地、以新的形式出现，系统应具备预防和控制人为差错的能力，而不能通过追溯方式去出现一件，解决一件。

（8）（A）重视机组成员间的交流，但目的是什么？交流什么？这些应该如何定义？（B）机组成员都对安全有着不可推卸的责任，在这个前提下，机组成员之间的交流方式及内容等都可以进行准确定义。

（9）（A）表明驾驶舱设计应简化飞行员的任务，通过增进"situational and

aircraft status awareness"。但这是增进谁的情境意识？飞行员还是自动驾驶系统？字面的正确意思应该是增进自动驾驶系统的情境感知能力，使得自动驾驶系统的功能更加可靠，进而减少飞行员的参与。而(B)的意思应该是系统设计关注的次序依次为简化(机组，在正常和非正常情况下，都可以理解和掌控)、冗余(始终都有可用的系统构型)、自动化(辅助)。

7 以和谐为导向的驾驶舱设计理念

20世纪90年代中期,以人为中心的设计学理念被引入民用客机驾驶舱设计中,发展成为以机组为中心的驾驶舱设计理念(crew centered flight deck design philosophy),并确立了人为因素在驾驶舱设计过程中的核心地位。

在当今自动化飞行技术日益成熟的背景下,从工程的角度来说,"驾驶舱设计"就是要解决机组与"复杂自动化系统"之间的关系问题并将它们集成在驾驶舱系统之中,安全、高效、舒适地完成飞行任务。

以机组为中心的驾驶舱设计理念所衍生的设计原则可能截然不同。造成这种状况的根本原因是"crew centered"的理念实际上将"人"和"机"理解成相对独立的实体(independent entities),解决两者间的矛盾,就必须首先确定矛盾的主要方面。"crew centered"的理念只是确定了飞行员是矛盾的主要方面,但如何解决矛盾却可以是完全相反的方法。波音强调飞行员的主观能动性,设计中强调为飞行员提供信息,由自动化功能辅助飞行员进行决策;而空客强调飞行员错误的不可避免性,设计中尽量以自动化功能代替飞行员的作用。具体分析请见前一章。

"crew centered"驾驶舱设计理念是目前最先进的驾驶舱设计理念,因为这个理念确立了"人"在飞机系统中的重要地位。然而,不管是空客还是波音,在对"crew centered"驾驶舱设计理念的实践中都把"人"的位置放错了。事实上,在波音、空客的新机型投入运营的10多年中,航空事故中由于所谓"人为差错"导致的事故的比例并没有大幅度地下降。

本书所阐述的驾驶舱设计理念是结合作者近年来的工程实践及理论研究,对传统的"以机组为中心的驾驶舱设计理念"的发展。

从物理形态上来说,"人"是一个"整体"——飞行员从一个特定的位置上,所能看到的、听到的、触摸到的都是在人力所及的有限空间存在和发生的情形。然而,从飞行任务的角度来讲,"人"对飞机的作用是全方位、全过程的,即在时空上都有分布作用的。同时,飞行员和自动化系统是不可比拟的两类"智能体",不能用"非我即他"或者"相互替代"来表述他们之间的关系。

无论是强化"飞行员",还是强化"自动化系统"在飞机系统控制中的作用,都无法从根本上解决驾驶舱系统和谐作用问题。只有通过"飞行员、机组"与"自动化系统"的融合,实现互补,达到"和谐统一",才能从根本上设计出安全、高效和舒适的民机驾驶舱系统。

本书所阐述的驾驶舱设计理念,命名为"以和谐为导向的驾驶舱设计理念"(harmony-oriented flight deck design philosophy)认为,飞行机组、驾驶舱甚至飞机本身只是航空运输系统的一部分。航空运输系统还包括航空公司、飞行调度员、维修人员、气象预报员、机场地勤、空中交通管制员,以及政府监管机构。成功地完成飞行任务这一总体目标的实现取决于这些系统的各组成部分之间的协作。本书所定义的设计理念只限定于飞行机组对驾驶舱系统的操作。

和谐指的是一种态势(状态与趋势)。我们要求驾驶舱设计应该保证在飞行任务过程中,保持安全、高效和舒适的态势。

和谐包括组合、次序和节奏三个层次要素。在驾驶舱设计中,这三个层次的要素有着特定含义:

组合("内容完备"由任务需求定义)要求所有为实现安全、高效地飞行活动所需的功能以及支撑这些功能的信息必须完备;尽管机组与自动化系统在正常飞行过程能够共同完成飞行任务,但考虑到飞行机组对飞行安全负有完全和最终的责任,因而设计应该保证飞行机组在任何时候都拥有上述信息、控制操作和飞机系统的状态信息。

次序("前后大小"由其在任务过程中的重要性决定)要求飞行机组/驾驶舱组成的系统的综合优化优先于各个子系统的优化;飞行机组的操作权限永远高于自动化系统;驾驶舱设计的优先级依安全性、效率、舒适性的次序而定。

节奏("轻重缓急"适应飞行员的固有特性与习惯)要求驾驶舱的信息显示和操作设计必须考虑飞行员/机组通常的能力和限制,使自动化系统最大程度地辅助飞行机组。

以和谐为导向的驾驶舱设计理念可以总结为以下 3 点:

(1) 所有设计决定都要考虑飞机总体的安全性和高效性。飞行机组与驾驶舱系统的综合绩效比单一功能的优化重要。

(2) 飞行机组与驾驶舱系统的综合绩效应该从以下几个方面综合考虑:飞行机组的责任、权力、特性和差错,系统所采用的新技术和自动化功能,设计过程中冲突管理等。

(3) 通过考虑飞行员与驾驶舱系统的组合、次序和节奏来实现综合绩效的优化。

8 设计原则

创立一套用于贯彻设计理念的原则,使设计理念能成为设计过程中的实用手册,而不仅是抽象的概念。驾驶舱人为因素设计理念应该引导出包括关于下列内容的原则:

(1)飞行员/机组的责任。

(2)飞行员/机组的权限。

(3)飞行员/机组的特性。

(4)自动化。

(5)新技术/新功能的应用。

(6)人为差错。

(7)设计优先次序。

(8)机组任务简化。

设计原则就是将以和谐驾驶为导向的驶舱设计中提出的组合、次序、节奏理念落实到上述内容中去。

8.1 飞行员/机组的责任

(1)飞行员/机组是保证飞行安全、飞行效率和旅客舒适性的最终责任者。

必须明确的是,自动化系统只是辅助工具,不能从根本上替代飞行员/机组的工作。对于飞行员/机组来说,在任何时候,都要保证人工控制飞机的意识和能力。2009年6月1日(对于南半球是冬季),法航447班机从巴西里约热内卢飞往法国巴黎的途中发生结冰(或结晶),空速管失效,导致自动驾驶仪因运行条件不足而断开。大量的报警信息涌现,迫使飞行员在饱和信息量下手动驾驶飞机。因为长期过度依赖自动驾驶系统,飞行员的经验有所退化。经过由具备同等经历的飞行员进行的模拟实验表明,当时的飞行员没有能力把处于失速(stalling)状态的飞机拉起来。因此要求飞行员始终做好手动操纵飞机的准备,并保持相应的能力。

(2)飞行员/机组的基本任务是飞行、导航、通信和系统管理。

飞行、导航、通信和系统管理是完成飞行任务的充分必要任务。其他任务必须以上述这些任务的完成为前提;驾驶舱信息显示必须以上述任务所需信息为首要内容;驾驶舱功能必须以上述任务为首要服务对象。与上述任务不相干的功能,必须证明不会影响这些任务的完成。

（3）驾驶舱的设计应该保证飞行机组在任何时候都拥有完成上述任务所需的信息、控制操作和飞机系统的状态信息。

驾驶舱系统中的所涉及的设施、信息及其内在逻辑关系都应该有助于飞行员/机组在完成任务目标的过程中理解自身职责，以及机组其他成员或驾驶舱自动化设备的职责。在 2009 年法航 447 班机灾难中，由于没有油门的手感，只有显示器的输出（告知油门的大小），这种情况下，显示器的输出不足以引起飞行员的注意力，也就无法让飞行员知道油门的状态。同时，显示系统也没有给予飞行员可以参考的空速信息，最终导致灾难发生。也就是说，驾驶舱的设计要能保证飞行员/机组在任何时候拥有对飞行状态的全面了解和飞行操纵的决策权，并且向飞行员/机组提供尽可能多的决策反馈信息。

8.2 飞行员/机组的权限

（1）飞行员/机组拥有飞机操作的最高权限。

目前，飞机的自动化程度越来越高，为了用最少的人力去完成尽可能多的飞行任务，飞行自动化是必由之路，但是高度自动化的飞机带来了许多人的因素问题，比如新设备的使用，引入了新的人—机关系和界面，而这可能与传统的工作方式和思维方式发生矛盾和冲突，从而导致了新问题的发生。另外，自动化装置（或系统）都是在分析已知问题的基础上设计的，它所能处理的是设计者所能考虑到的情况，一旦设计者没有考虑到的情况发生，自动化系统也可能变得无能为力。因此，尽管现在的飞机驾驶舱自动化系统几乎能够完成飞机涉及的所有功能，但在自动化系统的设计中应始终保持飞行员/机组的主导地位，即飞行员必须处于指挥地位，对飞行安全负责。同时，飞行员/机组应当认识到自动化系统只是辅助工具，不能完全替代飞行员/机组的工作，任何时候一定要绝对保证人工操纵飞机的意识和能力。因此，必须始终坚持飞行员/机组在驾驶舱中的最高权限。

（2）驾驶舱设计应确保两名机组成员在任何时候都具备同等的用以保证飞行安全基本权限和资源。

美国国家运输安全委员会的研究人员在选择的 37 起重大飞行事故中，共认定机组人员错误 302 个，平均每起飞行事故有 8 个多一点的机组人员错误；其中 81% 的飞机失事是机长在亲自驾驶飞机，做出错误决定促成了飞机坠毁。在上述事故中，机长出现决定错误后，即便副驾驶发现机长的错误，也没有权限或资源阻止机长的决定，造成了机长多于副驾驶操纵飞机时发生飞机坠毁事故的现象。

因此，驾驶舱设计应确保机长和副驾驶在控制飞机时具有同等的安全基本权限和资源，使机长和副驾驶中一方的操作指令为另一方所知晓；避免双方之间的相互依赖，特别是避免驾驶舱内权力梯度导致的副驾驶对机长指令的盲目或无条件服从，使机长和副驾驶能够分别对对方的操纵动作进行监控，实现交叉检查。最终实现,在机组内部每个飞行员都是另一飞行员的备份系统,有义务和能力及时验证对方的动作并随时准备接替主控飞行员的职责,这是飞行安全所必需的。上述检查目前多通过"标准喊话"方式进行,而缺少飞行控制系统的支持。在驾驶舱设计中应使机长和副驾驶在飞行保障方面具有同等的资源和权限,共同保障飞行安全。

(3) 飞行员/机组应该能随时访问所有与飞机状态、系统和飞行进展相关的可用的信息。

驾驶舱自动化控制系统及其卓越的可靠性和冗余技术使机组能够轻松地操纵飞机完成从起飞到着陆的全过程。但是,如果发生异常情况,驾驶舱中控制和显示信息的复杂系统可能产生错误或不充分的信息,特别是自动化改变了通过人—机界面传送的信息,导致一些信息不再传送或者传送信息的格式发生变化,造成驾驶员不能及时了解飞行状态。对于系统错误,如果机组能够在飞行过程中获得足够的系统知识以确定哪些是正确的显示信息和哪些是错误的,则能够避免事故的发生。因此,在驾驶舱的飞行控制系统设计中应确保飞行员/机组能随时访问所有与飞机状态、系统和飞行进展相关的可用信息。更重要的是,供驾驶员使用的显示/控制系统应尽量与人的通常认知意向模式保持一致,飞行控制系统中的信息显示符号、格式应经过严格筛选、检验和评估,使之符合人通常的思维习惯,驾驶舱中视觉、听觉和触觉信息的显示以达到机组最佳认知效果与操作响应为目标。

(4) 为了保证飞行安全,必要时飞行员/机组有权利超越已知系统的限制对系统进行操作。

自动化系统只能在软件中所编译的选项和范围内执行任务,而系统是以对飞机和飞行员的预期行为的假设为依据的,发生超出设计范围的问题时,自动化系统则无力解决。此外,自动化系统通常不会从以往的经验中自动获取知识,不具备根据经验处理突发事件的能力。为保证飞行安全,应确保飞行机组的操作权限永远高于自动化系统,必要时飞行机组有能力超越系统的限制对系统进行操作,即对控制操作具有最终的决定权,即使该操作可能对飞机的使用寿命或性能造成不可逆的负面影响。

8.3 飞行员/机组特性

(1) 驾驶舱的设计应有利于机组资源管理、使机组成员及时、有效地交流。

现代运输飞行对飞行员在获取信息及进行决断方面的能力要求越来越高,飞行员实质上已变成管理者,因此机组能否有效、充分、合理地利用和管理机组资源,影响着飞行任务完成的情况。机组资源管理的内容包括驾驶舱处境意识、注意力分配和抗干扰能力、驾驶舱交流、质询与反应、倾听以及劝告技能、工作负荷的管理与驾驶舱自动设备的合理使用、机组的协调与配合等。同时应当意识到飞行员在任务过程中不可避免地会忽视部分信息,进而影响其判断,或者由于不可预测的原因而丧失某种能力。机组成员之间及时、有效地交流是相互检查的重要途径,应当在设计中加以引导和鼓励。如当飞行员集中注意力进行飞行时,有可能忽视或来不及用语言将他的飞行动作通报给另一位机组成员,这就需要通过操纵设备的联动来"通报"各自的飞行动作。驾驶舱设计过程中,特别是在概念设计阶段应对机组资源管理问题进行充分考虑,不仅使自动化系统更有效地协助机组完成飞行任务,还应通过驾驶舱设计为机组资源管理提供便利,促进机组成员间的交流、优化任务分配、及时有效地解决突发问题。

（2）驾驶舱的设计应不违背飞行机组通常的习惯或超越其正常的能力限制,确保驾驶舱的信息显示和操作设计充分考虑飞行员/机组通常的能力和限制,使自动化系统最大程度地辅助飞行机组。

自动系统通常不能以简单易懂的方式向飞行员表达其意图,不仅增加了机组的工作负荷,也增加了飞行风险。例如自动化控制系统严格按照要求运行,但系统后台的逻辑却十分复杂并且不被飞行员所理解。这是一个糟糕的心理模型,因为飞行员对自动化系统的基本功能和局限性不够了解,导致其不能够正确理解指令背后的原因,或者完全不理解系统正在做什么以及为什么这样做,就很容易失去系统意识。"以和谐为导向"的设计理念要求使驾驶舱的控制系统应在飞行员的局限和能力范围内工作,而不是飞行员必须学习如何去尽量减小设计缺陷的影响。

8.4　自动化

（1）自动化系统只是飞机员执行飞行任务的辅助工具,不能全面替代飞行员的人工操作。

尽管飞机自动化程度日益提高,但需要机组把好安全关。一方面,自动功能会发生故障,需依靠机组及时发现和解决;另一方面,自动化系统尚不具备独立驾驶的能力,完全依靠自动化系统将产生较大的安全隐患。以 B777 飞机为例,在自动驾驶自动油门飞行时遇到不稳定天气现象出现严重颠簸,由于气流的急剧变化造成速度很大变化,自动驾驶不可能马上修正,自动油门也因单位时间内速度变化较大不可能较快做出反应调整马力,以致造成超速或失速等不安全因素。因此,机组应马上脱开自动驾驶,转为人工飞行并且操控油门,确保飞机处于安全飞行状态。同样在法航 447 班机灾难中,尽管事件的起因是结冰,但飞行员对自动化系统的过度依赖也是导致灾难性后果的原因。可见,无论飞机的自动化功能多么先进,都不能取代人的作用,机组仍然需要对飞机的安全、有效和经济地运行负全部责任,自动化功能再好也只是人的好帮手。

（2）机组成员应当对飞行控制系统中所有的动态功能和任务的分配有最终的权力。

人—机功能分配是自动化驾驶舱设计思想的核心,决定了人与自动化系统间的关系、系统和人机界面的设计以及飞行操作程序等。飞行员负责飞行安全,而目前的自动化系统不太可能预测到飞行员的意图或外部环境,所以飞行员应该拥有动态功能分配(dynamic function allocation)的最后决定权,在自动化系统失能或存在缺陷时及时调整做出任务调整。驾驶舱设计中应注意:自动化系统不能向飞行员分配功能或任务,也不能拒绝执行飞行员给它分配的功能或任务,除非它没有能力去完成这项功能或任务。没有飞行员的批准,自动化系统不能主动控制飞行员执行的任务或控制操作。例如,自动化不能仅仅因为断定飞行员的工作负荷较大,未经飞行员批准就代替飞行员进行控制。同样,自动推杆器(飞机快要失速时,推动控制杆能自动减少飞机攻角)和其他自动设备的控制力也不能超出必要时飞行员接管它们时所具备的能力。功能动态分配的问题有很多争议。自动的动态功能分配和自适应协助(Rouse, 1994)有很多优势,如飞行员工作负载和任务参与的管理(如:Parasuraman, 1993; Pope, Comstock, Bartolome, Bogart & Burdette, 1994)。从飞行员的角度来看,如果系统操作的复杂性和预测性可以限定在一定的范围内,那么将来的驾驶舱中自动的动态功能分配会更可行。

(3) 驾驶舱的设计应该有助于机组成员和自动化设备之间互动,使机组成员有能力即时掌握和调整任务状态、概念模型和当前任务目标等信息。

飞机驾驶舱是飞行员获取飞行信息并操纵控制飞机的工作场所,为使飞行员安全有效地完成飞行任务,驾驶舱中各种工具的设计应符合认知科学的原理满足人机工程的要求。如应用"静暗驾驶舱"理念,如果指示灯都不亮则表明所有系统工作正常,使飞行员能够集中精力处理关键事件,空中客车公司在其研发的空客系列飞机上就运用了这一理念并取得了很好的效果;还可以设计"飞行员状态监视系统",用于监视飞行员的心理、生理和行为,不仅能提醒飞行员集中注意力,还可进行人为危险分析,避免飞行员对飞机实施可能导致灾难性事故的行为;还可以考虑在飞机驾驶舱中综合利用视觉、听觉和触觉信号,充分挖掘飞行员的各种认知能力以接收来自三维空间的信息。

(4) 飞行机组必须能够随时全面监管自动化系统的运行状况。

运输类飞机驾驶舱的自动化设计原则仍然是让自动化帮助而不是取代飞行员对飞机的操纵。也就是说,飞机自动化系统不能将飞行员置身于控制环路之外。为实现上述目标,驾驶舱设计中要使飞行员始终了解自动化系统的动态,避免因注意力不集中导致在出现突发事件时不知所措。例如在先进的自动化飞行管理系统中设置一些传统的人—机界面,迫使飞行员通过键盘进行操作;同时,自动化系统应在飞行的主要阶段或自动化系统按照设定的程序自行调整飞行状态时向飞行员做出提示,让机组及时掌握自动化系统的运行状况。

(5) 设计中尽量减少有多个操作人员或自动驾驶舱系统同时执行的功能或任务的干预。

飞机驾驶舱中,一个潜在的不稳定因素是系统高度综合性的重叠以及与飞行员传统责任的交叉,在无意中对机组的职责和标准操作程序产生破坏作用。以控制显示器(control display unit, CDU)为例,通常标准操作程序规定一名飞行员人工或通过飞行管理(flight management system，FMS)/自动驾驶仪控制飞机的飞行轨迹，另一名飞行员负责检查单、监控、通信及文书工作。但在实际飞行中，CDU 似乎对飞行员最具诱惑力。CDU 通常位于中央操纵台上用来编制飞行管理计算机的性能和航路数据，其特点是由一块小屏幕显示以字母和数字表示的输入和输出信息。在使用 CDU 时，飞行员不能监控飞行仪表，也不能看驾驶舱外面。大多数航线飞行员都承认有过这样的经历，即两人都低头输入复杂的航路变化信息(而不是其中一个继续驾驶飞机)，这将导致飞行员不能正确把握局势，甚至彻底破坏飞行员与自动系统的相互作用。曾有一个机组为了在 FMS 中输入到另一条跑道的进近程序而使飞机无人监控，最终自动驾驶仪控制飞机撞上了高地。

8.5　新技术/新功能的应用

（1）新技术的使用必须保证对其他系统或系统界面不产生负面影响。

随着技术的发展，一些新技术/新功能可能用于驾驶舱设备的简化，因此利用一些新技术简化驾驶舱已成为驾驶舱设计追求的目标。新技术/新功能的应用至少应以满足以下要求为原则：①能实现更加清晰、巧妙和截然不同的操作或有明显的进步；②对人—机互动无负面影响；③与驾驶舱现有的系统和设备的功能不存在冲突；④与飞行机组一直通常的偏好和习惯不存在矛盾。

（2）驾驶舱冗余设计应该保证系统始终都有可用的信息与控制资源。

这里所说的信息和控制资源不仅是针对自动化系统的需求而言，也是针对飞行机组进行手动飞行的需求而言。法航 447 班机灾难中由于结冰而失去了空速信息，自动化系统因缺乏关键信息无法工作而断开。驾驶舱系统应该将替代信息，如由惯导、GPS 提供的速度信息及时提供给飞行员，即使这些速度信息的精度较低。

8.6　人为差错

驾驶舱的设计应该有助于减少或避免操作人员和驾驶舱自动化系统的差错，具备预防、容忍、检测和改正机组或系统差错的能力。

驾驶舱防差错设计是保证航空安全的关键因素之一。防差错设计的基础是对"期望"的明确定义，即"飞行员期望自动化系统做什么"和"飞机系统期望飞行员做什么"。防差错设计的原则是"一致性"，包括概念、空间、运动和形式的一致性。防差错设计的目标是使得飞行员与飞机(自动化)系统的期望尽可能的一致。

（1）操作人员应该适当地参与功能分配工作过程。

航线飞行员应该明白"能够期望飞机系统做什么"和"飞机系统期望自己做什么"。这不能通过培训来强制性地告诉给飞行员，而是要通过一定的过程来了解飞行员的普遍想法，落实到设计中去，使得驾驶舱功能分配符合飞行员的基本的、普遍的期望。

（2）提供给飞行员的信息内容和集成水平应该与正在执行的功能和任务，以及所用的辅助水平和自动化水平相适应。

提供给飞行员的信息代表了完成任务所需的原始数据集成和处理的水平,应当与提供给自动化系统的信息保持一致。尽管飞行员在运用自己的手动技能和程序性知识进行操作时能表现得更自信,但仍需要深入的推理分析,用于分析的信息除了要适合其他任务,更要有不同程度的抽象和集成。原始数据应该能够用于处理信息的确认。

因为情境意识的水平一定程度上取决于积极参与任务的程度,设计者必须确保飞行员适当地参与他/她当前负责的关键飞行功能和任务。如果自动化执行关键的飞行功能,而飞行员作为后援,那么自动化的参与必须保持在正常条件下,这样,一旦发生异常飞行员可以接管任务。

(3)所有机组人员完成任务和功能的方法应该与任务目标保持一致。

操作人员的程序和任务应该保证满足任务目标,应该按照逻辑顺序一次进行。例如,操作人员不可以"欺骗"驾驶舱系统,让他们去执行某项所需的功能。

(4)目标或组成相同的程序或任务应在系统和任务目标上保持一致性;目标或组成不同的程序或任务在系统和任务目标上也应不同。

目标相同的程序或任务应具有一致性,这样在当前的系统或任务中,一个具体的行为才不会有完全不同的含义或作用。例如,所有自动驾驶模式中自动油门和自动驾驶仪的分离方法应该是一致的。1994年4月26日中国航空公司140次航班在东京名古屋国际机场坠毁。空客A300-600R的飞行员无意中激活了航向模式,然后手动取代操作杆分离自动驾驶仪的操作失败,因为在航向的模式下这种方法禁止运用于自动驾驶仪的分离。自动驾驶仪用其水平安定面配平权抵制飞行员的控制输入,引发了不安全的平衡状态,而飞行员却没有意识到。

当目标不相同的时候,飞行员执行的程序和任务也应该不同,因此不同的作用效果需要独特的操作。例如,麦道公司的MD11上自动驾驶仪的系统接口说明了这一原则的应用方法。当自动驾驶仪工作(按下按钮)时,如果要偏离当前稳定状态,达到新状态目标,它需要对速度、航向和高度进行调节。调节这些参数需要输入完全不同的控制而不是调用各自的保持模式(按下按钮)来阻止进程中的转换。

(5)能够为飞行员提供多种不同的策略来实现任务目标,并且为多种不同的飞行策略提供支持。

驾驶舱设计中应具备前瞻性,未来的驾驶舱应具备自适应系统功能,可不断地测量飞机的状态、性能和参数,从而"认知"或"掌握"飞机当前的运行指标并与期望的指标相比较,进而做出决策以改变调节控制装置的结构、参数或根据自适应规律来改变控制作用,为不同的飞行策略提供支持,保证飞机在最佳状态运行。

不同的环境,飞行员和任务的因素可能会需要不同的方法、解决途径和自动化水平来实现任务目标。设计者必须确保飞行员有多种程序或自动化选择策略来完成每一项功能或任务。例如,飞行员的工作负荷决定了某一个任务或功能的适当的自动化水平:低自动化水平(例如,信息帮助)更适合于低应力/工作量的情况下,然而非常大的压力/工作量的情况下,可能需要更多的自动化协助。此外,任何一型飞机的飞行员的操作经验水平、驾驶技能和认识风格存在很大的差异。驾驶舱的设计必须考虑到这些差异,而不是仅仅依据飞行员的一般水平或最差水平来进行设计。

(6) 驾驶舱的设计应该有利于操作人员建立有用的符合事实的任务目标或系统功能的概念模型。

驾驶舱的设计在很大程度上决定了飞行员如何建立驾驶舱系统和自动化的概念模型,以及对操作逻辑的理解。设计者应该明确这一事实,并且帮助飞行员建立有用的与现实一致的概念模型。所谓的有用是指,它达到了一个适当的细节水平,能支持适当地系统行为;所谓的与现实一致是指不会对系统的行为或行为方式产生误解。例如,大量的偏离指定高度的检测和报告表明飞行员很难理解许多现代飞机上的各种速度与自动驾驶仪的垂直控制模式的关系。波音 B747‐400 的主飞行显示的状态指示器是根据自动驾驶仪的自动油门控制、翻滚控制和俯仰控制三个分量组织的,而模式控制面板则是根据速度、水平路径和垂直路径的调节组织的。不同的自动驾驶模式中,速度和垂直路径不是由俯仰控制就是由推力控制的,状态指示器和模式控制面板组织上的差别不能增强概念上的区别,不能减少可能的模式组合的复杂性。一个很重要的设计问题是,综合视景显示是否应该与从侧窗观察到的外部世界保持一致。如果综合视景提供的信息与事实不一致,并且这种不一致妨碍了使用真实世界的信息,那么设计者应该努力使综合视景信息符合现实世界的信息。

(7) 驾驶舱设计应该保证不能超越操作人员的基本局限(如记忆力,计算能力,注意力,决策偏差,任务的时间分配)。

虽然个人之间的能力有差异,通常人都有基本的特征局限限制了他们的工作表现。这些局限有瞬时记忆力的限制,包括信息量和持续记住的时间,精确的复杂计算能力的限制,多变量的信息决策能力的限制以及同时操作几个不同的任务的能力。但是,涉及上述操作的任务不能简单地分配给自动化(Fitts, 1951),而且设计人员了解这些内在的限制并确保不超出这些限制在驾驶舱设计中是很重要的。设计易于理解和使用的驾驶舱是确保不超出人的能力限制的一个根本方法。例如,可以通过电子板提供大量的可用的信息,由于人接受处理信息能力的限制,驾驶舱设计显然不能总是显示所有的信息。另一个例子是人的感性判断的限制,如期望飞行员在没有感性帮助时合理地判断起落架的位置是很不合理的。

(8) 充分发挥人的能力(如,解决问题,归纳推理)。

正如人有内在的限制一样,人也有内在优势,如在新环境里解决问题的能力,归纳推理的能力等。这项原则并不是要求任务需要靠这些能力来完成,重要的是设计人员应该认识到这种能力的存在而且操作人员在完成任务的过程中可能会运用这些能力。比如在法航 447 班机灾难中,尽管失去了由空速管提供的空速信息,如果能够将由管道系统或 GPS 系统获得的速度信息提供给飞行员,就可以使飞行员依据近似的状态信息进行处置,而自动化系统是不具备这种能力的。

（9）操作人员并发操作的功能和任务间的冲突应该尽可能地少。

驾驶舱中任务流程和设备布局的设计必须保证操作人员正在同时执行的多个任务间没有冲突。在物理设备方面,驾驶舱的控制器件如油门的布局应该满足当飞行员在使用在用操作这些器件的时候,他/她的胳膊不能阻挡其观察任何显示控制状态的视线。在任务流程方面,任何可能在同一时间段内执行的任务序列间不能有冲突(例如,某一个程序要求激活子系统,而下一个程序则要求关闭这个系统)。

8.7　设计优先次序

（1）驾驶舱系统的设计应首先保证系统信息和操作的完整性。

驾驶舱系统的设计应保证系统信息和操作的完整性。在飞行过程中能够为飞行员/机组提供完整的信息,即确保信息不被未授权的篡改或在篡改后能够被迅速发现,保证飞行员/机组能够访问所有的对决策有用的信息;系统设计应设置反馈,确保飞行员/机组进行操作时能够感知所进行的操作是否达到预期的结果。

（2）系统设计关注的次序依次为简化、冗余和自动化。

驾驶舱设计在保证系统信息和操作的完整性这一前提下依次关注简化、冗余和自动化。驾驶舱的系统设计首先应考虑简化机组的工作负荷,通过增进情境感知意识来简化机组的任务,无论飞机处于正常状态还是非正常状态,机组都能够迅速理解并掌控飞行控制系统。其次为冗余设计,使飞行控制系统具备过载保护能力,增加可靠性,降低航空事故的发生率。自动化系统只是飞机飞行的一种辅助工具和飞行操作的有益补充,不能替代飞行员的飞行操作,飞行员可根据情况觉得什么时候,什么程度上使用自动化。

8.8　机组任务简化

（1）机组任务的复杂程度由任务本身所需的信息量和操作量(工作负荷)决定。

设计人员需要注意用户的心理特征,考虑到人类记忆能力存在的局限性,利用新技术将负载的操作进行简化。提供心理辅助手段,例如计算机警示;改善反馈机制,增强控制能力,例如飞机上的近地显示装置可帮助飞行员观察地面信息;善用自动化,辅助飞行员减轻脑力和体力负担。改善操作的性质,例如以触摸代替键盘。在机组运行简单化方面,通过简单直观的系统设计能够简化机组的操作行为。例如,B747 - 400 较之前的 B747 减少各种灯、指示计、开关 600 个,使两个飞行员的工作负荷减少到与 B737, B757 和 B767 飞机的相当。

（2）机组任务简化的方式包括提供信息决策辅助和简化操作。

所设计的系统应具备对原始数据进行处理和集成的功能,为飞行员/机组提供适当的完成任务所需的信息,避免提供过量的信息。所提供的信息除了能够正确地描述任务外,还需要进行不同程度的抽象和集成,即提供可供飞行员进行操作的知识。如提供发动机动力不足信息时,应给出下一步应采取何种操作的提示信息;所设计的操作步骤应符合人的认知习惯,减少飞行员/机组操作时所需花费的学习时间。

(3) 机组任务复杂程度的上限是在自动化系统完全失效的情况下,机组依然有足够的信息和操作支持来完成飞行任务。

驾驶舱设计中应解决好自动化系统失效时飞行员如何直接超越或制服自动化的技术的问题。当自动化系统无法提供任何辅助操作的情况下,机组仍然能够通过自动化系统以外的方式获得足够的飞行信息和人工操作支持,顺利完成飞行任务。目前的部分设计在自动化系统失效时尚不能使机组迅速做出反应。例如,ASRS 收到一位航空公司机长的报告,描述了飞机(B737)在 2 号失速管理偏航阻尼器(stall management yaw damper, SMYD)失效后放行时最低设备放行清单(Minimum Equipment List, MEL)程序非常复杂。报告指出这可不是简单的 MEL,不仅包括 SMYD 本身的飞行记录本记录和标牌,还要用到其他 9 条 MEL 条款作为参考内容,而且每条都有单独的标牌要求,最终的 MEL 文档一共 16 页,机长和副驾驶员花了整整一个小时看这些程序,但还是没有彻底地弄清楚发动机指示和机组告警系统(Engine Indicating and Crew Alerting System, EICAS)如何显示告警才是恰当的。上述问题若发生在危急时刻,则飞行安全将受到严重的影响。

9 设计指南框架

本章的目的是建立上述设计原则与图5.1中提到的功能要求、系统要求、驾驶舱要求、初步的设计概念要求和最后的集成设计概念要求之间的关系。本章的主要内容是设计指南的概论,完整的设计指南将在后续文件中发布。

因为设计准则主要是理论性的、以研究者的语言对功能设计概念的概述,设计工程师很难直接理解它的要求。设计准则提供了设计要求和设计概念的基本原理,但是必须用设计师易于理解的语言翻译成详细的内容才有使用价值。设计指南是一个很有效的翻译方法,它用简单的语句为设计决策提供详细的指导。设计指南比设计要求更具有一般性,遵循设计指南进行设计更具有相对性和主观性,而不是绝对的客观。下文中设计指南的分类有助于系统开发人员分配功能和建立初步的设计概念,而且符合设计准则,因此体现了基本的驾驶舱设计哲学。

表 9.1 基于设计原则和驾驶舱功能的设计指南分类

设计原则	驾驶舱功能			
	显示	控制	自动化	报警
飞行员/机组的责任	交叉检验 冲突	交叉检验 冲突 平等的使用权	职责清晰 系统状态	记忆 平等的获取权
飞行员/机组的权限	信息访问	控制界限	自动化水平	差错检验
飞行员/机组的特性	布局 能见度 响应时间 任务映射 集成 对比 脑力转换 混乱 访问级	布局 能见度 响应时间 程序映射 可达性 触觉信息	监控 干预 复杂度	正常情况和非正常情况 抑制 内容 集成

（续表）

设计原则	驾驶舱功能			
	显示	控制	自动化	报警
自动化	系统反馈 方向 单位 标记	过程反馈	自动化反馈 预测 复杂度 参与 模式转换	启动状态
新技术/新功能的应用	干扰 一致性	交叉检验 冲突	复杂度 模式转换 一致性	混淆
人为差错	模式差错 思维模式 驱动反馈 预防 检测 符号混淆 方向提示 布局 稳定的参考点	模式差错 思维模式 驱动反馈 保护 一致性 区别 差错 无意识的驱动	模式 思维模式 状态	混淆
设计优先次序	组合 次序 集成程度			
机组任务简化	组合 次序 集成程度	环境 模式转换	自动化程度	

表 9.2　基于驾驶舱功能组合的设计指南分类

驾驶舱功能	显示	控制	自动化	警报
显示	符号一致性 格式一致性 布局一致性 编码一致性 区别			
控制	方向一致性 比例运动 邻接性 反馈	符号一致性 布局一致性 运动一致性 区别		

（续表）

驾驶舱功能	显示	控制	自动化	警报
自动化	命令值与实际值 内容 突出显示 一致性 显示信息的获取	反馈 手动控制 飞行员检查和确认	交互	
警报	内容 突出显示 一致性 显示信息的获取	应答 检查	权限 故障	一致性 冲突 矛盾 结合 区别

表9.1和表9.2是本章所讲述的设计指南的分类。表9.1中,设计原则类别按行排列,驾驶舱功能按列排列。设计原则类别与前面的描述一致。通过对研究人员和工程师们提出的初步的设计指南分类进行尺度分析得到驾驶舱分类:显示系统、控制系统、自动化系统和警报系统。

表9.2中,驾驶舱的功能相互结合对设计准则进行分类,主要是针对它们相互组合时产生的问题进行分类。

设计指南的分类主要是根据设计原则类别与驾驶舱功能相结合(见表9.1)和驾驶舱的功能之间相互结合(见表9.2)产生的。这确保了在所有相关的驾驶舱功能设计中,所有与设计原则相关的问题都得到解决;确保了对与驾驶舱功能间如何相互作用相关的问题进行了阐述。在驾驶舱功能组合分类中,与设计原则相关的设计指南分类是按照驾驶舱的功能组织的,这更符合设计人员思考问题的模式。表的单元格中是设计准则类,这些类在文中都用下划线表示出来了,方便与表格相互参照。

运用这些设计指南的分类时,建议系统设计人员考虑设计准则的类别与具体问题的相关性。下文将详细介绍这些分类及每一类的具体内容。如果可能,将现有的人机界面指南和标准的参考资料作为将来发展的参考资料。这样可以帮助设计者从系统特性中确定出要参照的具体的设计要求的数目,还能为每一条具体的要求找到合理的参考文献。

这些设计指南分类和概念性的指南条款是为了更加具体地描述以和谐为导向的驾驶舱设计理念。这里只是提纲挈领地对驾驶舱设计指南做一全面表述,在后文将会对驾驶舱设计指南作出详细的表述。

9.1 按驾驶舱设计原则与功能对应的设计指南

1) 显示

显示与机组责任:

交叉检验指,显示器的设计应该允许两个飞行员能监控彼此的活动,包括数据录入、模式选择、系统管理和任务控制。为了减少冲突,显示器的设计应该防止一个飞行员的活动与另一个飞行员的活动相冲突。

　　显示与机组权限:信息访问指,飞行员能够访问所有的对决策有用的机载信息,因为设计者不可能预测所有的决策需求。

　　显示与机组的特性:布局,指在监控多个视觉信息源的时候,显示器的布局应该尽量减少视线的位移量。例如,完成共同的任务组合所需的信息应该在同一个地方或者集成在一起。由飞行员的身体与飞机轴线的关系决定的显示器应该合理地布局。例如,主飞行显示器应该沿着飞行员的前中央轴线布局。能见度指,无论是在飞行员正常的视角条件下还是在震动或策略防御的环境下,显示器都应该易于飞行员读取信息,而且飞行员不需要改变自己的姿势或位置去读取信息。显示响应时间指,要正确快速地反馈飞行员的输入,避免飞行员因怀疑自己的第一次输入没有得到响应而再次输入,避免飞行员执行任务的速度比实际要求的速度或其他因素要求的速度慢。如果系统在需要的时间内没有给出命令过程的最后结果,显示器应该向飞行员显示正在处理命令。飞行控制输入显示响应速度要快,以免飞行员诱发振荡。支持适当的任务映射指,显示器的摆放和布局应该有利于飞行员执行程序任务序列。当一个任务或共同的任务结合需要用几条信息的时候,这些不同的信息应该集成到一个共同的显示区域内。当飞行机组需要对多条信息进行对比的时候,这种集成尤为重要。信息显示形式应能使信息立刻用于任务中,应该尽可能地减少飞行员对信息的脑力转换,如旋转、插值、外推或其他的脑力计算。如果信息的表示顺序不是按照任务的顺序或信息间本来的关系进行的,则信息的显示应该按照重要性的顺序表示,视觉编码方法也有这样的规定。为了防止混乱,显示器上显示的信息不能太多,保证飞行员能够快速地找到自己需要的信息。混乱问题包括飞行员移开视线执行完另一个任务后不得不重新寻找信息,由于另一条信息与这条信息的距离很近难以区分,会不小心将这两条信息混淆了。获取信息的级数或者访问级应该尽可能地少。那些需要经常使用或支持关键任务的信息的级数应该尽可能地少。

　　显示与新技术/新功能的应用:新技术/新功能的引入必将对已有显示产生影响。这些影响可能发生在显示器布局、信息的呈现方式以及操作程序。新技术/新功能往往又是同自动化系统的升级联系在一起的,这就意味着飞行机组对前一个版本的自动系统的理解可能需要改变以适应引入新技术/新功能的自动化系统。所显示的信息不仅要满足新技术/新功能的需要,而且要考虑飞行员对自动化系统行为理解的需要。

　　显示与自动化:为确保正确的系统反馈,飞行机组应该获取信息知道各个机载系统在执行的任务,而且获取的信息适合飞行当前的职责。例如,在巡航飞行时,飞行机组应该能监控飞行控制行为来验证平衡和推力是对称的,自动驾驶仪没有修改未检测到的问题。显示方向指,当描述的对象与另一个对象相关时,显示方向应该与它们的关系保持一致。例如,外界环境信息的显示方向应该与飞机主轴与外部环境的关系保持一致。显示的数值应该有计量<u>单位</u>,特别的可能有多个单位,如高度用米或英尺,高度设计表用英尺或毫巴,燃料量用磅或公斤。多功能显示页或窗口应该包含标题和<u>标记</u>。机组成员不需要浏览内容就可以确定功能所在的页或窗口。

显示与人为差错:有多种与显示相关的<u>模式差错</u>。一种存在于显示本身的模式是不相同,不同的模式显示信息的方式不同。另一大类是指显示其他的系统或设备模式,例如当前自动飞行模式。不论哪种情况,显示器都应该准确无误地显示当前的模式。对于关键的任务如飞行控制,如果模式混淆可能会导致飞行事故,模式显示在一些地方或信号上应该冗余。例如,设计人员应该考虑到不同的飞行控制模式下,主飞行显示的主要内容不相同。显示功能的组织应该支持简单准确的思维模式,因此可以帮助飞行员理解如何获取所需的信息。<u>驱动反馈</u>指,显示所有控制输入的正反馈信息。通过支持完成任务所需操作的本来的顺序,用尽可能少的显示管理提供所需要的信息,确保信息明确无误等方法,尽可能地<u>预防</u>显示差错。显示的设计应该确保对飞机或系统的当前状态的显示明确无误,一旦出现错误,能够立即<u>检测</u>到错误。设计中应该减少<u>符号混淆</u>。设计的符号应该独特且能够辨识,防止混淆不同的符号和指示符。对于<u>空间地图显示</u>,应该提供明确的<u>方向提示</u>防止地图逆转。设计者应该考虑改变整个导航显示的外观,如依据显示模式(航向/上行/北上)。一般来说,显示的布局应该禁止存在视差,尤其是当显示的布局需要与控制设备匹配的时候如面板按钮的位置。但是有时候,如触摸屏显示,可以利用视差增强信息的显示。在变化的图显示中应该有一个<u>稳定的参考点</u>。如,高度指示器描述的高度是相对某个稳定的参考点或尺度的。

显示与设计优先级:显示设计、布局和视觉特性(例如亮度、对比度)应该减少飞行员眼<u>疲劳</u>。显示应不受溅出的食物或洒出的饮料的影响,一旦产生了影响,应该能及时纠正。

显示与功能简化:显示设计、布局,以及视觉特征应该不会引起飞行员眼疲劳。

2) 控制

控制与机组责任:<u>交叉检验</u>,指控制的设计应该允许飞行员确定另一个飞行员当前的控制输入。为了减少冲突,当机组成员执行不同的任务时,显示器的设计应该防止两个机组成员的活动发生冲突。为了确保<u>平等的使用权</u>,无论是在驾驶员飞行还是非驾驶员飞行还是出现异常的环境中,对任何一个机组人员都可以操作的控制设备,机组人员享有同等的使用权。对飞行安全非常重要的控制设备的布局应该保证当任何一个飞行员独自驾驶飞机时,他对设备的操作不会干扰其他任务。

控制与机组权限:关于<u>控制界限</u>,飞行员应该能够控制所有的系统行为或功能。如果提供了保护限制,控制设备只能阻止飞行员无意的违反限制行为,而允许飞行员在不影响其他任务的前提下,有目的地打破限制。保护系统的设计不能过保护而使系统无视飞行员的输入。

控制与机组的特性:控制<u>布局</u>要求尽可能减少飞行员操作的物理资源的冲突。

例如,控制的布局应该防止飞行员同时或几乎同时对分布疏散的几个控制设备进行输入。此外,与设备(或飞机)的位置或方向相关的控制布局应该与设备的方向和位置保持一致。例如飞行控制装置的运动是该与飞机主轴的运动保持一致。控制功能应该具备良好的能见度,可以明白无误地读取。如果一个设备用于多个功能的实现中,应该对所有的这些功能进行说明;然而,并不提倡将一个设备应用于多个功能的实现中,因为这样会提高模式差错的风险。控制输入的反馈的响应时间应该快,以免多重输入或飞行员诱导振荡。关于程序映射,如果控制设备没有按照即时访问、普遍使用或飞行员身体和方向的关系进行布局,那么设备布局应该与飞行员执行任务的顺序保持一致。操作设备所需的努力应该实现:不可能进行无意识的行动,使用设备不会引起疲劳,飞行员可以在保护措施下手动控制。例如,飞行员的按推杆所需的力不应该比飞行机组中力量最弱的飞行员的力量大。减少转录的工作负荷,不应该要求飞行机组在同一个系统中多次输入相同的信息,或者在多个的系统中输入相同的信息。一旦飞行员在一个系统中输入了某一个信息,这一信息应该能传递到其他系统。触觉信息的利用,飞行机组应该能够通过触摸即发现和确认控制设备,并判断前面是否有行为启动了设备。

控制与新技术/新功能的应用:为了确保飞行机引入的新技术/新功能的应用能适当进行过程反馈,控制设备要能反映其控制过程的状态。这允许飞行机组通过观察和监控控制设备的行为决定过程状态,因此有利于平滑的控制转移,因为飞行机组可以通过设备进行正确的控制。

控制与人为差错:有多种与控制相关的模式差错。一种是,企图性输入可能会使设备处在错误的模式下,例如,操作所需的控制显示器(CDU)页的显示错误。这种情况下,输入会产生意想不到的效果。在设计中应该考虑要为飞行员提供明确的系统状态指示,允许他们通过取消操作或进行相反的操作使系统从这种错误中恢复,从而预防这种错误的发生。另一类是,一个设备可能用于多个系统的模式选择,如用某一个旋钮或按钮来选择多个飞行控制模式。在这种情况下,系统的设计应该阻止选择非期望的模式。实现的方法有,用不同的操作来选择不同的模式,任何时候都清楚地显示选择的模式。控制设备的操作应该与飞行员的思维模式保持一致,飞行员通过对控制器的培训建立了这种简单正确的思维模式。例如,过程控制系统的模拟图(如液压系统),可能为阀门和控制器提供控制点。设计中应该提供设备启动的正驱动反馈。与飞行安全密切相关的任务,如自动驾驶仪的状态应该突出显示,保证飞行员能够获取这些信息。对于可能的具有破坏性的行为操作应该提供保护措施,例如删除飞行计划。在删除数据的步骤中,应该对删除进行确认,而且这些步骤是可逆的。目标一致的行为也应该一致。例如,如果在多面页的显示中有相同的选项,应该总是出现在不同页的同一个位置,具有相同的标签,而且工作方式也相同。再例如,飞行员除去当前飞行控制模式的行为操作应该总是相同的,这样飞行员不需要决定当前的模式以及该用什么方法来去除它。同样的,不同目标的行为间应该有<u>区别</u>。例如,选择不同自动驾驶仪模式的行为应该不同。关于<u>差错恢复</u>,系统设计应该允许飞行员方便地改正任何错误,如果遵循了前文中的快速的差错检测的设计指南,可以很快地检测到差错。

控制与设计优先级:控制的设计、布局和力量要求不能引起飞行员疲劳。控制应该不受溅出的食物和饮料的影响,一旦产生了影响,应该能及时纠正。控制设备应该能预防由飞行员的辅助活动引起的无意识的驱动行为,如进出的座位,使用食物托盘、杯子、文件或其他物品。控制设备应该能防止飞行员因疏忽而撞头,以及类似的能伤害飞行员的行为。

控制与功能简化:功能简化在大多数情况下能够导致一个较为舒适的工作环境,飞行员应该能调节<u>环境</u>参数保持一个舒适的工作环境的同时保持一定程度的警觉度。

3）自动化

自动化与机组责任:为了确保<u>职责清晰</u>,应该清楚每一个机组成员和自动化当前负责的任务是什么。飞行机组必须能够快速决定任务是自动化控制、半自动控制还是手动控制。如果一个任务从自动控制转换成手动控制,这种转换一定要清楚地通知机组人员,确保他们意识到这种转换。需要清楚地显示每一个子系统当前的<u>状态</u>,这样如果控制由自动变成手动,他/她能接管控制,而且不会有中断。

自动化与权限:驾驶员<u>应</u>能选择或指挥驾驶舱系统提供的任何一种<u>自动化水平</u>。如果在所选的自动化水平下不能实现自动化,应该通知飞行员系统没能实现自动化和没有实现自动化的原因,并选择最高的可用的自动化水平。

自动化与机组的特性:为了减少监控的工作负荷,自动化的设计不能要求飞行员长时间、持续地进行监控。任何时候,机组人员都能够直接干预自动化过程。这意味着应该提供自动化行为内容的反馈,机组成员应该能够从自动化中接管控制,并且不会中断控制过程。系统的复杂度应该与系统需要保持的简易度相平衡,因此飞行员能够容易地理解自动化的功能是怎样的,自动化在做什么,怎样使系统完成需要的功能。这是必需的,因为系统的能力、功能和模式过剩会导致飞行员出错,并且很多飞行员不会去利用系统的优势,例如飞行管理系统。因为这些系统的使用需要飞行员接受更多的培训,而这些培训对飞行员们所产生的工作量,使飞行员们对使用这些系统产生了抵触情绪。

自动化与新技术/新功能的/应用:飞行机组应该始终都能获得<u>自动化反馈</u>信息,因此如果需要他们可以对自动化系统的控制过程进行干预调解。飞行机组清楚地明白了自动化系统计划要做什么,才能精确地预测自动化的行为。例如,驾驶员要能迅速确定飞机是否捕捉到在当前飞行控制模式下的飞行高度。降低复杂性,自动化的设计应该坚持操作简单而精确的设计理念,这样飞行员能够容易明白自动化系统在做什么和将要做什么。自动化的设计应该保证飞行员恰当地<u>参与</u>到自动化过程中以便于维持场景意识和技能水平。当自动化开始一个模式时,<u>模式转换</u>应该以显示的形式通知飞行员,确保飞行员意识到这种转换。早期的飞行机组项目的结果表明这对于模式变化尤为重要,早期的模式变化根本不属于飞行员指挥(如导航信号损失引起的模式逆转)。

自动化与人为差错:目前的自动化模式应该易于飞行员的理解。不论是选择还是模式指示符都不太可能引起模式混淆。自动化的操作应该支持简单准确的思维模式,这样飞行员能容易地确定自动化在做什么,它将要做什么。驾驶舱的设计要考虑始终能提供当前自动化系统及其控制过程的状态反馈信息。

自动化与设计优先级:为了防止屏蔽,自动化行为不应该太平滑以致使得飞行员错过了自动化正在执行的操作信息。尽管飞行员直接认识自动化的能力很好,任何被动态屏蔽的信息仍需要用其他方法代替,如视觉显示。

自动化与功能简化:功能简化不应该产生自动化行为破坏性的瞬态,例如,模式之间的转换和机组人员和自动化之间的控制转移,除非飞行员故意要求产生这种突变。

4) 报警

报警与机组责任:报警系统应具有记忆力,所有的警报信息应该记录在一个日志中,以便飞行员以后查看。如果一个飞行员取消或清除了一个警报消息,而另一个飞行员还没有看到这条消息,这种记忆功能就尤为重要。为了确保对警报信号有平等的获取权,警报信号的表示方法应该确保两个飞行员都能获取到这一信息。

报警与机组权限:在一定程度上驾驶舱系统应该对飞行员的输入进行差错检验,如果存在错误,系统应该向机组人员发出警报,而不是取代飞行员。

报警与机组的特性:状态指示应允许机组人员迅速而简单地区分正常情况和非正常情况。例如,设计者可能详细规定了很多状态指示器在正常情况下保持安静和黑色,避免分散飞行员的注意力。警报信号应该随着重要性和响应速度的需求的不同而不同。在飞行的关键阶段如起飞和着陆,应该抑制那些不需要飞行员立即分辨出来的警报。关键的警报随着它自身的报警提供了有用的内容(如近地警告系统(ground proximity warning system,GPWS)的语音警报)。如果可能,可以通过有意义的方式将对报警进行集成。

报警与新技术/新功能的应用:报警系统的启动状态(即,系统是否被激活)应该通知给机组人员。机组人员不可以在不知道警报系统出故障情况下驾驶飞机。例如,如果GPWS的激活使得断路器无法工作了,那么必须要明确告知飞行员这一情况。

报警与人为差错:为了减少混淆,要保证能够清楚地区分报警信号。

报警与设计优先级:听觉警报的音量应该足够大且清楚,以免飞行员错过警报信息,但是又不能太响以致影响飞行员的其他任务如无线电通信。

报警与功能简化:报警通常应该具备适当冗余以确保报警的有效性,减少报警的冗余度必须对机组对报警信号的感知特性有充分的认识,以防过度的简化使机组错过告警信号,如听觉警报的音量应该足够大,以免飞行员错过警报信息,但是不能太响引起不适。警报的起始不能太响,以免给机组人员造成不必要的惊吓。

9.2 按驾驶舱功能/驾驶舱功能分类的设计指南

显示与显示:符号一致性指,不同的显示要用相同的符号表示相同的信息。格式一致性指,不同的显示要用相同的格式表示相似的功能。例如,纬度和经度坐标在所有的设备和信息资料(包括文书)中的表示方式相同。布局一致性指,相似的功能应该显示在不同显示器的同一位置上。例如,如果一个输入功能出现在多个显示器、页面或窗口中,它应该安排在同一个位置上。保持编码一致性,不同的显示中,相同的含义应该用同一视觉编码技术表示。例如,颜色、大小和亮度在所有的显示器和信息资料包括文书中的含义是相同的。区别指,不同的功能应该在外观上有明显的差异,防止机组人员选择与需求不同的功能。

显示与控制:保持方向一致性指,在显示中能影响物体运动的控制设备应该能使物体的运动方向与控制运动的方向一致。在显示中能影响物体运动的控制设备应该运用比例运动,确保物体运动幅度和控制运动幅度的一致性。邻接性指,如果可能,与控制行为相关的显示应该靠近控制装置。例如,如果键盘输入信息的显示位置距离键盘很远,应该在键盘的旁边设置一个辅助的显示器,这样飞行员不必看离键盘远的显示核实信息。为每一个控制设备提供一个正反馈。系统启动时应有触觉反馈,还应对系统反馈进行确认,以免飞行员因为没有得到响应而进行多次输入。例如,如果飞行员想选择一个飞行控制模式,但系统不采用这个模式,必须有显示器显示这个问题;系统不能采用所选的模式可能是指系统没有接收到控制驱动,也可能是飞行员进行了多次输入。

显示与自动化:为了帮助机组人员有效地监控自动控制行为,应该显示自动控制时功能的命令值和实际值。如果允许自动化进行显示管理如在一定条件下切换显示页或窗口,它的管理活动不能损害驾驶员正在进行的活动。

显示与报警:对于需要快速做出响应的警报,信息的内容应包含在警报中;飞行员不需要参考显示器的信息就可以直接做出响应。关键的警报应该用声音表示,因为声音不需要直接的注意力。警报信息视觉显示器上显示最重要的是要能引起飞行员的注意。但是,不推荐使用闪光的信息,因为它不易于飞行员读取信息;但是,闪光可以用于背景或显示元素,如强调这些地方不包括飞行员需要的信息。与过去的设计指南一致,与警报相关的重要的或新的信息应该突出显示,这样飞行员就可以很容易地看到自己所需要的信息而不需要在显示器上搜寻。一致性,整个驾驶舱需要用一套警报哲学,这样飞行员不需要去记忆访问某个警报信息需要什么特定的操作。而且,当警报相关的信息显示页或窗口不是当前的显示页或窗口时,警报系统可以自动地显示警报信息所在的页或窗口;设计人员应该注意,这种显示重构不能限制机组人员对显示信息的获取或中断飞行员当前的活动。

控制与控制：为了保持符号一致性，不同的控制设备对相同事物的描述不能用不同的符号，即，同一事物的描述必须用相同的符号。布局一致性指，相同功能的不同设备的布局应该相同。例如，所有的键盘具有相同的按键布局。运动一致性指，行为相似的控制设备的运动应该保持一致。例如，如果在一个系统中，顺时针旋转表示数值增加，那么所有相同类型的旋转式控制设备都应该是顺时针表示数值增加。所谓的区别是指，不同的控制设备有不同的行为，在视觉和感觉上的反映也不同。

控制与自动化：控制设备应该提供自动对控制过程状态影响的反馈。这样飞行员可以通过观察或监控控制设备行为去确定过程状态；同时它还有助于实现平滑的控制转移，因为飞行员能确定控制的准确位置。关于手动控制，需要为飞行员提供手动控制代替自动控制的明确方法。关于飞行员检查和确认，飞行员编写的长的命令在没有检查准确性之前，不能送给自动化执行。

控制与报警：机组人员应该能够应答警报信息而且不用擦除或删除警报器上的信息。机组人员同时还应该能通过查看消息日志检查到先前的警报内容。

自动化与自动化：自动化的功能不能有复杂或难以捉摸的交互行为，以免阻碍了机组人员有效地监控自动化行为或干预自动化过程。自动化功能的交互行为不能产生不可预测的系统行为。

自动化与报警：当自动化功能接近它的控制权限时，应该及时地向机组人员报警，以便机组人员能及时地对自动化进行调节和干预。当自动化出现故障不能保证其行为的可靠性和准确性的时候，应该向机组人员发出警报。

报警与报警：一致性指，意思相似的警报的表示方式应该相似。为了减少飞行员注意力的冲突，不能同时发出多个警报，除非他们有明确的优先顺序。警报系统也应该集成在一起避免给飞行员提供的信息相互矛盾。例如，警报系统的设计要保证不能出现一个机载系统要求飞行员爬升而另一个系统要求飞行员下降。多个警报器应该集成在一起结合成一个更高水平的警报系统，这样可以帮助飞行员更直接地深入了解问题的本质。所谓的区别是指，不同的警报有不同的含义，在听觉上和视觉上的效果也应该不同。

9.3 冲突解决

驾驶舱设计中的设计决策是协调多个影响因素的折中结果。经济、管理、安全和操作限制不断地发生冲突。在这个意义上，以人为中心的设计准则和指南是根据机组的限制来形成功能、驾驶舱的设计和集成，以及系统的要求；机组的限制可能与其他的限制因素相冲突，如市场、规章制度、物理因素等。更重要的是，至少在本书中，在指导形成设计概念和决定设计决策时，这些设计准则和设计指南本身内部也存在冲突。作者认为，提供了确认和解决这些冲突的准则是本书的一个重要的贡献。

　　我们认为不论是准则类之间还是每个准则条例之间都存在优先顺序。例如,飞行员作为团队成员相关的准则的优先级高于飞行员作为指挥者相关的准则,而作为指挥者的准则又高于作为单个操作者,以此类推。在每一个准则之间也有普遍适用的固定的优先级。例如,8.1 节中讲操作人员应该适当地参与分配他/她负责的关键的任务或功能。然而,在某些情况下,参与这些任务可能会超出了飞行员的注意力水平和信息处理能力(违反了8.3 节,不能超过基本的人的限制),导致了高工作负荷或引发了飞行员差错。因此,人们可能会认为 8.3 节的优先级应该高于8.1节。

　　然而,归根结底,在建立设计概念确定某一个设计决策时,哪一个设计准则应该优先于其他设计准则是根据具体背景和问题决定的。因此,设计者需要有详细具体的方法和度量体系来确定和解决设计准则和指南中的冲突。通常,建立设计概念和决定设计决策过程中设计指南和准则间的优先级竞争的问题是由个人解决的。通常,建立一个多专业团队用意见管理技术来维持设计概念和决策与设计准则和指南之间的一致性,本书建议用更可靠更一致的方法进行权衡,做出取舍。如果可能,我们提倡用客观的标准解决这些冲突。这种客观标准也用来验证设计要求或评价初步概念。最后,通过测试和评估判断设计过程中的折中处理形成设计决策。还有很重要的一点是,解决冲突要以表 9.1 中的行为目标为指导;也就是说,需要评估设计准则和指南的折中依次对整体的机组/驾驶舱行为的影响,对机组行为的影响,以及对飞行员个人的行为影响。如果对设计准则和指南间的冲突存在主要意见分歧和争论,取舍研究可能是恰当的。取舍研究评估了不同的设计决议,不同的设计决议赋予相互竞争的设计准则和指南不同的重要性权值。本书第二部分的章节更详细地阐述了解决冲突这一问题。

10   设计理念的测试与评价

10.1   目标

　　有缺陷的设计一旦安装在运行环境中,修改的代价是很大的。修改人—机界面的代价很大,然而由于功能分配、自动化程度或其他功能设计决策造成的系统缺陷需要修改的话,代价会更大。理解机组驱使的需求和如何在"以机组为中心"设计理念及指南的指导下进行好的设计工作,对保证设计主体的正确性是有帮助的。许多设计方案在一般意义上都是遵守设计理念的,在可操作性(设计的可实现性)方面也并没有特别大的差别。为了符合不同的设计原则和指南条款,设计中会做一些折中选择,而且对设计原则和指南的理解和应用也会因具体情况而不同。因而适用性评价应该是"以机组为中心"设计过程中的一部分。适用性(usability)是指设计或系统使用的简便程度(操作易学、易记;系统使用效率高且不易出错;用户满意程度高)。"飞行员在环"评价过程考察适用性和系统总体绩效,即人—机系统总体上是否完成绩效目标。

　　本章提供进行测试和评估的指南和建议,主要在策略、指标、工具和方法方面,还有就是可应用于设计全过程的场景(scenarios)。

10.2   策略(Practices)

　　重要的测试评价(T&E)策略有以下几点:

　　(1) 最重要的是尽早评价。一旦与功能、设计与集成、系统需求相匹配的设计概念确定了,就可以开展多种适用性测试了。越早进行概念测试,子系统分开和集成在一起都要做,修改就越方便,费用就越低。早期评价还能够改进需求和决定前期做的"折中选择"是否合适。驾驶舱设计概念的早期评估对发现"局部优化"与"全局优化"之间的矛盾有着特别重要的意义。

　　(2) 设计与测试评价(T&E)应该重复迭代,对先前概念的每一次改变都要确定。

　　a. 带来正面效果;

　　b. 没有带来负面效果,没有影响其他系统、过程,没有对任务产生隐性影响。

　　测试评价(T&E)的目的是为进一步设计提供诊断信息,没有什么可用或不可用的限制，只有合适或不合适的选择。

（3）"以机组为中心"的设计重点要关注飞行员以及他们与驾驶舱的互动，而不是驾驶舱技术。驾驶舱适用性测试应该由最终用户来做，即从航线飞行员中挑选。经验丰富的研究院试飞员及制造商的"总飞行师"不应该在这个阶段使用。对前期设计概念的每一次修改之后，都要用新的测试者进行评估。人为因素专家可用来对某些设计方面进行评价。

（4）测试评价(T&E)，从适用性和绩效的角度来说，应该重点关注与任务目标(mission objectives)相关的测度(measures)。通过对精确度(任务和动作)、反应时间、工作量、情境意识、主观感觉和训练效果的测量而得到的飞行员绩效以及机组/驾驶舱综合绩效，已被认定与总体任务的安全性和效率关系密切。不同的测量应当根据不同的评价平台和设计阶段来选取。

（5）评价应该在不同仿真度的"系统的表现形式"上进行。如，对概念进行评价可以在"驾驶舱描述模型"上进行。其他评价可在计算机模拟的交互界面上进行，只要这些"模拟界面"能够反映所要评价的驾驶舱特征。不同的评价平台(从模拟器到真飞机)应该在不同的程度上反映飞机特征和运行环境。

（6）评价应该在设定的飞行情境(scenarios)中进行。这些飞行情境应该包括可能发生的正常和非正常状态，并且可考验飞行员绩效、飞行机组/驾驶舱综合绩效的极限。

10.3 指标(**Measures**)

可用不同的指标对可行性(operability)、适用性以及用户对系统的接受程度进行评价。首先，可用分析的方法对系统设计进行评价。设计概念可针对指南和需求进行评价：是否满足需求？是否全面符合设计指南中所提及的设计策略？只有当需求和设计指南是合理的，合理的设计才有基础。

"评价"的基本意思是，可以构建一个体系并对其指标进行相应的测量，进而可以测定飞行员或机组/驾驶舱综合体的绩效。这类评价中用到的最主要的指标是行为准确性(performance accuracy)，或反过来说，错误。在评价系统界面和系统功能时，精确性可以是针对跟踪、决策、人工输入、问题解决等具体行为，这都是执行任务或实现功能的具体步骤。机组/驾驶舱综合绩效也可以构造像工作量和情境意识这样的综合测量来表达，当然这是基于工作量和情境意识与绩效密切相关的假定之上的。对于总体绩效来说，对一些特别形式的飞行员错误的指标，如对不同系统、系统功能、系统界面的疑惑度(confusability)或相互干扰程度是特别有用的。

反应时间(response times)同样是有用的评价指标。如果竞争的设计概念都是比较好的，就很难从错误率上区别它们的优劣。但可以假设如果一般情况下人的反应越快，他在时间压力或其他干扰下完成动作的准确性就会越高。在人类行为学中，这种现象叫做反应速度与准确率权衡(speed-accuracy trade-off)，即在通常情况下,当被强迫加快行动速度时,错误就会增加。如果评估中一种系统设计的反应时间优于另一系统,在同等精度要求下,则可认定该设计预计的绩效在同等时间约束条件下也会较好。

主观指标也会被用到,特别是系统还没有被完整定义的时候。主观评价能够用来表明用户的喜好、系统及系统界面的可接受性(acceptability)、通用性(general utility)和简便性(ease of use)。这类指标要通过结构化的正规方法得到,以减少偏差和主观影响。训练相关的指标对评估也很重要,像训练时间、改装时间等都是评价系统设计"直观性"(intuitiveness of the system)的好方法。

10.4   评价平台(**Platforms**)

平台是指用于评价的实验环境和设备。评价环境一般与概念模型的表达形式一致。概念模型通常在计算机上或纸上表达,因而,对系统概念的评价一般在计算机或纸上进行。纸面形式的评价可以有多种具体形式,包括调查、问卷等,较为正规的需要用描述和图形的方式对系统概念模型进行表达。若以计算机形式进行,系统功能及界面、运行环境和情景、机组都可以用模型的形式表达。典型的情况是计算机模型由"真正的"用户进行"操作"以获取绩效数据。这些平台的保真度或许有很大差别。当今高级图形设备及仿真能力,有可能使在设计的初始阶段就有可能在高仿真度的环境中评价设计。

对于很多设计中物理特征,如可达性、可视性、布局、显示与控制、布置等,物理仿真样机依然有用。它的"现实"程度可以有很多等级,但空间和尺度的真实性是最主要的。

10.5   方法与工具(**Methods & Tools**)

目前涉及的策略中已经用了多种评价工具和方法。这些方法和工具中的大部分包含计算机辅助人体测量和生理测量分析来确定可达包线及其他物理的工效参数;功能及任务分析来确定飞行机组和驾驶舱自动化的需求;工作量分析来评价机组任务载荷的合适程度。

方法根据所用的验证平台及设计阶段的不同而变化,基本上可以分成分析和观测两类。典型的分析方法有支撑理论、完整或部分的飞行员模型;观测方法获取包括飞行员绩效的在实际操作状态下的驾驶舱系统数据。常用的分析和观测方法简述如下。

1) 分析方法(analytical methods)

分析方法是对系统设计或系统设计的某些方面进行详细考察的评价方法。其目的是在为提高系统性能进行优化设计时提供详细信息。一些分析方法需要专家(而不是用户)的参与来评估设计的某些方面;另一些分析方法用最终用户来进行评价。

分析方法主要有：

（1）支撑理论及通过实验获取的数据，

（2）以模型或其他方式表达的：

a. 用户或用户部分行为习惯；

b. 设计中的系统。

这些方法一般由人为因素专家来主持，提供对系统的人为因素方面及用户绩效提供预测。

人体测量/生物动力学分析（anthropometry/biomechanics analysis）

决定环境布置、考察飞行员与工作环境的协调程度，主要关注可达性、视界及特别任务情况下的身体运动约束。

注意力冲突分析（attentional conflict analysis）

注意力冲突分析用来考察系统或驾驶舱构型是否会导致潜在的机组注意力冲突。

认知任务分析/认知工程（cognitive task analysis/cognitive engineering）

将从实验中获取的有关飞行员的认知、行为的知识系统地应用到复杂的、基于计算机的人—机系统（即驾驶舱系统）中去。认知任务分析的内容超出典型的任务分析（以发生次序、持续时间、所需信息为主要内容分析任务及子任务），包括要考虑分析中涉及的隐含的心理学因素（如记忆、决策及复杂度）。

认知排查（cognitive walkthrough）

这是近年发展起来的、有正规结构程序的分析方法，用来在设计的早期阶段评价用户系统界面。该方法的做法是将用户任务分解到很细致的程度，然后考察一系列问题来有效地考察系统的可掌握性（learnability），比如，用户现在想干什么？系统的反应足够吗？用户是否能够意识到任务已经完成了？分析结果可以指出系统设计需要改进的地方。其特别的好处在于可在有工程样机之前就进行分析。

专家排查（expert walkthrough）

由专家对应用过程中的各环节进行检查。

启发式评估（heuristic evaluation by designers）

设计者站在用户的立场上体验系统的可用性。

关键行为级模型分析（keystroke-level model analysis）

提供任务细节的完成时间的测量，是检验设计的时间线（time-line）是否符合实际的重要方法。

结构化访谈（structured interviews）

以假定的运行场景为线索构建所要提的问题，由设计者引导用户逐条回答这些问题。以便设计者和用户可以面对面地交流设计构思、用户感受去核对系统的理解。

调查问卷（survey methods & questionnaires）

用在设计的初始阶段,无需实物,主要针对设计概念。问题可设计成有限选择,也可设计成开放式的。

功能及任务分析(function and task analysis)

操作过程的定义、分解和功能分配。用一系列的动作及相关所需信息来描述特定的飞行员任务。形成任务的时间线(time-line)用于定义飞行员界面需求。决定哪些功能必须提供给飞行员,以及飞行员是如何实现这些功能的。分析的结果可以揭示:①飞行员是否要"欺骗"自动化系统以实现他们的需求;②飞行员可能会觉得自动化系统的不是特别靠谱,有些功能还是由飞行员自己来做比较好。总之,这些分析决定功能分配及任务安排的合理性。

综合平衡研究(trade studies)

针对特别的约束条件,系统地在多种可选设计方案中进行比较选择。如性价比的选择、不同应用技术的选择、不同实施途径的选择。

2) 观测方法(observational methods)

观测方法是用来观测和分析飞行员在驾驶舱系统样机中行为方式的方法。观测方法先要构建设定飞机运营状态和环境,并要求飞行员在此环境中完成一系列有代表意义的任务。记录和分析飞行员的表现及飞机系统的表现,继而进行评价。

合作评价(cooperative evaluation)

飞行员在样机中执行任务,设计者进行观察。过程中或过程之后进行交流(设计者预设的功能和飞行员期望的功能),以发现系统存在的问题。

直接观测(direct observation)

专家(非设计者)观察飞行员在样机中执行任务,从第三者的角度评价系统。

实验(experiments)

实验允许在样机中故意再现一些特别的因素,通过对不同飞行员进行同样的实验,更加可靠地获取相关的数据,揭示系统的特性。另一方面,可以通过控制某些实验条件,来有效地识别系统特性的真正原因。

协议分析(protocol analysis)

通过要求飞行员在样机中一边执行任务,一边描述操作过程,可以知道他们的行为和行为的原因,进而分析他们的心理认知过程。

"人工模拟系统行为"(wizard of oz technique)

在这个实验技术中,设计人员"装成"系统(在飞行员的视线之外,为飞行员界面输入信息)和飞行员操作系统(面对着由设计人员操控的界面)。设计人员执行所有飞行员所要求的功能,响应飞行员所有的询问,控制屏幕显示。这样设计人员就能真实体验飞行员与系统的互动过程,发现系统设计中没有提供的互动途径,以及互动过程中可能会出现的问题。

3) 测试情境(test scenarios)

因为设计者无法预计在实际运营环境中会发生的所有的错误和失效,这就需要测试情境来表达有限的工作包络,并在其中全面地考察飞行机组/驾驶舱系统的绩效。通过构建一些可能引起飞行员错误的外部条件,来观察这些错误是如何发展出来的。这就比较容易地来识别这些错误的真正原因,如机组未能及时了解当前自动驾驶的控制模式,这种情况可能要到灾难发生的时候才能被意识到。测试情境应该包括正常和非正常的飞行状态。为了测试机组/驾驶舱系统的总体绩效、飞行员行为限制、飞行员在紧急情况下接管自动驾驶系统的能力,可行性(usability)测试必须包括那些尽管不常见但是有可能发生的非正常情境。使用这些情境的困难在于飞行员一旦经历过了,再次试验就再也不能反映飞行员首次经历的真实反应了,所以使用这类情境的次数必须控制。特别是如果考察飞行员的决策或解决问题的能力,而这些能力与经历又是密切相关的,这种情境对每位飞行员只能用一次。

用于测试和评估的情境应该标准化,这样多个设计小组(每个小组负责驾驶舱的一部分)就可以用相同的实验条件来评价各自的工作。这对驾驶舱系统的集成有重要帮助。

功能分配及权衡方法(function allocation issues and tradeoffs methodology, FAITM;Riley,1992)可以用来帮助设计测试情境。

第 2 部分

飞机驾驶舱设计过程中的
人为因素

11　飞机驾驶舱设计发展概述

飞机驾驶舱设计在过去的一个世纪中积累了许多有效的经验,随着技术的发展,飞机系统越来越复杂,驾驶舱人—机界面也从简单的仪表发展到高度集成综合显示的玻璃座舱,同时自动化程度也越来越高。无论技术如何进步,飞行安全问题一直是困扰着飞机设计与运营商的问题,飞行安全也成为飞机设计中最关注的要素,适航标准也就是伴随着飞行安全而出现并逐渐发展的。尽管设计者努力提高飞机系统的可靠性和自动化水平,但是数据表明许多事故并非由于系统的故障或失效,而是由于人的因素导致。一味地通过提高飞机系统的可靠性和自动化水平并不能从根本上解决航空安全问题,人为因素因此逐渐受到重视,并成为飞机设计过程中必不可少的要素。

现代飞机设计中,飞机系统越来越复杂,系统集成及自动化的应用越来越广泛。驾驶舱作为操纵飞机的主要场所,其人—机界面也必然需要通过集成和自动化来减少机组的工作负荷。机组要完成飞行任务不再是机组成员对飞机系统监控和操作的动作集合,而是机组与飞机系统的有效融合,即一方面机组能够根据飞机系统提供的信息对飞机进行有效的控制,另一方面飞机系统在正确执行机组指令后能够给机组正确的反馈信息,并确保机组对飞行状态有足够的情境意识。

现代的驾驶舱人为因素不能孤立地考查机组中的个人或系统及部件的因素,而应该将机组和飞机系统作为一个复杂系统进行综合考虑。使机组和飞机系统达到融合互补,从而实现真正意义上的航空安全。

飞机设计是一个复杂的过程,从需求定义到交付运营要经历一个很长的周期,并且在此过程中还需要不断的迭代优化。人为因素的相关工作应该伴随着飞机设计的全过程,并且在不同设计节点介入方式也有所不同,是一个分阶段、分层次的介入过程。实践证明,有效地规划人为因素在设计过程中的应用,可明显提高设计效率,降低设计成本。

12 飞机设计过程

飞机设计过程是一个非常复杂的过程,具有动态变化、非标准化等特点,并且很大程度上依赖于先前的经验,也就是说飞机设计过程从来都是一个继承和发展的过程。技术和知识的积累是飞机设计中不可或缺的要素。

目前广泛认可的飞机设计过程可简化如图 12.1 所示。主要包括:需求定义、概念设计、总体方案、详细设计、试飞取证以及交付运营等阶段。而人为因素同时要贯穿飞机设计的整个过程,并且要在较早期的设计节点中介入,通过人为因素测试与评估手段,发现并消除方案中的不良因素,而在设计中这是一个不断迭代的过程,通过不断优化得到最终的方案。

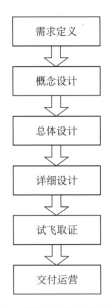

图 12.1 广泛认可的飞机设计过程

12.1 需求定义

需求定义阶段主要通过市场调研,从航空运量、飞机市场需求量、市场竞争等方面进行调研和分析,确定飞机的基本技术要求和主要性能指标。即确定飞机设计目标,而在此阶段中与人为因素相关的主要是确定机组人数。

12.2 概念设计

概念设计的目的是对飞机的气动布局、性能、重量水平、航空电子、所需新技术、费用和市场前景等方面进行初步和方向性的探讨。概念设计阶段主要依据需求定义阶段确定的基本技术要求和主要性能指标,基于现有的技术条件和资源进行概念设计,通常与设计要求阶段有重叠。通过概念设计来使设计要求制订得更为合理和具体化,概念设计中还要对设计要求中各项目的指标进行分析,适当降低那些对性能影响不大,但可能降低技术风险和发展费用的设计要求,并有可能提出一套合理组合的设计要求。概念设计中设计师的经验和判断力起重要作用,往往采用经验或半经验的分析方法。概念设计主要包括:

(1) 飞机主要几何尺寸。

(2) 飞机总体布局。

(3) 飞机主要特征重量。

(4) 动力装置及其特征参数的选择。

(5) 主要技术措施或系统设备的选择。

(6) 飞机的主要性能和使用特性。

(7) 几何和技术协调。

概念设计阶段的人为因素关注的内容主要是对飞机概念设计的人因评估。通常通过对用户飞行员的主观调查获取飞机设计理念宏观需求信息,以及概念设计方案与设计理念的匹配程度。

12.3 总体设计

总体设计也称为初步设计。在该阶段,飞机从总体气动外形到各个子系统要进行具体方案设计。驾驶舱的布置及机组人机界面的确定也主要在这一阶段进行,因此在总体设计阶段是人为因素工作重点,大量的分析、测试与评估工作都在这一阶段开展,并且要经过数次迭代,最终确定总体方案。

12.4 详细设计

详细设计阶段主要是对总体方案的具体设计实施,在该阶段主要是系统部件的设计与测试。人为因素关注的内容集中在机组操作程序的测试与评估上,由于该阶段方案基本定型,因此人为因素的测试与评估是基于飞行任务的。

12.5 试飞取证

试飞阶段主要按照适航的要求进行各种试飞试验。而人为因素在该阶段的工作是验证机组工作量水平符合适航的要求。

12.6　交付运营

交付运营阶段主要是机组的训练及飞机的维护,人为因素的考察要素主要集中在训练及维护中的人为因素。

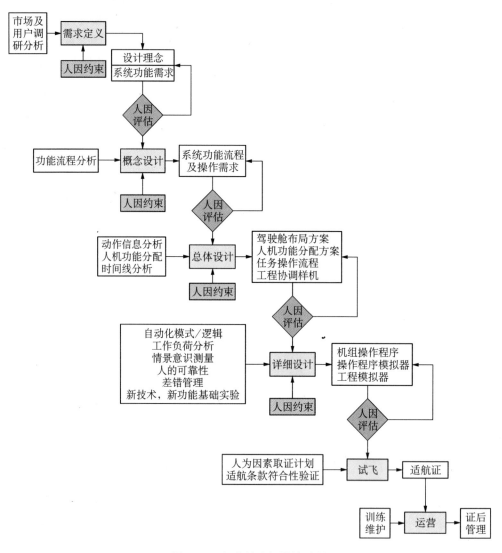

图 12.2　细化的飞机设计过程

在设计的不同阶段,一般需要开展人为因素的评估工作,通过评估发现设计中的问题和不足,通过修改设计对方案进行优化。在不同设计阶段人为因素评估的对象和方法也不尽相同,如表 12.1 所示。

表 12.1 不同设计阶段的人为因素评估内容和方法

设计阶段	人因评估内容	方　法
需求定义	设计理念	访谈法,问卷法
	系统功能需求的完整性与合理性	访谈法,问卷法
概念设计	系统功能流程	任务剖面法
	功能操作需求	功能流程图法
总体设计	驾驶舱布局人机工效分析	数字人体模型,主观评价
	人机功能分配	主观评价,问卷
	任务操作流程	时间线分析
	新技术,新功能的评价	分析,试验台测试与评估
详细设计	操作程序评估	工作负荷,主观评价,生理测量
	操作绩效评估	绩效测量,情境意识,差错分析
试飞取证	综合人为因素集成演示验证	选择适航符合性方法

13 人为因素总体规划

13.1 总体规划

总体规划如图 13.1 和表 13.1 所示。

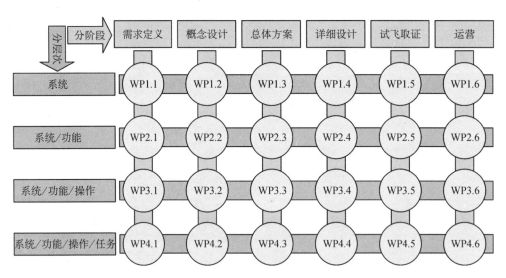

图 13.1 总 体 规 划

表 13.1 各工作包的相关内容

工作包	工作内容	与人为因素相关的结论	理论/方法/标准
WP1.1	需求分析	总体需求分析报告	访谈法 问卷法 研讨会
WP1.2	系统总体概念设计	系统总体描述 系统主要参数	任务分析法
WP1.3	—	—	—
WP1.4	—	—	—
WP1.5	—	—	—
WP1.6	—	—	—

（续表）

工作包	工作内容	与人为因素相关的结论	理论/方法/标准
WP2.1	功能需求分析	系统功能需求分析报告	
WP2.2	系统功能描述	功能描述报告	任务概要 任务剖面 功能流程图法
WP2.3	系统功能总体方案设计	系统功能总体方案设计报告	功能分配
WP2.4	—	—	—
WP2.5	—	—	—
WP2.6	—	—	—
WP3.1	—	—	—
WP3.2	—	—	—
WP3.3	系统操作总体方案设计	设计理念 设计准则 确定人机界面 功能操作分析 工作负荷初步分析 CP项目启动	决策/动作分析 动作/信息分析 时间线 预定时间标准 可视可达性评估
WP3.4	实现及验证	设计指南 设计标准 测试验证 CP执行	数字化仿真 试验台实验 样机评估
WP3.5	—	—	—
WP3.6	—	—	—
WP4.1	—	—	—
WP4.2	—	—	—
WP4.3	基于任务的总体设计	人机交互过程分析	时间线分析 连接分析 人的可靠性分析 安全性分析
WP4.4	基于任务的详细设计	POP	试验台实验 模拟器实验 工作负荷分析 差错分析 情境意识测量
WP4.5	试飞及取证	试飞大纲 CP执行	综合试飞 主观评价 生理测量 绩效测量
WP4.6	交付	持续适航 训练人为因素 维护人为因素	数据分析 对手册的评估

工作包(work-package，WP)的表述形式如下所述。

目的:期望获得的、与驾驶舱人为因素相关的阶段性结论,包括设计结果和验证结论,但不一定针对同一个东西。

输入条件:包括前期结果、适用理论、实验条件等。

考核内容:得出阶段性结论所需的模型和参数。

方法:设计方法和验证方法(这里只要名称)。

输出:以报告形式呈现的结论。

WP1.1

目的:确定机组人数。

输入条件:民用航空市场现状和分析理论。

考核内容:

方法:访谈法、问卷调查法、研讨会。

输出:驾驶舱机组人数需求分析报告。

WP1.2

目的:确定主要系统。

输入条件:运营环境、市场调研结果。

考核内容:系统对预期飞行环境的适配度。

方法:任务分析法。

输出:三面图,主要系统描述报告。

WP2.1

目的:功能需求分析,确定飞机各系统应具备的主要功能。

输入条件:运营环境。

考核内容:系统功能对预期飞行环境完成飞行任务的满足程度。

方法:分析法。

输出:系统功能需求报告。

WP2.2

目的:系统功能描述,针对飞机预期飞行环境对系统功能进行概念设计。

输入条件:系统功能需求报告。

考核内容:对系统功能需求的符合程度。

方法:任务概要法、任务剖面法、功能流程图法。

输出:系统功能描述报告。

WP2.3

目的:确定机组与自动化系统之间的功能分配,不涉及机组之间的操作程序的分工。

输入条件:驾驶舱人为因素设计理念及原则报告,自动化系统技术成熟度报告,机组能力特点及限制,航空事故分析报告,以及确定的机组人数。

考核内容:功能与执行者特性的匹配度。

方法:从替代、增强、辅助三个层次,用分析的方法。

输出:系统功能分配报告。

WP3. 3

目的:确定实现系统预期功能的操作流程。

输入条件:设计理念、设计准则、人机功能分配结果。

考核内容:确定系统功能操作的人—机界面,初步评估机组操作合理性,初步机组工作负荷分析,启动 TC 项目,开始编制 CP。

方法:决策/动作分析、动作/决策分析、时间线、预定时间标准、可视可达性评估。

输出:工效学评估报告、操作流程时间线分析报告、工作负荷初步评估报告、CP 报告。

WP3. 4

目的:在系统详细设计过程中对系统操作人—机界面进行验证及评估,确定设计方案预期的符合程度。

输入条件:设计指南、设计标准、CP。

考核内容:详细设计过程中对系统功能的操作流程验证和修正,按照 CP 中的符合性方法进行实验与评估。

方法:数字化仿真(digital mock-up, DMU)、试验台实验、样机评估(mockup)。

输出:系统功能操作人为因素实验报告。

WP4. 3

目的:确定基于任务的机组人机交互操作流程及安全性分析。

输入条件:飞行任务场景,系统功能操作详细方案;可靠性分析模型;系统安全性分析模型。

考核内容:确定任务过程中对系统操作的合理性,与机组特性的匹配程度。

方法:时间线分析、连接分析、人的可靠性分析、系统安全性分析。

输出:基于飞行任务的时间线评估报告、连接分析报告、基于任务的机组可靠性分析报告、系统安全性分析报告。

WP4. 4

目的:验证基于任务的飞行员操作程序(pilot operation procedures, POP)安全合理性。

输入条件:POP 详细方案、试验台、操作程序模拟器、生理参数采集系统、CP。

考核内容:确定基于任务的 POP 安全合理性、适航符合性、基于任务的机组工作负荷合理性。

方法:试验台实验、模拟器实验、工作负荷测量、差错分析、情境意识测量。

输出:POP 人为因素评估报告、工作负荷评估报告、差错分析报告、情境意识测量报告。

WP4. 5

目的:验证试飞过程中对典型场景下的机组工作负荷的合理性。

输入条件:试飞大纲、CP。

考核内容:基于典型任务的机组工作负荷评估。

方法:综合试飞、主观评价、生理测量、绩效测量。

输出:基于典型飞行任务的机组工作负荷评估报告。

WP4.6

目的:考察飞机训练和维护过程中的人为因素。

输入条件:设计理念、训练理念、训练大纲、维护手册。

考核内容:确定运营过程中机组的培训及地勤维护过程中人为因素合理性。

方法:分析法。

输出:机组训练人为因素评估报告、维修性人为因素评估报告。

13.2　审查方案文档规划

审查方案文档规划如图 13.2 和表 13.2 所示。

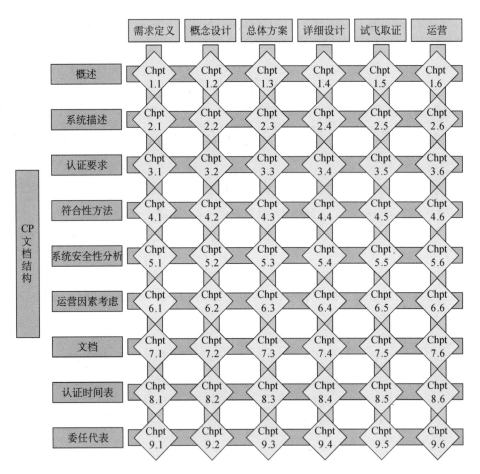

图 13.2　审查方案文档规划

表 13.2　章节划分及其相关内容

章节		内　　　容
概述	Chpt 1.1	基本描述:运营环境描述
	Chpt 1.2	基本描述:基本参数
	Chpt 1.3	目的:基本功能的人为因素
	Chpt 1.4	目的:细化的人为因素
	Chpt 1.5	目的:综合人为因素
	Chpt 1.6	
系统描述	Chpt 2.1	总体描述:运营环境
	Chpt 2.2	总体描述:
	Chpt 2.3	设计理念 预期功能:飞行准备,正常,非正常 驾驶舱布局图 自动化逻辑原则
	Chpt 2.4	机组操作程序原则 飞行员特性
	Chpt 2.5	—
	Chpt 2.6	—
认证要求	Chpt 3.1	—
	Chpt 3.2	—
	Chpt 3.3	人为因素相关适航标准条款(总体)
	Chpt 3.4	人为因素相关适航标准条款(系统专用)
	Chpt 3.5	人为因素相关适航标准条款(机组人机界面,总体)
	Chpt 3.6	—
符合性方法	Chpt 4.1	—
	Chpt 4.2	—
	Chpt 4.3	总体人为因素条款与符合性方法映射
	Chpt 4.4	系统专用人为因素条款与符合性方法映射
	Chpt 4.5	机组界面人为因素条款与符合性方法映射
	Chpt 4.6	
系统安全性分析	Chpt 5.1	—
	Chpt 5.2	—
	Chpt 5.3	—
	Chpt 5.4	安全性分析:方法,过程
	Chpt 5.5	—
	Chpt 5.6	—
运营因素考虑	Chpt 6.1	运营环境
	Chpt 6.2	
	Chpt 6.3	
	Chpt 6.4	文档:飞行手册,主最小设备清单,机组操作手册,快速参考手册

（续表）

章节		内　　容
文档	Chpt 6.5	试飞环境中考虑运营环境因素
	Chpt 6.6	训练,维修
	Chpt 7.1	需求分析报告
	Chpt 7.2	概念设计报告
	Chpt 7.3	总体人为因素条款与符合性验证报告
	Chpt 7.4	系统专用人为因素条款与符合性验证报告
	Chpt 7.5	机组界面人为因素条款与符合性验证报告
	Chpt 7.6	训练及维修性人为因素评估报告
认证时间表	Chpt 8.1	—
	Chpt 8.2	—
	Chpt 8.3	TC 计划启动,分析,评估
	Chpt 8.4	测试,评估
	Chpt 8.5	试飞
	Chpt 8.6	交付及证后
委任代表	Chpt 9.1	—
	Chpt 9.2	—
	Chpt 9.3	建立 TC 项目工作组,与局方协调 DER, DAR
	Chpt 9.4	与局方协调 DER, DAR
	Chpt 9.5	与局方协调 DER, DAR
	Chpt 9.6	与局方协调 DER, DAR

14 各设计阶段人为因素的工作内容及方法

14.1 需求定义阶段

飞机设计的需求定义阶段主要通过市场调研和分析确定所研制飞机型号预期的运营环境,并针对预期运营环境分析飞机完成运营任务所需的基本参数和技术要求。驾驶舱是机组执行飞行任务的主要场所,本阶段人为因素主要工作是通过调查和分析,收集已有的技术条件和设计约束,定义系统级的主要功能需求,初步确定在现有条件下机组的作业任务及机组人员数量。

在设计的最初阶段一项重要的工作是确定设计理念,所有的设计工作都应该在设计理念的指导下开展。

14.1.1 方法

本阶段采用的方法主要是访谈法、问卷法和讨论会。

14.1.1.1 访谈法

访谈法是一种最常用的简单的主试与被试讨论相关事件的过程,该方法的优势可以在较短的时间内获取有效信息。访谈法需要注意以下问题:

1) 明确访谈的目的

为了使访谈获取有效的信息,在组织访谈之前必须明确目标,所有访谈的主题应围绕访谈目的开展。

2) 确定访谈的被试对象

根据不同访谈目的选择不同的被试对象,通常应选择不同方向的代表以获取更广泛的数据。在飞机设计最初的需求定义阶段一般应包括下列代表:

(1) 用户代表(航空公司,飞行员)。

(2) 设计人员。

(3) 客户服务(培训,维护)。

(4) 人为因素工程师。

(5) 局方代表。

(6) 投资方代表。

(7) 供应商代表。

3）预设访谈主题

为了使访谈能够高效地获取有效信息,在进行访谈之前应根据访谈目标预设一个或几个访谈主题。

4）资料信息的收集整理

详细记录访谈所获得的各类信息作为系统设计的最初条件。获取的资料一方面可得到已有的各类条件和资源,另一方面提供了最基本的设计约束。

14.1.1.2 问卷法

获得主观评价资料的最基本方法就是问卷调查法,它是一种使用最频繁,但是最难设计的一种主观评价方法。问卷法是一种预先设计好需要询问一系列问题的方法,目的是获取被调查者的态度、喜好和意见的可度量的表达方式。在不同的阶段针对不同的对象以及不同的目的,问卷设计往往大不相同。一般的人为因素调查问卷设计可遵循下列步骤:

（1）初始计划。

（2）问题形式的选择。

（3）问卷的措词。

（4）制定调查问卷表单。

（5）问卷的预试。

（6）问卷调查实施。

（7）问卷资料的回收量化和分析。

设计一份问卷需要对评价目的有深刻的理解,对被评价的系统或对象有足够的背景知识,同时也需要对预期的结果有一定的判断,避免出现直到分析、解释调查结果时才意识到问卷设计的问题及缺点。问卷通常有四种常见的基本形式:

（1）开放式回答或任意答题。

（2）判断题或单选题。

（3）多项选择题。

（4）评价等级量表。

每种形式的问题都有自身的优缺点,在设计问卷的过程中可根据需要选择一种或几种不同的形式。

问卷措词是问卷设计中最难把握的,实践表明不恰当的问卷措词是问卷法产生偏差的最大原因。由于用词不够准确或语义含糊容易造成被调查者对问题的错误理解,从而导致最终结果的错误或偏差。

另外问卷题目应全面、准确地覆盖调查目标,并且应考虑问题的次序,避免被调查者的思维跳跃、遗忘或跟随。

问卷设计完成后在正式使用之前应经过几次与测试,并根据预试的效果进一步对问卷进行修改和完善。预试可采用小样本测试,以便及时改进。

问卷获得的结果通常可以通过统计分析的方法进行处理,如:百分比、总体分布、均值、标准差、显著性水平等。对于开放式的问题需要通过一些特殊的数学方法对其量化,如采用模糊数学中的隶属度、灰色理论等。最终应以图表形式在最终的报告中进行描述。

14.1.1.3 讨论会

讨论会是一种完全开放式的访谈形式,讨论会没有固定的形式,主要是通过集中各类人员针对特定问题进行开放式讨论或者针对某一不确定问题最终达成共识。

14.1.2 关于设计理念的调研活动

设计理念是一个比较抽象的概念,总体含义是设计的顶层指导思想,所有设计工作的开展都必须遵循该指导思想。设计理念通常是描述性的,并不具体规定设计要素,而是把握设计方向,为设计过程中决策和判断提供顶层依据。

各大飞机制造商在飞机驾驶舱设计的理念主要方向上也基本趋同,同时融入企业自己的特色。

目前被广泛接受的基本设计理念有以下的描述:

(1) 以人/机组为中心。

(2) 以安全和高效为最主要目标。

(3) 优化人与系统或自动化之间的关系,达到优势互补,人机融合。

根据对上述基本理念的不同理解,飞机制造商可形成自己的设计理念,以指导飞机设计。

空客和波音公司的驾驶舱设计理念如表 14.1 所示。

表 14.1 空客与波音的驾驶舱设计理念

空 客	波 音
飞行员对安全操作飞机最终负责。飞行员在有足够的信息和方法时拥有最终权限并且能够执行该权限	飞行员具有飞机最终操作的权限
决定驾驶舱设计要素次序为:安全,乘客舒适度,效率	机组任务重要性次序是:安全,乘客舒适度,效率
驾驶舱设计应适应较宽范围的飞行员技巧和先前机型的经验	设计应考虑飞行员过去的训练和飞行经验
自动化是飞行员可用的补充,飞行员可根据情况确定什么时候和什么程度进行辅助	自动化的作用是辅助而不是替代飞行员
人—机界面设计应该考虑系统的特点以及人的力量和弱点	在正常和非正常操作模式下均应考虑人的基本力量和局限,以及个体差异
新技术和新功能由下述因素决定: ● 显著的安全利益 ● 明显的操作优势 ● 明确的适应飞行员的需求	新技术和新功能仅在满足下列条件使用: ● 有明显的操作或效率的利益 ● 对人机界面没有负面影响

（续表）

空　客	波　音
设计中采用最新的人为因素思想管理潜在的飞行员差错	系统设计应是容错的
驾驶舱总体设计应利于机组沟通	每个机组成员都对安全飞行有最终责任
驾驶舱设计目标是简化机组操作任务，提高情境意识和对飞机状态的感知	设计层次是：简化操作，冗余，自动化
当遇到过应力或过控制风险时，获取最终权限应该是简单自然的方式	

针对设计理念的问卷设计如下所示。

1. 对飞机最终的控制权，您认为应该：

A. 可无条件获得最终控制权

B. 在非正常或应急状况下可获得最终控制权

C. 系统判断需要由飞行员控制飞机时，可获得最终控制权

D. 如果自动化系统足够可靠，可不需要最终控制权

其他观点：

2. 对于"安全、舒适、高效"对飞行任务的影响程度的排序，您认为是：

A. 安全＞舒适＞高效　　　　　B. 安全＞高效＞舒适

C. 高效＞安全＞舒适　　　　　D. 高效＞舒适＞安全

E. 舒适＞安全＞高效　　　　　F. 舒适＞高效＞安全

是否有其他因素？

3. 您认为飞机驾驶舱设计对飞行员的要求应该是：

A. 傻瓜式的，不需要任何特殊训练或技能

B. 不需要特殊技能，但需要必要的培训

C. 需要依赖于先前的飞行经验，或需要类似的机型飞行经历

D. 通过简单培训可完成改装

E. 对飞行员选拔有特殊要求

其他观点：

4. 您认为飞机驾驶舱自动化应该是：

A. 高度智能的自动化，完全可取代飞行员职责

B. 自动驾驶系统可替代飞行员完成部分任务

C. 自动化系统作用是辅助飞行员作出判断或操作

D. 自动化系统作用是增强飞行员对飞机的控制能力

自动化应具备什么其他特性或功能？

5. 飞机驾驶舱设计对人的能力应该如何考虑？

A. 不必考虑人的能力

B．必须考虑人的力量、视觉、信息处理、人体测量、环境耐受等因素

C．自动化系统保障下,可不考虑人的能力

D．通过对飞行员的选拔要求满足设计中人的能力需求

其他观点:

6．对于驾驶舱中的新技术、新功能,您认为:

A．如果不是必须的不必要增加新技术或新功能

B．如果新技术或新功能能够提高飞机安全性,可以采用

C．如果新技术或新功能能够显著提高效率,可以采用

D．如果新技术或新功能不需要经过特殊训练,可以采用

其他观点:

7．对于驾驶舱设计中的差错管理,您认为应该:

A．通过防误设计避免差错发生

B．在系统设计过程中考虑容错特性,忽略或规避错误的输入或操作

C．在差错发生后,有简单明确的指导帮助机组改出错误

D．在差错发生后,系统自动化作出判断并自动纠错

其他观点:

8．对于机组之间的协调,您认为:

A．通过机组之间的有效沟通达成共识后执行操作

B．在任何情况下,机组都可独立对飞机进行控制

C．机组之间应明确管理与被管理的角色,并严格服从

D．机组之间应明确操作与监控的角色,并严格执行

其他观点:

9．对于飞机系统功能您认为应该具备哪些特性

A．简化操作程序   B．提高情境意识

C．提高自动化水平,降低工作负荷   D．系统冗余提高安全性

其他观点:

10．关于包线保护您认为:

A．在能够提供足够的信息情况下,不需要包线保护

B．需要包线保护,但在影响飞行安全时,飞行员可决定飞出包线

C．为了确保飞行安全,飞机应严格在包线内飞行,当有飞出包线的危险时,自动化接管控制,确保飞机在包线内

D．仅需要对包线提供告警提示,而不需包线保护

11．关于驾驶舱告警系统,您认为:

A．正常情况下无灯光,有问题发生时通过灯光告警的静暗模式

B．正常情况下白色灯或绿色表示状态正常,故障时琥珀或红色表示异常

C．灯光告警同时应伴随声音告警

D．语音告警应根据不同情况采用不同语调和语速

E．应避免多个系统告警同时启动导致机组混乱

F．应有正确的指导消除告警

屏蔽告警应有哪些规则？

其他观点：

12．飞行任务中哪些错误对飞行影响最大？

A．误读　　　　　　　　　　　　　B．误判

C．误操作　　　　　　　　　　　　D．错误的情境意识

13．对于保持良好的情境意识您最需要了解的信息有哪些：

A．飞机姿态　　　　　　　　　　　B．速度

C．高度　　　　　　　　　　　　　D．航向

E．发动机状态　　　　　　　　　　F．自动驾驶仪状态

G．燃油系统状态　　　　　　　　　H．液压系统状态

I．飞控系统状态　　　　　　　　　J．环控系统状态

K．气象条件(包括结冰)　　　　　　L．通信系统状态

M．外视界

其他：

14.2　概念设计阶段

概念设计是针对需求的最初始设计。该阶段主要采用的方法有任务剖面法(mission profile)、功能流程图法、决策/动作分析。

14.2.1　任务剖面法

任务剖面是指产品在完成规定任务的时间段内所经历的事件和环境的时序描述。任务剖面法就是根据飞机预期的运营环境对典型的场景中特定状态点对飞机状态的描述。国外的研制经验说明，任务剖面应尽早绘制，以便于对系统功能的分析，通过任务剖面图可以对飞行任务进行具体描述，从而初步确定系统的操作要求。

14.2.2　功能流程图

功能流程图是用于决定系统需求的常用分析方法，它可以提供所有的系统需求的详细要点。功能流程图从系统总体开始不断细化，从对系统的功能要求逐渐细化到具体的操作者层面，但在高层次的流程图构建时，并不区分功能实现是由操作者或系统软硬件完成。这主要是为了下一步进行功能分配时便于进行调整。

功能是系统所必须完成的内容，所有的功能都可以分解或划分成更细的功能。驾驶舱是一个复杂系统，因此需要通过多个层次对系统功能进行描述。建立好功能流程图后通过对其功能及子功能的分析与评估判断系统对需求的满足程度，同时也可以对可能的操作者界面要求、能力、所需的特殊条件、潜在问题及可能的解决途径等做出早期评估。

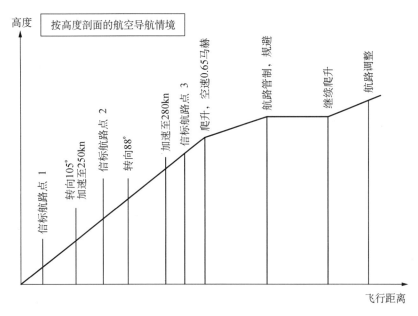

图 14.1 任务剖面图示例

制订功能流程图时应注意以下特征：

（1）功能流程图的框图中应包括动词和名词，明确功能执行方式和操作对象。

（2）功能路程的每个扩展层次应该包括更多更详细的信息，通常至少为 3 个层次。

（3）从功能起点开始以一种能够反映功能连贯性的功能逻辑分解的方式编号。

（4）编制功能流程图应能够让设计者容易找到输入，并沿着框图流程找到输出。

14.2.3 决策/动作分析

决策动作分析是根据操作和决策来表现所需的系统数据的流程。决策动作图也采用分层次的形式，最初的决策动作图仅与总体功能有关，而与是否由操作者、系统软硬件或者他们的组合来完成无关。

决策或行动图在较详细的层次上也可与一些特殊的符号一起使用来表示人和机器的配置（例如单线表示手动，双线表示自动等）。实际应用时要考虑下面有关问题。

（1）决策或行动图与功能流程图非常相似，所以通常不需要同时使用这两种方法。这两种方法的最重要的区别是决策或行动图比功能流程图增加了决策框（菱形框）。如果程序是有向软件，一般使用决策或行动图。

（2）在记录满足特定系统功能的操作和决策过程方面，决策或行动图和计算机程序员所使用的流程图相类似。它们都是基于二元选择决策和干预操作。在决策或行动图中应用二元决策有两个重要原因：其一是通过使用简单而又通用的惯例来促进交流;其二是系统的计算机部分很容易把决策或行动图翻译为逻辑流程图。

（3）一般水平决策可以分解为几个更为详细的水平:

一般水平:任何目标都需要识别过程吗?

具体水平:任何新出现的目标都需要识别过程吗?

任何目标的轨迹都需要用试探性的识别来确认吗?

任何确认性识别都需要再核对吗?

（4）每一个具体的决策都会有一个或几个具体的操作与之相连。同样,一个一般水平的操作也可再分解为几个更为具体的决策和操作。

（5）决策动作图一般没有对人和机器之间进行功能分配。在这个水平上,该图普遍应用于几种检测和跟踪系统决策以及操作。这种流程图的缺陷是会诱导分析人员去考虑一些别的实施方案,影响决策和操作的进一步进行。例如:如何把给定的信号和系统中已知的目标进行比较? 如何给可能的目标做上标记,使它们在再次出现时容易识别。

（6）信息是产生决策或行动图所必须的,它来自任务剖面和任务概要。更为详细的低层次的决策或行动图,可能直接来自于高一级的流程图和分系统设计组所提供的设备的详细特征。

制订决策或行动图的程序和功能流程图的程序一样。它们通过把所有的与系统以及分系统(取决于详细水平)有关的功能和决策排序来实现决策或行动图的构成。每个功能由一个动词和名词组合,有时还有形容词或其他修饰语。每个功能短语相对较短,用一个方框表示,每个决策功能由一个菱形框图表示,以二元的是否方式来回答问题。功能活动方框及决策菱形框和功能流程图一样要给一个编号,以确保它的可查找性。决策菱形框可以用实线或虚线分别表示决策功能或共用的决策功能。功能或决策框之间的箭头的使用与功能流程图中的相同。注意流程路径应该是完整的。每条路径应该要么循环要么终结于某一个参照的有效出口。箭头的交汇点与功能流程图一样以"和"、"或"和"和/或"相连。

14.3   总体设计阶段

总体设计阶段应该明确系统功能,完成系统功能分配,确定人机交互过程,并进行时间线分析,对机组操作的工作负荷进行初步评估。

人为因素主要开展的工作有:功能分配,决策/动作分析,动作/信息分析,时间线,预定时间标准,可视性可达性分析等。

14.3.1   动作/信息分析

给定了功能流程或决策/行动图后,完成功能分配的分析过程依赖于分析者和他的目标。为了实现功能分配调整,一个可替代的方法就是按照功能流程图中所提供的详细水平进行分配。但是,经验证明,在进行分配调整之间达到更为精细的程度是十分必要的。在一个合适的情况下产生功能分配的有效方法就是"动作和信息要求表"方法。

使用这种表可帮助确定那些执行功能所必要的具体操作,还有为执行操作必须提供的具体的信息要素。它们把"功能要求"分为更为有用的"动作要求"和"信息要求"组。把这个例子扩展,以容纳诸如相关的信息要求、信息源和问题等方面的详细信息。这种表格具体的形式不必严格控制。

动作和信息要求表的编制与其他分析方法相比不很正式。如表 14.2 所示,通常左面的三列,第一列用来列举功能流程图中的功能和编号;第二列用来列举该功能的每个动作要求;第三列用来列举该功能引出的信息要求。如果需要更为详细的信息,可以加在表格的右侧。右侧第一列列出了相关的信息要求、信息源和问题;第二列列出了有关事项特性;第三列列出了其他的注释。在这种情况下,这一列是用于仔细研究过的有关功能的调查结果。也可以列出补充的数据,例如,操作者或设备处理这些功能要求的能力。

表 14.2 动作和信息要求示例表

进场着陆要求分析			信息交换和数据综合		
进场着陆功能要求	动作要求	信息要求	相关信息要求的信息源或问题	相关事项特征	相关调查注释
1.0 启动进场前程序	1.0.1 检查进场信息 1.0.2 和进场控制一致	1.0.1.1 进场定向 1.0.1.2 进场限制 ● 着陆 ● 要求 ● 障碍 ● 危险 ● 天气 ● 最低气象条件 1.0.2.1 通信 ● 轨迹标记 ● 唯一限值或限制 ● 环境控制 ● 气压	进场示意图数据 ● 障碍位置 ● 航线或轨迹数据 ● 地形特性 ● 危险 ● 最低决断高度的位置数据 ● 进场许可的协调与确定 ● 高度表调定值	数据误判或未有效应用,危险品错误评价导航位置误差清除或误解程序或未遵守或错误理解高度表差错或错误混淆: ● 英制水银柱对毫巴 ● 海平面对机场标高	● 无法回忆所有细节 ● 在确定进场的同时限制研究时间 ● 提高对关键数据的重视,例如盘旋航向和高度; ● 需要位置情况的清晰图像 ● 需要提高飞机和空中交通管制之间的协调,以改进对情况或驾驶仪表的理解 ● 改进高度显示 ● 设定标高 ● 对设置的充分检查

使用这种方法提供的信息,可进行下列工作:

(1) 确定满足系统要求的设备。

(2) 实现与基本功能分配有关的人、设备的性能调整。

(3) 综合相同或相关的系统、动作、信息要求,研制新的方案。

(4) 轻松地把动作要求与可能的控制硬件以及信息要求与可能的显示硬件进行搭配。

用于制订这些图表的信息主要来自功能流程图。其他信息从分系统设计工程人员那里得到。这种分析方法所能得到的结果,被人—机工程人员用于实现功能分配调整。

动作和信息需求表应该用于功能流程图编制之后、功能分配调整之前。因此,在整个项目中,应用该方法的合适时间是在方案阶段早期。

14.3.2　功能分配

在完成了功能流程图、决策或行动图或是动作和信息要求表之后,对每个考虑到的功能的人—机分配进行初步的调整研究是适合的。多数情况下,分配只是建立在过去的经验基础上,甚至更糟的是人为地进行分配。然而对功能进行合理的选择是优化系统设计所必需的,这些人机分配为后面的与操作者任务有关的控制与显示操作要求,座舱技术状态方案,工作负荷评价和乘员位置的设计、研制和评价提供了基线。另外,功能分配还规定了乘员工作负荷和重要的人员配备、培训以及程序要求。作为初始人机工程评审过程的一个部分,有必要把分配对这些要求的影响进行早期评价,其作用体现在早期的系统研制阶段。

人—机工程人员和项目的分系统设计人员(或小组)一起工作,并使用功能流程图等方法,再加上过去分析类似系统的经验,人—机工程人员就可对前面提供的图表中所出现的动作、决策或功能在操作者、设备和软件之间进行初步的分配。这些功能、动作或决策与操作者、设备或软件的分配应基于下列几个方面。

(1) 操作者的已知限制。

(2) 硬件和软件的技术发展水平。

(3) 根据速度、精确性和负荷要求所估计的效能。

这时,人—机工程人员和分系统设计人员之间的合作是十分重要的。推荐用来完成这种功能调整的方法有以下三种:

第一种方法是"排除法",即把每种可供选择的方案交替代入到系统或分系统模式中,然后,根据整个系统或分系统的可靠性或速度来评价每种可供选择的方案。这种方法有某些明显的缺陷。需要大量的系统分析,因此不推荐这种方法。该方法适合使用计算机分析,比手工(纸和笔)分析更好。可用来做这类分析的计算机辅助方法在本指导性技术文件的以后段落中加以说明。

第二种方法是以评价矩阵为基础,把备选的分系统功能列出来并与人机的性能比较。完成这种方法所采用的表称为功能筛选工作单。使用筛选工作单来鉴别那些似乎合理的操作者作用或设备功能(例如操作、监测、维修、程序设计、通信等)。通过把要执行的职能同完成这些职能的人或机器的内在能力或性能比较,给操作者和设备分配工作任务。对这种比较进行评价,并根据分析人员的判断以及每种功能和性能标准的相互关系来确定一个权重数。

第三种方法,也是以一种评价矩阵为基础,并经常作为设计评价矩阵来应用。在这种方法中,把备选的分系统方案列出来,并将其与选择的分配标准(反应时、错误率、可操作性、成本等)对照。就筛选工作单而论,该评价标准被加权是由于某些因素明显地比其他因素更重要。按照每种功能,要尽量符合被选用的评价标准,给每种功能和评价标准的相互关系规定一个加权重数。

上述三种功能分配调整方法中,第一种的完成程序与其他人机工程分析方法的程序相同。其他两种方法的程序彼此相似,但不同于第一种。三种方法的具体使用如下所述。

(1)排除法:一旦对某特定功能的可选方案之一被试验性地选用,则这种排除法则就可能完成。为了使用,应该通过执行一种针对性的分析方法来评价这种比较方案。例如,时间线的分析方法应该用来评价一种分配调整,对是选择操作者还是选用设备去完成时间紧急性任务,应该采用时间线的分析方法来评价分配调整。由此引起的分配选择是最好的满足本系统时间要求的解决方法。以此类推,可根据可靠性去评价人机功能的特性,完成其他的功能分配调整。以下各条将指出哪些方法最适合检验特殊性参数。

(2)评价矩阵:功能分配筛选工作单通过列在工作单左边的各种功能而编制出来。两组评价标准并列在表的顶部。第一组是操作者擅长的工作领域;第二组是系统所擅长的工作领域。每种性能的评价标准取自于表14.3中的内容。为了权衡每种评价能力,把每一种评价能力或性能与所有其他种评价能力或性能相比较,给要分析的系统或设备确定合适的权重数。例如,"对信号的反应"与"归纳推理"相比,前者可能特别重要,因此,它应该给较大加权。尽管不是表中的一部分,但如成本这种因素,可以加到其他特征上。为了评价在以下各条中所讨论的采用设计评价矩阵方法,通常要考虑这样的参数。无论何时,一种评价特征(并列在图表的顶部)适用于一种列出的功能(表的左边),就把一个加权"X",放在表格行与列的相交处。实际评价是通过对"操作者"与"设备"配置的比较,把每个加权"X"求总和,分配的结果或以"操作者"、"操作者和设备",或以"设备"的形式列入最右边的表格栏中。当工作单两边之和彼此接近率达80%以上时,就采用"两者"栏。为了获得操作者或设备配置的详细情况,一个更详细的分析可能是必要的。如果想得到各种功能的更准确的评价,那么可以采用一个数字记分(例如,1~5),而不只是用一个"X"笼统地表示。记在表格行与列相交处的数字是权重评价系数相乘得分。正如以上指明的较简单的方法一样,把总的得分加到工作单的每边上,以得到一个推荐的功能分配。应该注意的是,尽管这个方法不保证功能的绝对最佳分配,但该方法超出经常使用的"内部—感受"方法,有很大作用。

表 14.3 人、机擅长领域比较

人擅长的领域	机器擅长的领域
● 能辨别某些弱信号	● 监视(人和机两者)
● 对各种各样刺激物的敏感性	● 完成常规的、重复的或很精确的操作
● 感知模式并对其进行概括	● 对控制信号很快地反应
● 长期存储大量信息的能力和在适当的时间回忆相关事件的能力	● 快速的存储和调用大量信息
● 在事件不能完全被确定的情况下具有判断的能力	● 具有高精确度完成复杂和快速计算的能力
● 能改进和采纳灵活的程序	● 对刺激物的敏感性超越人的敏感性范围(红外线、无线电波等)
● 对突然的低概率事件的反应能力	● 同时做许多不同的事情
● 在处理问题中具有独创性:如采用其他可能的方法	● 平稳而精确地施加大量的力
● 利用经验和改变动作过程的能力	● 对无关因素不敏感
● 完成精细操作的能力,特别是在偏差突然出现的场合	● 快速地、连续地和精确地在一个长时期内用相同的方式重复操作的能力
● 超负荷时,继续完成的能力归纳推理能力	● 在对人不利或超过人的耐受力的环境中操作
● 归纳推理能力	● 演绎推理能力

(3)设计评价矩阵:设计评价矩阵的结构与功能评价筛选工作单相似,分系统的比较方案列在左边,评价系数并列在表的顶部。主要的区别是,对一个特定分系统或功能目录所进行的调整,不必非在人或机两者之间,而是在表的左边列出的各种比较方案之间进行调整。两种方法之间的另一个差别是,设计评价矩阵表往往是几个操作人员或设备的选择,而不仅仅是操作者与设备的选择。评价特征多数与操作性能参数有关,而不是与内在性能有关。评价特征应该加权,并且特殊功能的比较方案对一种评价特征的适宜性应该按照1~5的等级记分。每个加权得分相加确定最佳选择。

14.3.3 时间线

时间线是人—机工程人员使用的一种最基本方法。人—机工程人员最感兴趣的两个参数是时间和错误。没有比使用时间线更好的方法来分析操作者时间特性的参数。时间线适合于两个目的。首先,它允许对时间与关键顺序作一个评价,来检验能够完成的所有必要事项;其次,它提供一个完整的任务时间表,来评定不相容的任务出现,并作为工作负荷评估的一个基线。

为了确定时间线的基准,以前系统可利用的数据能提供最可靠的资料。如果这类时间数据基准不存在或不适当,那么就推荐使用预定时间标准。

每一个时间线都应该与一个更高水平的功能要求相关。功能流程的名称和序号应该在参考的时间线图表上加以表示;其他信息,例如功能定位和功能类型是合乎要求的,则每种子功能或任务,应沿表的左边所标序号列出。所关心的时间单位

（时、分或秒）并列在顶部，选出一个适当长度的时间标度，以便使所关心的总时间周期在工作单上配合适当。只要图表的标度被选定，时间线图表（见表14.4）的所有部分就应遵守。

表14.4 时 间 线 表

REF. FUNC	任务	REF. FUNC	任务
2.3.3.1	保持飞行姿态	2.3.3.10	确定进近航路捕获
2.3.3.2	监视飞行参数	2.3.3.11	检查气象条件
2.3.3.3	检查导航数据	2.3.3.12	检查飞行数据
2.3.3.4	检查发动机参数显示	2.3.3.13	调整发动机推力
2.3.3.5	调整油门位置（根据需要）	2.3.3.14	检查飞行数据
2.3.3.6	检查发动机控制模式	2.3.3.15	调整襟翼位置
2.3.3.7	确定空管应急通讯模式备用	2.3.3.16	准备转换为手动控制
2.3.3.8	检查航路管制信息	2.3.3.17	监视飞行数据
2.3.3.9	确定进近航路	2.3.3.18	手动控制直至着陆

用于时间线分析的最常用的资料来源是详细的功能流程图，那就是按功能分配调整结果充分详细到把任务分配给操作者。

14.3.4 预定时间标准

预定时间标准原来是为克服测定操作者的工作能力这个难题而提出的。预定时间标准可以克服其他测量方法（秒表、时间记录等）的不一致性和主观性。使用预定时间标准的前提是，在工作中完成某些基本动作所需的时间是固定的。这样，便可以由形成工作运作的基本运动时间来建立组成单元时间或工作标准。

有几个不同的系统，它们各自独立地被开发，并且各有其自身独特的方法来表示影响基本运动时间的因素。预定时间标准的根本原理是识别每个基本的身体运动，并规定某个运动预定的时间。预定要素时间通过大量任务的全面分析而提出，并普遍认为是建立时间标准的一个一致的数据源。这个分析是通过使用观察或综合建议方法鉴别身体运动，然后通过把预定的时间应用于被记录的身体运动而做出来。一个预定时间系统的主要优点是不必估计任务时间。一个主要的预定时间系统是顺序时间测量。

顺序时间测量的使用，应全面详细地考察正在执行的任务。并把操作者动作分类进行测量，以表格的形式记录，只需要把这些时间相加起来，便可确定任务所需要的时间。该时间和限定数据来自研究，包括工业实施的高速摄影的精细分析。时间及精度由时间测量装置给出。在完成时间分析之前，应该注意时间单位及精度。在人与总系统性能指标有关的地方，小于0.1s的时间增量一般无关紧要。如果时间对总系统性能指标是关键的，那么就应该从这个闭环系统中把人抽出来。

14.3.5 可视性与可达性分析

传统的工效学针对这一部分内容有过较详细的研究，并且在长期的工程实践活动中积累了不少成熟的工程经验和可用的辅助性工具,本书就不展开讨论了。

14.4　详细设计阶段

14.4.1　工作负荷分析

　　工作负荷分析是根据工作时间的连续累积,确定操作者负担程度的一种评估。应用本方法,可对操作者或机组人员在规定的时间内执行所有指定任务的能力进行评估。由于确定了能力的大小,就可以比较准确地提出硬件设计要求。换句话说,确定了能力限制,才考虑选择功能配置及给操作者或机组人员分配任务。

　　通常,工作负荷分析或其分布图,是根据工作量的百分率与时间段的对应关系绘制而成的操作者负荷的图解形式。虽然工作负荷分析是对操作者个人的工作进行描绘,但要把几位操作者和维修者岗位的任务情况在同一幅图上如实体现出来,才能实现最大效能。这样,操作者中工作负荷的任何不平衡,都容易显现出来。可接受的工作负荷的最初评估,是要保证工作负荷总量不超出操作者数量与能力所及的限度。开展工作负荷分析是要核实,要求任务组合不超出工作负荷能力,或者执行任务的时间不超出有效可利用的时间。工作负荷分析中的一个概念,是把操作者的任务划分成与知觉—运动通道相对应的类型。为了成功地进行工作负荷分析,不一定要表述这种分析的精确概念。然而,这种分析越详细,得出的数据越好,并应注意下列事项:

　　(1) 在某些情况下,操作者能同时有效地执行一个以上的任务。然而,如果两项任务都要求几乎100%的时间使用一个单独的知觉—运动通道,一个操作者就不能同时完成两项任务。在确切做出工作负荷分析图后,发现这种情况时,要么把其中一项任务交给另一个操作者去做,要么给该操作者提供某种辅助设施。

　　(2) 工作负荷的评估可以有几种来源。例如,工作任务可能与实际操作中其他的系统的另一项工作任务相同或相似。这样,来自前一系统的工作时间数据,因为它在实践中已得到了证实,所以通常是最可靠的。当没有这样的资料时,应使用"预定时间标准"方法来确定工作任务的时间段分布。

　　(3) 当找不到有经验的操作者或者其他数据来源时,人机工程人员应同了解情况的项目负责人一起,对有关工作负荷的实质做出一个"有说服力的推测"。人—机工程人员应处理所有这类问题,把工作分解成最简单的要素,并根据他所了解的有关情况推断其他分任务要素。

　　在应用时,根据分析要考虑时间和知觉—运动通道数量,对工作负荷进行总的或详细的评估。当工作负荷情况比较关键时,分析考察的时间增量要最短。同样,当一个已知情况的工作负荷增加,并且该情况变得比较关键时,就要求按每位操作者的知觉—运动通道做工作负荷量的评估。通常,这些通道是:外部视觉(距离视觉)、内部视觉(在装甲人员输送车或控制板区域内)、左手、右手、脚、认知、听觉以及言语通道等。下面所述是工作负荷评估应运用的基本准则。

(1) 工作负荷的计算是根据执行一个已知任务所要求的时间估计值,除以执行该任务的允许时间或有效时间。负荷分析人员应注意,要是凭每个不同的知觉—运动通道计算工作负荷量,那就不能把每个不同通道的 75% 的负荷量,等同于 75% 的总负荷量。因为,我们不能精确预测全部或几个通道的总累积效应,每个通道 75% 的负荷量的总合效应完全可能出现总负荷超载的情况(>100%)。分析人员还要注意,平均工作负荷不应超出所考虑的时间增量。工作负荷量 100% 的估计与一个给定时间增量内发生的两个连续 50% 负荷量的任务估计,必须做总量为 100% 计算(不是 75%)。如果需要规定清晰度达 50% 的负荷情况,那么必须把时间增量划分成更短的时间段。这种分析的要点是要揭示包含超出负荷峰值的工作负荷情况,以免被长时段分析所掩盖。

(2) 操作者负荷量一般来说,工作负荷不容许超过 100%;负荷低于 75% 为合适。这种规定的前提,是使操作者能维持适当工作并有足够的工作量。如果操作者工作负荷超过 75%,就应专门研究。

(3) 由于进行工作负荷估算是根据做该工作所需时间的估计,因而负荷估算精度只与时间的估计数据精度相同。估算精度还受到做该工作的知识或经验的限制,并被未知的、离散通道的累积效应所限。鉴于这些独立变量的制约,最大工作负荷估算的精度,约在 ±20% 范围。如果要求更精确的估算,就有必要对操作者工作的全过程进行仿真。

(4) 图表工作负荷分析可以由一个从任务开始到结束的简单连续图表组成。也可以由几个图组成,其中每个图表示任务的一个特殊关键段。如前所述,时间标度应与任务的复杂程度相应。例如,简单的工作负荷分析估计,可能 15 min 间隔就足够了,而比较复杂的工作可能要求 5 s 间隔。不管时间间隔多长,对总任务与相互配合的操作者来说,时间段都应该是共用的。

脑力负荷的测量评估方法分析如下。

通常选择负荷测量方法的标准基于 3 个属性:敏感性、诊断性和对主任务的侵入性。敏感性就是测量方法要能够反映脑力负荷的变化,而且应该对任务难度或资源需求上的变化敏感。诊断性是测量方法能反应任务需求对具体资源使用情况的能力,测量指标不仅应显示脑力工作负荷变化的时间,而且应揭示这种变化的原因。侵入性是指测量方法能够降低主任务绩效的程度。当进行负荷测量时,可能会对同时进行的主任务的绩效产生破坏作用,应该尽量避免或减少方法的侵入性。其中敏感性最重要,在选择脑力负荷测量方法时应根据 3 方面的属性进行权衡。

常用的脑力负荷测量方法有绩效测量法、生理参数测量法和主观评价法 3 大类。

1) 绩效测量

因为系统绩效是评价的目标,所以把与系统有关的任务称为主任务。把绩效作为脑力负荷的指标，它直接反映了操作者努力的结果。但主任务工作绩效与操作者技能、经验、疲劳状态、努力程度以及任务的难易度有关，工作绩效与脑力负荷往往不能用简单的线性关系来衡量。

2）生理参数测量

研究发现，飞行员在作业过程中脑力负荷变化时，与之相关的心理、生理指标也会有所变化。对操作者的认知活动进行心理、生理测量是一个实时、客观的方式，其优势在于能在从低脑力负荷到脑力超负荷的较宽范围内提供敏感性高的总体评价。飞行中的心率被认为是一个评定飞行员工作负荷的敏感指标。在飞行过程中，特别是在信息负荷大、操作动作多的起飞、进近和着陆阶段，心率显著性增加。

3）主观测量法

主观测量方法是指让飞行员陈述飞行过程中的脑力负荷体验或根据这种体验对飞行作业项目进行过程排序、质的分类或量的评估，其理论基础是，操作者脑力资源的占用与个人的努力程度是相关的，并且这种努力程度可由操作者准确表达。典型的主观测量方法有：NASA‑TLX 量表法、主观负荷评价技术 SWAT 和修正的库珀—哈珀法 MCH。

（1）MCH 法：

MCH 量表是修正的库珀—哈珀量表（modified Cooper‑Harper ratings）的简称。该方法是在库珀—哈珀评定量表（Cooper‑Harper ratings，简称 CH 量表）的基础上开发出来的一种主观工作负荷评价方法。由于 CH 量表在飞机飞行品质评价中的成功应用，在 20 世纪 80 年代初，Wierwille 和 Casali 在对 CH 量表进行修正的基础上，提出了可用于评价工作负荷的 MCH 量表。该方法在确定最低负荷（即取值为 1）和最高负荷（即取值为 10）之间的分级时，采用决策树作辅助手段。MCH 主要用于评价具有认识力的任务的工作负荷，而不用于那些出于本能或精神原动力方面的问题，前者也正是 CH 量表难以做到的。

CH 量表是评价飞机飞行品质（即飞行员能否方便、随意地驾驶并精确完成任务的飞机特性）的一种主观方法。该方法把飞机驾驶的难易程度分为 10 个等级，飞机驾驶员在驾驶了飞机之后，根据自己的感觉，对照各种困难程度的定义，给出自己对该种飞机的评价。CH 量表使用于"人—机闭环回路"，适用于整个飞行包线和所有飞行任务，其等级是由飞行员在飞行中给出的。对于现代电传操纵飞机，在其设计阶段，特别是控制律的设计开发以及其他如电子系统、显示系统、操纵系统、人机界面等的开发设计中，均可使用 CH 量表或其变化了的形式进行评定，评价结果可为工程技术人员提供简单明了的修改意见。

利用 CH 量表进行评价时，对于所给定的任务要清楚什么是评价重点，应该注意什么问题，选择什么样的操作方法和评定尺度，只有这样才能做到心中有数，评价真实。在实施 CH 量表时应注意以下事项。

a. 进行等级评定时，最初印象比较重要，一般应在评定之前进行几次飞行练

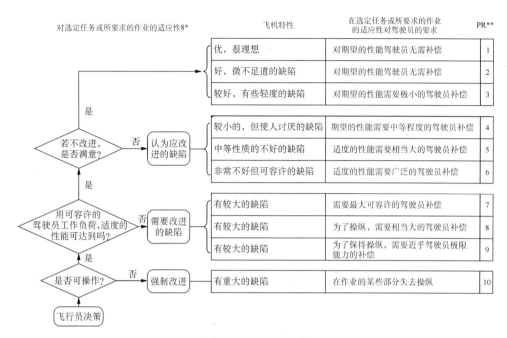

图 14.2　MCH 量表

* 所要求的作业定义包括选定的飞行阶段和/或连同附带状态的一些子阶段。
** PR：驾驶员评定等级（Pilot Rating）

习，因为飞行员对系统不了解或对操纵方式不熟悉时，评定可能不准确，但严禁练习太多，以免适应其特点后给出的评定结果过高。

b. 飞行员应该有多机种飞行的经验，飞行员进行等级评定时往往会将该飞机与自己熟悉的机型相对比以准确打分，飞过的机型越多，可进行对比的对象也越多，评定结果也会更准确。

c. 尽量给出整数分值，并将一批飞行员的评定结果进行平均，以确定最终评价结果。

在 20 世纪 60 年代后期，美国空军用 CH 量表评价新式飞机操作的难易程度取得了很大的成功，这极大地促进了该方法在飞机设计阶段中的应用。如电子系统、显示系统、操纵系统、人—机界面等的开发设计中，均可使用该等级或其变化了的形式进行评定。Richard L. Newman 采用 CH 量表评价显示器的可读性和可控性，I. R. Craig 等人采用 CH 量表评价显示器的一致性、信息可读性、屏幕信息布局、信息明确性以及控制器设计的合适性等。

CH 量表是一种比较常用的主观评价方法，它具有主观评价法固有的缺点，即评价者的评价结果个体差异较大。

（2）NASA - TLX 法：

NASA - TLX 是由美国航空航天局开发的，是一个多维脑力负荷评价量表，涉及 6 个负荷因素(维度),即心理需求、生理需求、时间需求、操作绩效需求、努力需求和挫折,每一维度均由一条 20 等分的直线表示,直线分别以低、高字样示标。调查对象在直线上与其实际水平相符处划一记号,然后再将 6 个因素对总负荷的贡献进行排序(即予以权重)。

表 14.5　NASA - TLX 量表

因素名称	端点	描　　　　述
脑力需求	低/高	脑力和知觉活动(如思维、决策、计算、记忆、注视、搜索等)有多大要求? 任务是容易的还是困难的? 简单的还是复杂的? 条件苛刻的还是宽松的?
体力需求	低/高	体力活动(如推、拉、旋转、控制、起动等)有多大要求? 任务是容易的还是困难的? 缓慢的还是迅速的? 松弛的还是紧张的? 悠闲的还是吃力的?
时间需求	低/高	你感到任务或任务成分的速度或节律所造成的时间压力有多大? 速度是缓慢和从容的还是迅速和紧张的?
业绩水平	好/差	你认为你在达到实验者(或自己)设定的任务的目标方面做得如何? 你对自己在完成这些目标中所获得的成绩有多满意?
努力程度	低/高	为完成任务必须付出的努力程度的是大还是小(脑力和体力)?
受挫水平	低/高	在作业期间,你感到不安,气馁,恼怒,紧张和烦恼的程度怎样?

使用 NASA - TLX 进行脑力负荷的评价包括两个过程。首先调查对象认真阅读上述各维度的详细说明后,根据自己所执行任务和所调查飞行阶段的实际情况,分别在代表 6 个维度的直线上相应的位置标记。

第二步是采用两两比较的方法,将 6 个维度两两配对,共组成 15 个对子,要求调查对象选出每个对子中与脑力负荷关系更为密切的维度,根据每一维度被选中的次数(0~5)确定该维度对总脑力负荷的权重。分别统计每个维度的评分值,总脑力负荷即为 6 个维度的加权平均值。

(3) SWAT 法:

SWAT 量表是主观性工作负荷评价技术(subjective workload analysis technique)的简称,它是美国军方开发的一种主观评价技术(见表 14.6)。该方法提出了一个包含 3 项因素的工作负荷多维模型,这 3 项因素是:时间负荷(time load,T),脑力努力负荷(mental effort load,E),心理紧张负荷(psychological stress load,S)。每项因素均分为低、中、高三个等级,量表中对每个因素的各个等级都有详细的文字说明。调查对象先根据自己的实际情况选择每一因素的相应等级,然后对这 3 个因素的重要性进行排序。评价时,研究者先根据排序情况将调查对象归入表 14.7 中的 6 个组别,如某对象认为 T 最重要,E 第二,则归入 TES 组,其余依此类推,再换算为 0~100 分,分值越大,负荷越重。

表 14.6 SWAT 量表

因素名称	因素等级	等级描述
时间负荷	1	经常有空闲时间,活动很少或根本没有被打断或重叠
	2	偶尔有空闲时间,活动经常被打断或重叠
	3	几乎从未有空闲时间,活动被打断或重叠的情况十分频繁,或一直在发生
脑力努力负荷	1	很少需要有意识的脑力努力或集中,活动几乎是自动的,很少或不需要注意
	2	需要中等程度的脑力努力或集中,活动由于不肯定、不可预测或不熟悉而变得比较复杂,要求相当程度的注意
	3	需要广泛的脑力努力和集中,活动相当复杂,要求完全的注意
心理紧张负荷	1	很少出现混淆、危险、挫折或焦虑,且容易适应
	2	由于混淆、挫折或焦虑,产生了中等程度的应激,明显地增加负荷,为保持适当的绩效需要显著的补偿
	3	由于混淆、挫折或焦虑,产生了相当高的应激,需要很高的意志和自我控制

表 14.7 SWAT 量表的分组及其评分标准

得分值	组别					
	TES	*TSE*	*ETS*	*EST*	*STE*	*SET*
1	1 1 1	1 1 1	1 1 1	1 1 1	1 1 1	1 1 1
2	1 1 2	1 2 1	1 1 2	2 1 1	1 2 1	2 1 1
3	1 1 3	1 3 1	1 1 3	3 1 1	1 3 1	3 1 1
4	1 2 1	1 1 2	2 1 1	1 1 2	2 1 1	1 2 1
5	1 2 2	1 2 2	2 1 2	2 1 2	2 2 1	2 2 1
6	1 2 3	1 3 2	2 1 3	3 1 2	2 3 1	3 2 1
7	1 3 1	1 1 3	3 1 1	1 1 3	3 1 1	1 3 1
8	1 3 2	1 2 3	3 1 2	2 1 3	3 2 1	2 3 1
9	1 3 3	1 3 3	3 1 3	3 1 3	3 3 1	3 3 1
10	2 1 1	2 1 1	1 2 1	1 2 1	1 1 2	1 1 2
11	2 1 2	2 2 1	1 2 2	2 2 1	1 2 2	2 1 2
12	2 1 3	2 3 1	1 2 3	3 2 1	1 3 2	3 1 2
13	2 2 1	2 1 2	2 2 1	1 2 2	2 1 2	1 2 2
14	2 2 2	2 2 2	2 2 2	2 2 2	2 2 2	2 2 2
15	2 2 3	2 3 2	2 2 3	3 2 2	2 3 2	3 2 2
16	2 3 1	2 1 3	3 2 1	1 2 3	3 1 2	1 3 2
17	2 3 2	2 2 3	3 2 2	2 2 3	3 2 2	2 3 2
18	2 3 3	2 3 3	3 2 3	3 2 3	3 3 2	3 3 2
19	3 1 1	3 1 1	1 3 1	1 3 1	1 1 3	1 1 3

（续表）

得分值	组别					
	TES	*TSE*	*ETS*	*EST*	*STE*	*SET*
20	3 1 2	3 2 1	1 3 2	2 3 1	1 2 3	2 1 3
21	3 1 3	3 3 1	1 3 3	3 3 1	1 3 3	3 1 3
22	3 2 1	3 1 2	2 3 1	1 3 2	2 1 3	1 2 3
23	3 2 2	3 2 2	2 3 2	2 3 2	2 2 3	2 2 3
24	3 2 3	3 3 2	2 3 3	3 3 2	2 3 3	3 2 3
25	3 3 1	3 1 3	3 3 1	1 3 3	3 1 3	1 3 3
26	3 3 2	3 2 3	3 3 2	2 3 3	3 2 3	2 3 3
27	3 3 3	3 3 3	3 3 3	3 3 3	3 3 3	3 3 3

14.4.2　情境意识测量

情境意识是对某一给定情境下状态完全理解的体验，包括对与全局任务或目标相关联的每个要素的观察，把所有片段拼成一个完整的画面。更规范地来说，情境意识可分为 3 个意识级别（Endsley，1997）：

（1）第 1 级——对环境中相关要素的状态、属性及动态特性的感知。

（2）第 2 级——根据当前目标对这些相关要素意义和重要性的理解。

（3）第 3 级——对这些相关要素未来的动作作出计划的能力，至少能对近期的作出计划。

情境意识分析方法的目标是测量所有级别中操作者的绩效。

由于提供给系统操作者的数据不断增长，操作者能够准确评估当前或将来系统状态的能力会受到不利的影响。了解什么因素影响操作者的情境意识和如何维持足够的情境意识是人—机工程人员要关注的问题。情境意识分析方法可以让人—机工程人员了解一下信息：

（1）专家和新手操作者如何理解情境。

（2）他们在情境意识上有何不同。

（3）操作者用于理解当前情境的输入是什么。

目前评价情景意识的方法包括：情境意识全局评价技术（SAGAT；Endsley，1988），情境意识评价技术（SART；Selcon & Taylor，1989），情境意识—主观工作负荷法（SA‑SWORD；Vidulich & Hughes，1991），机组情境意识（Moiser & Chidester，1991），情境意识评价量（SARS；Waag & Houck，1994）。这里分别以情境意识全局评价技术（Situation Awareness Global Assessment Technique，SAGAT）和情境意识评价技术（Situation Awareness Rating Technique，SART）作为客观和主观方法进行情境意识测量的例子进行说明。

情境意识全局评价技术（SAGAT）是一个客观的评估方法，通常用实时的人在回路仿真，如模拟飞行任务。在仿真的随机时间——或在特别重要或敏感点——仿真被打断来评估使用者或操作者对于运作背景重要方面的情境意识的程度。操作者的情境意识可能将操作人员对情境的认知与仿真中实际出现的情境比较来评估。SAGAT 为所有测量操作者用于客观描述的情境意识提供了合理的、不带偏见的方法，与现实的感知自我报告和用计算机计算错误或正确率比较，作为 SAGAT 评估的基础，人—机工程实际工作者必须对操作者所执行的任务进行更深入的分析，设计模拟和查询有关感兴趣的问题，操作者在测试过程中对这些询问的反应，然后和在仿真被中断的瞬间由计算机对现实环境记录所做出的正确结果相比较。SAGAT 作为一个全球性的测量方法，对上面列出的操作者的情境意识的提供了三个层次的数据。询问的范围可能包括系统功能地位和外部环境的相关特征。研究还表明 SAGAT 有实证有效性以及预测性和内容有效性（ANSI，1992）。

　　情境意识评价技术（SART）是一种主观评价情境的方法，运用操作者的自我评级来评估情境意识的认知。SART 为注意的供求关系和情境理解提供主观评估（Selcon & Taylor，1989）。SART 用问卷调查测量主观的情境意识的 10 维标准。使用者的情境感知率在每一维下都有 1～7 等级。情境意识的 10 维标准被分为 3 个一般领域：

　　（1）注意资源的需求。

　　（2）注意资源的供应。

　　（3）了解情况。

　　还有一个基于这 3 个分组的三维标准版本，在当 10 维标准版本太耗时的时候采用些三维标准。除了三维标准的规模等级，得出了一个被解释为对情境整体评估的总结评分。SART 分析，首先是建立情境或情境兴趣特征的模拟，在这些试验或情境中，为操作者提供一张三维或 10 维的图表来及时记录在特定点的情境感知。通常情况下，操作者在情境中填写三维的图表，在情境和仿真完成后再填写 10 维的图表。图表的得分用于静态地分析任务的哪些方面影响着情境意识。因为 SART 是一个主观评价方法，视频前端的实际工作者应该记住在测试中会影响操作者对真实世界环境理解的这些数据。SART 不能区分操作者的情境意识是否来自于实际情况或来自于对环境的错误评估。

　　情境意识评估方法和其他人—机分析方法类似，虽然脑力负荷措施查明的任务或一系列任务的操作者很可能超载，情境意识评估方法用于检查操作者对任务和情境的感知和理解。一般情况下，情境意识评估方法更加注重方法提供哪些具体资料容易丢失或忽视。虽然情境意识评估方法有着广泛的组成（例如精神压力过大会削弱情境意识），然而情境意识的重点在于在具体情况下如何分配注意力。

14.4.3　连接分析

　　连接分析方法常作为研制最佳面板、工作位置或工作区布局的第一步，往往用来检查设备布局是否适当。其目的是用图解方式说明操作者与设备之间，或者一个操作者与另一个操作者之间，每种相互联系发生的频率或重要性。人—机工程人员首先从功能分析时所确定的操作者与设备的对话开始,由操作顺序图与任务关联图所生成的数据是操作链分析数据的主要来源。如果这种操作链分析是对一个特定仪表板的布局,那么其所含的操作者与操作者的相互联系可能不多,如果这种操作链分析是对一个系统的战术工作台、站(如全程寻的瞄准器、机载告警控制系统等),其操作者与操作者的相互联系范围就很多。

有两种操作链分析作为上述两种情况的说明:仪表板布局(或者其他类型的多操作者工作区布局)。操作链分析这两种情况都可以等同使用邻近布局图与流程图。当其适合多操作者工作场所时,有时也用来描述操作链分析。操作链分析时应考虑下述两个方面的问题:

(1) 空间操作顺序图这个术语,有时来描述一个控制台或仪表板布局的环节分析。按其名称所示,空间操作顺序图是在操作者注视的一个特殊控制台或仪表板的分布图上,叠加了操作顺序图数据流程和表示功能的符号,这种形式的空间操作顺序图,所缺的项目是时间标度、外部事件以及纵栏和问题。所有符号与环节,在操作顺序图中做了确切的说明。尽管操作顺序图表示工作区域的相互关联,还远不如环节分析做得好。空间操作顺序图也可以用来核查工作区的布局,而邻近布局图用来检查控制台的布局。

(2) 操作链分析邻近布局图的种类,取决于任务关联矩阵分析。按任务关联图,由一个控制台或工作区布局开始,据其出现频率与重要程度,考察执行特殊功能所要求的全部人—机界面。如果给出重要程度的数值,就可与频率相乘,得出该环节的加权值。把各环节的加权值放在仪表板上或工作区内,一张环节分析图就能表示被分析系统出现的所有相互关联图。然后,对系统设计进行修改,达到缩短加权环节所联系的控制台、显示器或工作区之间的距离。

连接图通常的绘制程序为:

符号执行流程图或空间操作顺序图是分析的第一步,基本上是给每个系统的功能控制或工作安排选择表示的符号,要强调推荐使用操作顺序图的符号。系统组成部件的表示符号,不像功能的表示符号那么重要,因为仪表板或工作区的绘图已展现了它的组成部件,所以不需要什么表示符号。邻近布局图的特殊符号(如操作者用圆表示,设备用方块表示),可以按每个类型进行选择。在这种类型分析中,强调工作位置之间各环节的使用频率与重要程度,而不是流程顺序。必须为各种环节类型选择线型编码,这里没有标准可查,但应考虑的因素是:使用频率、重要程度以及通信环节的类型(例如,语言、打印机之类)。通常,环节联系的线宽,表示该环节的使用频率或权重值。使用频率乘以重要程度的等级值,等于环节的权重值。推荐使用1、2或3为重要等级值。其总值(重要等级乘频率)越大,其环节越重要。通常,这个数值标识在其环节的右边。如前所述,使用的频率来自于任务关联矩阵分析,或直接来自操作顺序图。

绘制本方法的最后一步有两种情况。一种是把所选择的环节与符号绘制在一张图上;另一种是直接绘制到设计布局图上。重要的是要选择一张图,绘制出标度。如果要使用空间操作顺序图方法,分析者以操作顺序图的表示符号入手,进而完成总的任务。如果要用邻近布局图方式,人机工程人员要从最忙碌的操作者入手分析,把有关部件围绕该操作者配置,按需要移动、调整,使环节的交叉联系尽量减少,并缩短环节线路的长度(尤其对具有高权重环节值的那些联系)。应着重指出,一旦该系统或装备按全尺寸实体模型或原型硬件构成,无疑会要求补充更改。不管一个文件分析得如何,都要求对系统进行相互制约的审查。

14.4.4 人的可靠性分析

人的可靠性分析是对决定系统或过程中操作者可靠性的因素进行分析。这类分析的度量标准是系统或过程中操作者在特定条件下执行某种动作的概率有多大。尽管这种方法提供了其他系统工程和人的因素的概率值,但它的真正目的是明确系统、过程设计、环境中隐藏的操作者可靠性的影响因素。人因工程专家为已经完成工作的人可靠性分析设置了系统工程内容。在很多方面,人的可靠性分析是从业者和系统工程师、设计工程师及其他之间的桥梁。

在核能工业、航天工业、运输业中人的可靠性分析已经广泛应用很多年,近年来,又在生物工程行业得到应用。人的可靠性分析中,常用的分析方法有概率组合、仿真、随机方法、专家判断、设计综合方法。个体人的可靠性分析常常提供所研究系统或过程的定性和定量评估。已经发布的人可靠性分析方法有人失误率预测技术(Technique for Human Error Rate Prediction,THERP),可靠人机系统开发者(Reliable Machine Human System-Developer,REMHS‐D),基于多重属性有效分解的成功可能索引法(Success Likelihood Index Method-Multi Attribute Utility Decomposition,SLIM‐MAUD),(Embrey, Humphreys, Rosa, Kirwan, & Rea, 1984),维修者个人行为仿真(Maintenance Personnel Performance Simulation, MAPPS)大部分格式化的人的可靠性分析方法已经收到足够的例证证明进行分析的必要性,对于大多数定量预测方法,数值预测方法一直变化,但是所有方法在确定改善区域上都是成功的。大多数人的可靠性分析方法都可以在工作站上实现。方法中的一些,如 MAPPS(micro‐MAPPS)和 REHMS‐D,可以得到个人的计算机的软件版本。人可靠性分析方法的使用者必须对输入数据的极限值保持敏感(如任务错误概率)。人的可靠性分析中所使用的多数人的可靠性数据只适用于受限的系列情形。对数据源的选择必须注意区别,这些数据源被用在内嵌了任务出错概率的软件工具中。

14.4.5 人为因素分析分类系统

人为因素分析分类系统(Human Factors Analysis and Classification System, HFACS)分析系统总结了当今被普遍接受的 6 种导致人失误的观点(认知的观点、工效的观点、行为的观点、航空医学的观点、社会心理的观点、组织的观点),并以里森的事故致因模型为理论基础,发展为一套全面的人为差错分析工具。该理论框架是在美国海军大量飞行事故调查研究的基础上提出,经过了大量的案例检验,目前已被美国陆海空三军和民航组织广泛采用,在调查飞行事故人的失误方面逐渐树立起权威。

1) 里森的事故致因模型

里森的事故致因研究最初是围绕核电厂进行的,它基于这样的假设,所有的组织都由基本元素组成,如果想高效、安全地运转,它们必须和谐地一起发挥作用。任何元素的失效都会导致系统的崩溃。

航空企业可以被视为一个复杂的生产系统,不管是为了满足运输、娱乐还是国防需要,它的"产品"都是安全的飞行操作。对任何一个生产系统来说,它的一个关键元素都是一线操作人员的行为(就航空来说,指的是飞行员的行为),就像长矛的关键是"尖端"一样。这些所谓的"生产活动",要求系统里的人、机械元素以及其他元素有机地结合在一起,形成高效的飞行员—驾驶舱界面,这样一来,才可能有安全的飞行操作。

事故发生在生产过程中系统元素间的交互出现问题的地方。这些失效损害了系统的完整性,使系统容易受到操作危险因素的攻击,因此更容易导致灾难性的失效。即"瑞士奶酪"模型。HFACS描述了4个层次的失效,每个层次都对应于里森模型的一个层面。包括:①不安全行为;②不安全行为的前提条件;③不安全的监督;④组织影响(见图14.3)。

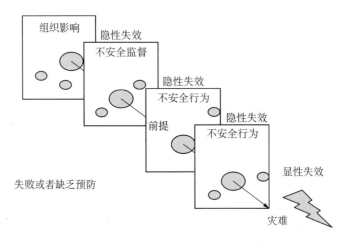

图 14.3　HFACS 中的 4 个层次失效

(1) 不安全行为。

如图 14.4 所示,操作人员的不安全行为大致可以分为两类:差错和违规。通常,差错代表的是个人的导致没有达到预期结果的精神和身体的活动。毫无疑问,犯错是人的本性,多数事故数据库的主要内容就是这些不安全行为。另一方面,违规指的是故意不遵守确保飞行安全的规章制度。很多组织的致命伤是这些不可宽恕的、完全"可能制止的"不安全行为,对它们的预测和预防,是管理人员和研究者们义不容辞的责任。

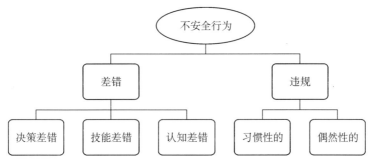

图 14.4　不安全行为分类

差错和违规的类型包含了三种类型的差错(技能的、决策的和知觉的)和两种形式的违规(习惯性的和偶然性的),如表 14.8 所示。

表 14.8　差 错 与 违 规

差　错	违　规
技能差错	习惯性的
● 扫视中断	● 飞行简令不充分
● 无意中使用了飞行控制装置	● 没有采用空管雷达建议
● 技能/驾驶技术不高	● 飞没有授权的进近
● 过度控制飞机	● 违反训练规则
● 漏掉检查单上的项目	● 边缘气象条件下申请使用目视飞行规则
● 漏掉程序中的步骤	● 没有按照起飞手册操作
● 过度依赖自动驾驶	● 违反命令、规章和标准操作程序
● 注意力分配不当	● 告警指示灯亮后没有检查飞机
● 任务超过负荷	偶然性的
● 消极的习惯	● 执行没授权的战术机动
● 没有看到并加以避免	● 不合适的起飞技巧
● 走神	● 没有获取正确的气象简令
决策差错	● 超过飞行器包线
● 机动/程序不当	● 没有完成飞行计算
● 没掌握系统/程序的知识	● 冒不必要的危险
● 超出能力范围	● 过时的/没资格的飞行
● 紧急情况处置不当	● 没有授权的峡谷低空飞行比赛
知觉差错	
● 视觉错觉导致	
● 失定向/眩晕导致	
● 错误判断距离、高度、空速和能见度导致	

技能差错:航空领域的技能行为最好用操纵"驾驶杆和方向舵"或者是其他不经认真思考的基本飞行技能来描述。这些技能动作特别容易由于注意不当及记忆失能而产生差错。事实上,很多技能差错与注意不当有关,例如注意力分配不当,注意任务过度,无意识行为,不按顺序执行程序等等。一个典型的例子是,飞行教员在空中给学员讲解动作要领时,由于两人都过度全神贯注于交流上很可能没有人注意到飞机正在危险下滑。

决策差错:意思是刻意的行为按照计划进行了,但是计划不充分,或者对形势而言并不恰当。它常常被视为"诚实的错误",这些不安全行为代表心地善良的个人的作为或者不作为,不过他们缺乏恰当的知识或者仅仅是做出了错误的选择。

决策差错可以分为常见的三类:程序错误、选择不当和问题处理差错。决策差错的程序差错或者规则差错,发生在高度结构化的任务中。航空飞行,本质上是十足的高度结构化,因此多数飞行员的决策差错是程序错误。实际上,在飞行的各个阶段都有十分明确的、需要执行的程序,不过,当事态没有被识别出来或者错误识别,并应用了错误程序时,差错仍然会出现,并且时常出现。当飞行员面临如起飞过程中发动机失效等时间紧迫的紧急情况时,上述情况就会容易出现。

决策差错与技能差错有显著的差别,前者含有故意、有意的行为而后者是高度自动化的行为。

知觉差错:当一个人的知觉和实际情况不符时,差错就会发生,也一定会发生。当机组错误判断飞机的高度、姿态和空速的时候,也会出现知觉差错。错觉和定向障碍本身并不是知觉差错,飞行员对他们的错误反应才是知觉差错。

(2) 不安全行为的前提条件。

不安全行为的前提条件主要包括:操作者状态、环境因素和人员因素(见图14.5)。

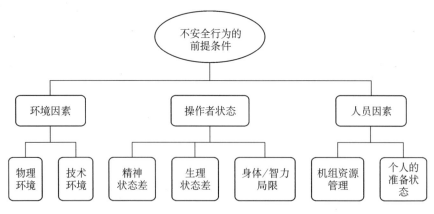

图 14.5 不安全行为的前提条件

表 14.9　操作者状态、人员因素和环境因素

操作者状态	人员因素	环境因素
精神状态差	机组资源管理	物理环境
● 失去情境意识	● 没有充分地进行汇报	● 气象
● 应激自满	● 缺少团队合作	● 高度
● 自负	● 缺乏自信	● 地形
● 飞行警惕性低	● 飞机、空管等自身及相互间	● 照明
● 任务饱和	的通信/合作不畅	● 振动
● 警觉(睡意)	● 错误理解空管的呼叫	● 驾驶舱有毒气体技术环境
● 不惜一切代价到达目的地	● 没有领导才能个人的准备	● 设备/控制装置设计
● 精神疲劳	状态	● 检查单编排
● 生理节律紊乱	● 没有遵守机组休息的要求	● 显示/界面特征
● 注意范围狭窄	● 训练不足	● 自动化
● 精力不集中	● 自行用药	
生理状态差	● 下班后过度刻苦	
● 生病	● 饮食不好	
● 缺氧	● 风险判断方式不良	
● 身体疲劳		
● 极度兴奋		
● 运动病		
● 服用直接在药店买的药引		
起身体/智力局限		
● 视觉局限		
● 休息时间不足		
● 信息过量		
● 处理复杂情境的经验不足		
● 体能不适应		
● 缺乏飞行所需才能		
● 缺乏感官信息输入		

（3）不安全的监督。

不安全的监督如图 14.6 和表 14.10 所示。

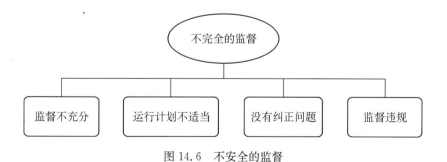

图 14.6　不安全的监督

表 14.10　监督不充分、运行计划不适当、没有纠正问题和监督违规

监督不充分	运行计划不适当	没有纠正问题	监督违规
● 没有提供适当培训 ● 没有提供专业指导/监督 ● 没有提供当前出版物/足够的技术数据以及程序 ● 没有提供足够的休息间隙 ● 缺乏责任感 ● 被察觉没有威信 ● 没有追踪资格 ● 没有追踪效能 ● 没有提供操作原则 ● 任务过重/监督都没有受过培训 ● 丧失监督的情境意识	● 机组搭配不当 ● 没有提供足够的简令时间/监督 ● 风险大于收益 ● 没有为机组提供足够的休息机会 ● 任务/工作负荷过量	● 没有纠正不适当的行为/发现危险行为 ● 没有纠正安全危险事件 ● 没有纠正行动 ● 没有汇报不安全趋势	● 授权不合格的机组驾驶飞机 ● 没有执行规章制度 ● 违规的程序 ● 授权不必要的冒险 ● 监督者故意不尊重权威 ● 提供的文件证据不充分 ● 提供的文件证据不真实

（4）组织影响。

管理中上层的不恰当决策会直接影响监督实践,同时也影响操作者的状态和行为。多数难以发现的隐性差错包含在与资源管理、组织氛围和组织过程相关的事件中。如图 14.7 和表 14.11 所示。

图 14.7　组 织 影 响

表 14.11　资源管理、组织氛围和组织过程

资源管理	组织氛围	组织过程
人力资源 ● 选拔 ● 人员安置/人员配备 ● 培训 ● 背景调查	结构 ● 行政管理系统 ● 信息沟通 ● 监督者的亲和力/吸引力 ● 授权	操作 ● 操作节奏 ● 动机 ● 配额 ● 时间压力

（续表）

资源管理	组织氛围	组织过程
货币/预算资源 ● 过度削减成本 ● 缺少基金 装备/设施资源 ● 性能差的飞机/飞机驾驶舱设计 ● 采购了不合格的装备 ● 没有纠正已知的设计缺陷	● 行动的正式责任 政策 ● 晋升 ● 扫墓，解雇，留职 ● 药物和酒精 ● 事故调查 文化 ● 标准和规章 ● 组织习惯 ● 价值观，信念，态度	● 进度表 程序 ● 绩效标准 ● 明确定义的目标 ● 程序/程序指南 监督 ● 制定安全计划/风险管理计划 ● 管理的监视和检查资源、氛围与过程以确保工作环境安全

2）综合评价

评价（evaluation）是指"根据确定的目的来测定对象系统的属性，并将这种属性变为客观定量的计值或者主观效用的行为"。所谓综合评价（comprehensive evaluation）指对多种因素影响的事物或现象作出全局性、整体性的评价，即对评价对象的全体，根据所给的条件，采用一定的方法给每个对象赋予一个评价值（又称评价指数），再据此择优或排序。由于影响评价有效性的相关因素很多，而且综合评价的对象系统也常常是社会、经济、环境、武器装备等一类复杂系统，因此，评价是一件极为复杂的事情。

构成综合评价的基本要素有评价对象、评价指标体系、评价专家（群体）、评价原则（评价的侧重点和出发点）、评价模型、评价环境（实现评价过程的设施）。对某一特定的综合评价问题，一旦相应的综合评价基本要素确定之后，则该综合评价问题就完全成为按某种评价原则进行的"测定"或"度量"问题。

综合评价的基本过程一般分为以下5个步骤进行。

（1）明确评价对象系统。这一步的实质是建立一个能合理反映被评价系统（对象系统）被关注特征的系统描述模型称概念模型。经常评价的对象有自然界（各种资源、环境和生态），有人工制造的系统（各种设备、建筑、武器等），有技术对象（各种代发展的新技术、科研成果、科研项目等），有人和社会系统（各类干部、学生、各种组织单位）。评价对象系统的特点直接决定着评价的内容、方式以及方法。

（2）建立评价指标体系。对象系统的评价指标体系常具有递阶结构，按照人类认识和解决问题的从粗到细、从全局到局部的分层递阶方法，明确评价的目标体系、选用合适的指标体系、明确指标间的隶属关系。

（3）确定参与评价人员，选定评价原则及相应的评价模型。

（4）进行综合评价，其中主要包括：不同评价指标属性值的量化，评价专家对不同指标子集的权系数进行赋值，逐层综合。

（5）输出评价结果并解释其意义。

综合评价具体方法有很多，各种方法的总体思路都是统一的，即明确评价对象，确立评价指标体系，确定各指标的权重，建立评价数学模型，分析评价结果等几个环节。选择合适的评价方法对于评价结果的有效性也会产生一定影响。

综合评价方法大体分为四大类：

（1）专家评价方法，如专家打分综合法。

（2）运筹学与其他数学方法：层次分析法、数据包络分析法、模糊综合评判法。

（3）新型评价方法，如人工神经网络评价法、灰色综合评价法。

（4）混合方法，是几种方法混合使用的情况，如 AHP＋模糊综合评价、模糊神经网络评价法等。

一般来说评价方法的选取主要取决于评价者本身的目的和被评价对象的特点，一般可遵循一下几个原则：

（1）应采用熟悉的评价方法；

（2）选择的方法需要有坚实的理论基础；

（3）选择的方法应简洁明了，尽量降低算法复杂性；

（4）所选择的方法必须能够正确反映评价对象和评价目的。

14.4.5.1　专家打分评价法

专家打分法是出现较早且应用较广泛的一种评价方法。它在定量和定性分析的基础上，以打分等方式做出定量评价，其结果具有数理统计特性。它的主要步骤是：

（1）根据评价对象的具体情况选定评价指标，对每个指标均定出评价等级，每个等级的标准用分值表示；

（2）以确定的指标分值为基准，由专家对评价对象进行分析和评价，确定各个指标的值；

（3）采用加法评分法、连乘评分法或加乘评分法求出各评价对象的总分值，从而得到评价结果。

考虑到各指标的重要程度不同以及专家权威性的大小，采用加权的方法进行评分。加权和法是最常用的评价方法，采用加权和法的关键在于确定指标体系并确定各具体指标的权重系数，完成这些后即可采用加权和法进行综合评价。

该方法评价的准确程度很大程度上取决于专家的经验及知识的广度、深度，在评价过程中要求参加评价的专家对被评价对象有较深刻的了解。总的来说专家打分评价法具有使用简单、直观性强的特点。

14.4.5.2　层次分析法

层次分析法（analytic hierarchy process，AHP）是美国著名的运筹学家 Satty 等人在 20 世纪 70 年代提出的一种定性与定量分析相结合的多准则决策方法。它是将决策问题的有关元素分解成目标、准则、方案等层次，在此基础上进行定性分析和定量分析的一种决策方法。它把人的思维过程层次化、数量化,并用数学为分析、决策、预报或控制提供定量的依据。

AHP 法主要步骤叙述如下。

1) 构建层次结构模型

把被评价对象分解成称之为元素的各个组成部分,并按照元素的相互关系及其隶属关系形成不同的层次,同一层次的元素作为准则对下一层次元素起支配作用,同时又受上一层次元素的支配。最高层次只有一个元素就是评价对象或者评价目的;中间层次一般为准则、子准则,表示衡量能否达到目标的判断准则;最低一层表示要选用的解决问题的各种措施、决策、方案等。层次之间元素的支配关系不一定是完全的,即可以存在这样的元素,它并不支配下一层次的所有元素。除顶层目标层外,每个元素至少受上一层次某个元素的支配;除最底层元素外每个元素支配下一层一个元素。层次数与问题的复杂程度有关,但每一层次中的元素一般不超过 9 个,过多会对两两比较带来困难。

2) 构造判断矩阵

建立层次分析模型后,可以对各层元素进行两两比较,构造出比较判断矩阵。判断矩阵式针对上一层次因素,本层次与之相关的元素之间相对重要性的比较,是 AHP 法计算的重要依据。

假定上一层次元素 O_i,与之相关的下一层次的元素为 C_1, C_2, $\cdots$, C_n,按照相对重要性对元素赋权,对于 n 个元素来说,可得到两两比较矩阵 $\boldsymbol{C} = (C_{ij})_{n \times n}$,其中 C_{ij} 表示元素 i 和元素 j 相对重要程度。

为了量化相对重要程度,可将其分成 1～9 级标度,如表 14.12 所示。

表 14.12 判断矩阵标度值及其含义

序号	相对重要性等级	判断矩阵元素值
1	i, j 两元素同等重要	1
2	i 元素比 j 元素稍重要	3
3	i 元素比 j 元素明显重要	5
4	i 元素比 j 元素强烈重要	7
5	i 元素比 j 元素极端重要	9
6	i 元素比 j 元素稍不重要	1/3
7	i 元素比 j 元素明显不重要	1/5
8	i 元素比 j 元素强烈不重要	1/7
9	i 元素比 j 元素极端不重要	1/9

判断矩阵是经过多位专家填写咨询表之后形成的,专家咨询的本质在于把专家知识与经验通过元素之间的比较转换成评价有用的量化信息。

3) 判断矩阵的一致性检验

所谓判断一致性是指专家在判断指标的重要程度时,各判断之间协调一致,不出现相互矛盾的结果。

规范化特征矩阵后得到特征根 λ_1，λ_2，…，λ_n，记最大特征根为 $\lambda_{\max}$，设：

$$CI = \frac{\lambda_{\max} - n}{n - 1} \qquad (14-1)$$

引入一致性指标均值 RI，其取值如表 14.13 所示。

表 14.13　一致性指标均值 *RI* 取值表

阶数	1	2	3	4	5	6	7	8	9
RI	0.00	0.00	0.58	0.90	1.12	1.24	1.32	1.41	1.45

记 CR 为一致性比率，定义为

$$CR = \frac{CI}{RI} \qquad (14-2)$$

若 $CR > 0.1$ 则通过一致性检验。这时判断矩阵的规范化特征向量即是权重向量。可据此对评价对象进行评价。

由于 AHP 法让评价者对照一定的相对重要性标度，给出因素集中两两比较的重要性等级，因而可靠性高、误差小。但 AHP 法无论在原理上或是在方法上都有不可避免的缺陷，具体有以下几点不足。

（1）AHP 法的若干结论及其计算方法都是建立在判断矩阵是一致矩阵的基础上，而在实际应用中所建立的判断矩阵往往都不是一致矩阵。

（2）AHP 法解决问题正确与否的唯一标准就是判断矩阵的随机一致性比率，但该检验标准在某些情况下会失去作用。

（3）AHP 法的计算量很大，当 n 较大时，仅建立判断矩阵就要进行 $n(n-1)/2$ 次的两两元素的比较判断。

（4）心理学实验表明，当被比较的元素个数超过 9 个时，判断就不准确了（有心理学的实验可知，在不致混淆时，人们只能对 7 ± 2 事物同时进行比较。Satty 也正是基于这一事实，用 1～9 标度创立了 AHP），也就不能直接应用 AHP 法。

14.4.5.3　模糊综合评价

1）综合评价模型

模糊综合评价方法是一种用于涉及模糊因素的对象系统的综合评价法，是借助于模糊数学的一些概念，对实际的综合评价问题提供一些评价的方法。具体地说，模糊综合评价就是以模糊数学为基础，应用模糊关系合成的原理，将一些边界不清、不易定量的因素定量化，从多个因素对被评价对象隶属等级状况进行综合性评价的一种方法。在研究复杂系统中所遇到的问题时，不仅涉及多方面的客观因素，而且还涉及人的问题。因此，研究过程中就必然不能忽视客观外界事物在人脑中反映的不精确性——模糊性以及事物本身的模糊性，它是由客观事物的差异在中介过渡时所引起的划分上的一种不确定性,即"亦此亦彼"性。L. A. Zadeh 于 1965 年首次提出模糊集合(fuzzy sets)的概念,并把其定义为

设给定论域 U, U 到[0, 1]闭区间的任一映射 $\mu_{\underset{\sim}{A}}$:

$$\mu_{\underset{\sim}{A}} : U \to [0, 1]$$

$$u \to \mu_{\underset{\sim}{A}}(u)$$

都确定 U 的一个模糊集合 $\underset{\sim}{A}$, $\mu_{\underset{\sim}{A}}$ 为 $\underset{\sim}{A}$ 的隶属函数,$\mu_{\underset{\sim}{A}}(u)$ 为 u 对 $\underset{\sim}{A}$ 的隶属度。

模糊集合 $\underset{\sim}{A}$ 完全由其隶属函数所刻画。若值 $\mu_{\underset{\sim}{A}}(u)$ 靠近 1,则表示 u 属于 $\underset{\sim}{A}$ 的程度高。反之,若 $\mu_{\underset{\sim}{A}}(u)$ 靠近 0,则表示 u 属于 $\underset{\sim}{A}$ 的程度低。当 $\mu_{\underset{\sim}{A}}$ 的值域为 $\{0, 1\}$ 时,$\mu_{\underset{\sim}{A}}$ 退化成一个普通集合的特征函数,$\underset{\sim}{A}$ 即退化成一个普通集合。模糊集理论的本质是用隶属函数作为桥梁,将不确定性在形式上转为确定性,即将模糊性加以量化,从而为模糊不确定性问题的解决提供了数学工具。

模糊综合评价方法就是在模糊集合理论基础上形成的一种综合评价方法,其基本思想是:设评价指标(目标)集和评价集(即评语等级的模糊尺度集合)分别为

$$U = \{u_1, u_2, \cdots, u_n\} \qquad (14-3)$$

$$V = \{v_1, v_2, \cdots, v_m\} \qquad (14-4)$$

对第 i 个指标 u_i 的单指标模糊评价为 V 上的模糊子集。因为有 m 个评语等级,所以对于第 i 个指标 u_i 就有一个相应的隶属度向量

$$\boldsymbol{R}_i = (\mu_{i1}, \mu_{i2}, \cdots, \mu_{im}) \qquad (i = 1, 2, \cdots, n) \qquad (14-5)$$

式中:μ_{ij} 表示第 i 个指标 u_i 对第 j 个评价 v_j 的隶属度。

因此,整个指标集 U 内各指标的隶属度向量组成隶属度矩阵,即模糊评价矩阵 $\boldsymbol{R}$ 为

$$\boldsymbol{R} = (R_1 \quad R_2 \quad \cdots \quad R_n)^{\mathrm{T}} \qquad (14-6)$$

又设对指标的权分配为指标集 U 上的模糊子集 W,记为

$$W = \{w_1, w_2, \cdots, w_n\} \qquad (14-7)$$

式中:w_i 为第 i 个指标 u_i 所对应的权,且一般均规定 $\sum_{i=1}^{n} w_i = 1 (0 < w_i \leqslant 1)$。

利用矩阵的模糊复合运算可得到 $U \times V$ 上的模糊综合评价结果为

$$B = W \circ R \qquad (14-8)$$

式中:"$\circ$"表示模糊算子。

模糊综合评价方法由于可以较好地解决综合评价中的模糊性(如事物类属间的不清晰性,评价专家认识上的模糊性等),从而使评价结果更加科学、合理。因此,该方法在综合评价与决策、模糊规划、模糊可靠性分析、模糊控制等领域得到了极为广

泛的应用。

模糊综合评价方法的优点是可对涉及模糊因素的对象系统进行综合评价。不足之处是隶属函数的构造还没有系统的方法,而且 W 的确定方法不够灵活,W 和 $\boldsymbol{R}$ 的综合方式也有需要根据评价对象加以考虑。

模糊综合评价的数学模型是应用模糊数学对人脑评价事物的思维进行模拟。由于人们在对评价对象进行评价时有不同的考虑原则,因此需针对不同原则选用不同的模糊复合运算模型,即模糊算子"。"。常用的评价原则有以下 4 种,其中给出了各评价原则下模糊算子的模糊复合运算模型,各模型分别给出计算公式。

(1) 全面考虑各个因素原则。

该原则要求对所有指标依权重系数的大小均衡兼顾,比较适用于要求整体指标的情形。与此原则对应的模糊算子组合策略为模糊加权平均,采用的模糊算子为有界和、有界积算子 $M(\cdot, \oplus)$,则 B 为

$$B = \sum_{j=1}^{m} \sum_{i=1}^{n} w_i \cdot \mu_{ij} \qquad (i = 1, 2, \cdots, n; j = 1, 2, \cdots, m) \quad (14 - 9)$$

(2) 只考虑重点因素原则。

该原则下的评价结果只由指标值最大的指标决定,其余指标在一个范围内变化不影响评价结果。该原则比较适用于单项最优就算最优的情形。与此原则对应的模糊算子组合策略为 Zadeh 最大、最小计算方法,采用的模糊算子为 Zadeh 最大、最小算子 $M(\wedge, \vee)$,则 B 为

$$B = \sum_{j=1}^{m} \max_{i} \{ \min_{i} \{ (w_i, \mu_{ij}) \} \} \qquad (i = 1, 2, \cdots, n; j = 1, 2, \cdots, m)$$

$$(14 - 10)$$

(3) 着重考虑重点因素原则。

该原则对应的模糊算子组合策略为 Zadeh 最大、有界积算子 $M(\cdot, \vee)$ 计算方法(见式(14 - 11))和有界和、Zadeh 最小算子 $M(\wedge, \oplus)$ 计算方法(见式(14 - 12))。该原则与原则(2)接近,但这两种模糊算子组合策略比原则(2)要精细一些,评价结果多少反映了非主要指标。该原则适用于采用原则(2)所得评价结果不可区别而需要"加细"时的情况。此时 B 为

$$B = \sum_{j=1}^{m} \max_{i} \{ (w_i \cdot \mu_{ij}) \} \qquad (i = 1, 2, \cdots, n; j = 1, 2, \cdots, m)$$

$$(14 - 11)$$

$$B = \sum_{j=1}^{m} \sum_{i=1}^{n} \min_{i} \{ (w_i, \mu_{ij}) \} \qquad (i = 1, 2, \cdots, n; j = 1, 2, \cdots, m)$$

$$(14 - 12)$$

（4）既全面考虑又兼顾重点原则。

该原则既要求对所有指标全面考虑，又要求兼顾重点指标，采用的模糊算子组合策略为：把模糊加权平均计算结果同 Zadeh 最大、有界积算子计算结果的加权和作为综合评价结果，则 B 为

$$B = \sum_{j=1}^{m}(\lambda \sum_{i=1}^{n}(w_i \cdot \mu_{ij}) + (1-\lambda) \max_{i}\{(w_i \cdot \mu_{ij})\}) \tag{14-13}$$
$$(i = 1, 2, \cdots, n; j = 1, 2, \cdots, m; 0 < \lambda < 1)$$

2）指标体系的确定

多指标综合评价的前提就是确定科学的评价指标体系，只有科学、合理的评价指标体系，才能得出科学的综合评价结论。评价指标选取通常有遵循几个基本原则：目的性、全面性、可行性、与评价方法的协调性等。

目的性：即整个综合评价指标体系的构成必须紧紧围绕着综合评价目的展开，使最后的评价结论能够反映评价意图。

全面性：即评价指标体系必须反映被评价问题的各个侧面，但同时应考虑过多指标给评价带来评价结果分散及难以操作的因素。

可行性：即评价指标体系中的指标必须是可操作的，能够收集到准确数据，避免由于无法获取有效评价数据对指标随意删减的做法，因此在考虑指标体系时必须考虑每个指标的可操作性。

与评价方法协调性：不同的综合评价方法对指标体系的要求略有差别，在构造指标体系时需要先选择好评价方法后确定指标体系。

本书分别针对我国单兵装备的实际情况，针对单兵综合作战系统装备和常规防护携行系统装备人机工效综合评价的指标体系建立进行了研究。

指标体系的建立采用了德尔菲法。德尔菲法（Delphi Method）又名专家意见法，是在 20 世纪 40 年代由 O·赫尔姆和 N·达尔克首创，经过 T·J·戈尔登和兰德公司进一步发展而成的。1946 年，兰德公司首次用这种方法用来进行预测，后来该方法被迅速广泛采用。

德尔菲法依据系统的程序，采用匿名发表意见的方式，即专家之间不得互相讨论，不发生横向联系，只能与调查人员发生关系，通过多轮次调查专家对问卷所提问题的看法，经过反复征询、归纳、修改，最后汇总成专家基本一致的看法，作为评价的结果。这种方法具有广泛的代表性，较为可靠。

德尔菲法是评价活动中的一项重要工具，在实际应用中通过通常可以划分 3 个类型：经典型德尔菲法（classical）、策略型德尔菲法（policy）和决策性德尔菲法（decision Delphi）。

德尔菲法的具体实施步骤如下：

（1）组成专家小组。按照课题所需要的知识范围确定专家。专家人数的多少，可根据预测课题的大小和涉及面的宽窄而定，一般不超过 20 人。

（2）向所有专家提出所要预测的问题及有关要求，并附上有关这个问题的所有背景材料，同时请专家提出还需要什么材料。然后，由专家做书面答复。

（3）各个专家根据他们所收到的材料，提出自己的预测意见，并说明自己是怎样利用这些材料并提出预测值的。

（4）将各位专家第一次判断意见汇总，列成图表进行对比，再分发给各位专家，让专家比较自己同他人的不同意见，修改自己的意见和判断。也可以把各位专家的意见加以整理，或请身份更高的其他专家加以评论，然后把这些意见再分送给各位专家，以便他们参考后修改自己的意见。

（5）将所有专家的修改意见收集起来，汇总，再次分发给各位专家，以便做第2次修改。逐轮收集意见并为专家反馈信息是德尔菲法的主要环节。收集意见和信息反馈一般要经过三四轮。在向专家进行反馈的时候，只给出各种意见，但并不说明发表各种意见的专家的具体姓名。这一过程重复进行，直到每一个专家不再改变自己的意见为止。

（6）对专家的意见进行综合处理。

德尔菲法同常见的召集专家开会、通过集体讨论、得出一致预测意见的专家会议法既有联系又有区别。德尔菲法能发挥专家会议法的优点，即：

a. 能充分发挥各位专家的作用，集思广益，准确性高；

b. 能把各位专家意见的分歧点表达出来，取各家之长，避各家之短。

同时，德尔菲法又能避免专家会议法的缺点：

a. 权威人士的意见影响他人的意见；

b. 有些专家碍于情面，不愿意发表与其他人不同的意见；

c. 出于自尊心而不愿意修改自己原来不全面的意见。

德尔菲法的主要缺点是过程比较复杂，花费时间较长。

在实施过程中需要注意两点：

（1）并不是所有被预测的事件都要经过四步。可能有的事件在第二步就达到统一，而不必在第三步中出现。

（2）在第四步结束后，专家对各事件的预测也不一定都达到统一。不统一也可以用中位数和上下四分点来做结论。

　3）权重系数的确定

权重系数是表示某一指标项在指标体系中的重要程度，它表示在其他指标项不变的情况下，这一指标项的变化对结果的影响。权重系数的大小与目标的重要程度有关。评价指标权重系数的确定是综合评价中的核心问题。指标的权重是指该指标在所有指标中的地位或者是它的重要性，同时又表示一个指标对另一个指标之间的关系，它是指标本身的物理属性的客观反映。指标的权重系数是以数量形式表示被评价对象中各项指标的相对重要程度，它相当程度上决定了多指标综合评价的精度。因此，合理的分配指标权重系数是定量化综合评价的关键。

确定评价指标权重系数的方法有很多,概括起来有三大类:一是基于"功能驱动"原理的赋权法;二是基于"差异驱动"原理的赋权法;三是综合集成赋权法。

基于"功能驱动"原理赋权法的实质是根据评价指标的相对重要程度来确定其权重系数,其确定途径可分为两大类,即客观途径和主观途径。客观途径主要有结构性、机理性或成因性的构造方法。但由于客观现实中的系统在运行过程中或受环境的影响,或受评价者的主观愿望的影响而呈现出不同方面的特征,这就给确定权重系数带来了困难。因而在很多场合下,往往是通过主观途径来确定权重系数,即根据人们主观上对各评价指标的重视程度来确定其权重系数的一类方法。该类方法反映了评价者的主观判断或直觉,但在综合评价结果中可能产生一定的主观随意性,即可能受到评价者的知识或经验缺乏的影响。

基于"差异驱动"原理的赋权法是一种客观赋权法,其基本思想是:权重系数应当是各个指标在指标总体中的变异程度和对其他指标影响程度的度量,赋值的原始信息应当直接来源于客观环境,可根据各指标所提供的信息量的大小来决定相应指标的权重系数。该类赋权法虽然通常利用比较完善的数学理论与方法,但忽视了决策者的主观信息,而有时此信息对于评价或决策问题来说是非常重要的。

综合集成赋权法的思想是从逻辑上将主观赋权法和客观赋权法有机结合起来,使所确定的权重系数同时体现主观信息和客观信息。

4) 集值迭代法

集值迭代法的基本思想是:设指标集为 $U = \{u_1, u_2, \cdots, u_n\}$,并选取 $L(L \geqslant 1)$ 位专家,分别让每一位专家(如第 $k(1 \leqslant k \leqslant L)$ 位专家)在指标集 U 中任意选取他认为最重要的 $s(1 \leqslant s \leqslant n)$ 个指标。易知,第 k 位专家如此选取的结果是指标集 U 的一个子集 $U^{(k)} = \{u_1^{(k)}, u_2^{(k)}, \cdots, u_s^{(k)}\}(k = 1, 2, \cdots, L)$。

作函数

$$f_k(u_j) = \begin{cases} 1, & u_j \in U^{(k)} \\ 0, & u_j \notin U^{(k)} \end{cases} \qquad (14-14)$$

记

$$g(u_j) = \sum_{k=1}^{L} f_k(u_j) \qquad (j = 1, 2, \cdots, n) \qquad (14-15)$$

将 $g(u_j)$ 归一化后,并将比值 $g(u_j) / \sum_{k=1}^{n} g(u_k)$ 作为与指标 u_j 相对应的权重系数 w_j,即

$$w_j = g(u_j) / \sum_{k=1}^{n} g(u_k) \qquad (j = 1, 2, \cdots, n) \qquad (14-16)$$

在具体应用时为了使得到的结果更符合实际,在上述基础上又建立了如下算法。

即取定一正整数 $g_k(1 \leqslant g_k \leqslant n)$ 为初值,让每一位(如第 k 位)专家依次按下述步骤选择指标。

第 1 步:在 U 中选取他认为最重要的 g_k 个指标,得子集

$$U_{1,k} = \{u_{1,k,1}, u_{1,k,2}, \cdots, u_{1,k,g_k}\} \subset U \qquad (14-17)$$

第 2 步:在 U 中选取他认为最重要的 $2g_k$ 个指标,得子集

$$U_{2,k} = \{u_{2,k,1}, u_{2,k,2}, \cdots, u_{2,k,2g_k}\} \subset U \qquad (14-18)$$

第 3 步:在 U 中选取他认为最重要的 $3g_k$ 个指标,得子集

$$U_{3,k} = \{u_{3,k,1}, u_{3,k,2}, \cdots, u_{3,k,3g_k}\} \subset U \qquad (14-19)$$

第 s_k 步:在 U 中选取他认为最重要的 s_kg_k 个指标,得子集

$$U_{s_k,k} = \{u_{s_k,k,1}, u_{s_k,k,2}, \cdots, u_{s_k,k,s_kg_k}\} \subset U \qquad (14-20)$$

若自然数 s_k 满足 $s_kg_k + r_k = n(0 \leqslant r_k < g_k)$,则第 k 位专家在指标集 U 依次选取他认为重要指标的选取过程结束并得到 s_k 个指标子集。

计算函数

$$g(u_j) = \sum_{k=1}^{L} \sum_{i=1}^{s_k} f_{ik}(u_j) \qquad (j = 1, 2, \cdots, n) \qquad (14-21)$$

其中

$$f_{ik}(u_j) = \begin{cases} 1, & u_j \in U_{i,k} \\ 0, & u_j \notin U_{i,k} \end{cases} \qquad (i = 1, 2, \cdots, s_k; k = 1, 2, \cdots, L) \tag{14-22}$$

将 $g(u_j)$ 归一化后,即得与指标 u_j 相对应的权重系数为

$$w_j = g(u_j) / \sum_{k=1}^{n} g(u_k) \qquad (j = 1, 2, \cdots, n) \qquad (14-23)$$

考虑到某一个指标一直未被选中的情况(实际上这种情况很难出现),对上式作如下调整:

$$w_j = \frac{g(u_j) + \dfrac{1}{2n}}{\sum_{k=1}^{n} \left(g(u_k) + \dfrac{1}{2n} \right)} \qquad (j = 1, 2, \cdots, n) \qquad (14-24)$$

从上述选取过程可见,每位专家的初值 $g_k(k = 1, 2, \cdots, L)$ 选得越小,计算出的指标权重系数就越切合实际,但选取步骤增多、计算量增大。

5) 特征值法

特征值法的基本思想是:将 n 个评价指标关于某个评价目标的重要程度按表

14.14 所示的比例标度做两两比较判断获得判断矩阵 A,再求 A 的与特征值 n 相对应的特征向量 $w = (w_1, w_2, \cdots, w_n)^T$,并将其归一化即为评价指标的权重系数。一般来说,判断矩阵应由熟悉被评价对象系统的专家独立地给出。

表 14.14　分级比例标度参考表

赋值(u_i/u_j)	说　明
1	表示指标 u_i 与 u_j 相比,具有同样重要性
3	表示指标 u_i 与 u_j 相比,u_i 比 u_j 稍微重要
5	表示指标 u_i 与 u_j 相比,u_i 比 u_j 明显重要
7	表示指标 u_i 与 u_j 相比,u_i 比 u_j 强烈重要
9	表示指标 u_i 与 u_j 相比,u_i 比 u_j 极端重要
2,4,6,8	对应以上两相邻判断的中间情况
倒数	指标 u_i 与 u_j 比较得判断 a_{ij},则指标 u_j 与 u_i 比较得判断为 $a_{ji} = 1/a_{ij}$

6) G_1 法

该方法的基本思想是:先对各评价指标按某种评价准则进行定性排序,然后再按一定标度对相邻指标间依次比较判断,进行定量赋值,并对判断结果进行数学处理,得出各个评价指标的权重系数。记评价指标集为 $\{u_1, u_2, \cdots, u_n\}$,$G_1$ 法确定指标权重系数一般分为以下 3 个步骤。

(1) 确定序关系。

若评价指标 u_i 相对于某评价准则的重要性程度大于(或不小于)u_j 时,记为 $u_i > u_j$。

若评价指标 $u_1, u_2, \cdots, u_n$ 相对于某评价准则具有关系式

$$u_1^* > u_2^* > \cdots > u_n^* \qquad (14-25)$$

时,则称评价指标 $u_1, u_2, \cdots, u_n$ 之间按">"确立了序关系。u_i^* 表示 $\{u_i\}$ 评价指标 $u_1, u_2, \cdots, u_n$ 按序关系排定顺序后的第 i 个评价指标($i = 1, 2, \cdots, n$)。

对于评价指标集 $\{u_1, u_2, \cdots, u_n\}$,建立序关系的步骤是:专家在 n 个指标中,按某评价准则选出认为是最重要的一个(只选一个)指标。然后,在余下的 $n-1$ 个指标中,按某评价准则选出认为是最重要的一个(只选一个)指标。依次类推,经过 n 次选择,就唯一确定了一个序关系式(14-25)。为书写方便,以下仍记式(14-25)为

$$u_1 > u_2 > \cdots > u_n \qquad (14-26)$$

(2) 给出指标 u_{k-1} 与 u_k 间相对重要程度的比较判断。

设专家关于评价指标 u_{k-1} 与 u_k 的重要性程度之比 w_{k-1}/w_k 的理性判断分别为

$$w_{k-1}/w_k = r_k, \quad k = n, n-1, n-2, \cdots, 3, 2 \qquad (14-27)$$

r_k 的赋值可参考表 14.15。

表 14.15 r_k 赋值参考表

r_k	说　明
1.0	指标 u_{k-1} 与指标 u_k 具有同样重要性
1.2	指标 u_{k-1} 比指标 u_k 稍微重要
1.4	指标 u_{k-1} 比指标 u_k 明显重要
1.6	指标 u_{k-1} 比指标 u_k 强烈重要
1.8	指标 u_{k-1} 比指标 u_k 极端重要

（3）权重系数 w_k 的计算。

根据确定出的 r_k，可计算出指标 u_i 的权重系数 $w_i(i=1,2,\cdots,n)$，即等价地求出指标集 $\{u_1,u_2,\cdots,u_n\}$ 中各指标的权重系数。

$$w_n = \left(1+\sum_{k=2}^{n}\prod_{i=k}^{n}r_i\right)^{-1} \tag{14-28}$$

$$w_{k-1} = r_k w_k, \quad k = n, n-1, n-2, \cdots, 3, 2$$

由上述可以看出，G_1 法与 AHP 法相比具有以下特点：

a. 不用构造判断矩阵，更无需一致性检验；

b. 计算量较 AHP 法大幅度减少；

c. 方法简便、直观，便于应用；

d. 对同一层次中指标的个数没有限制；

e. 具有保序性。

保序性是指对于同一种确定指标权重系数的方法来说，无论评价指标是否变化，都不应引起指标间的相对重要性程度改变的性质。

7）拉开档次法

如果从集合角度来看，n 个被评价对象可以看成是由 m 个评价指标构成的 m 维评价空间中的 n 个点（或向量）。寻求 n 个被评价对象的评价值就相当于把这 n 个点向一维空间做投影。选择指标权重系数，使得各被评价对象之间的差异尽量拉大，也就是根据 m 维评价空间构造一个最佳的一维空间，使得各点在此一维空间上的投影点最为分散，即分散程度最大。

取极大型评价指标 $x_1,x_2,\cdots,x_m$ 的线性函数

$$\boldsymbol{y} = w_1 x_1 + w_2 x_2 + \cdots + w_m x_m = \boldsymbol{w}^{\mathrm{T}}\boldsymbol{x} \tag{14-29}$$

为系统的综合评价函数。式中 $\boldsymbol{w}=(w_m,w_m,\cdots,w_m)^{\mathrm{T}}$ 是 m 维待定空间向量（其作用相当于权系数向量），$\boldsymbol{x}=(x_1,x_2,\cdots,x_m)^{\mathrm{T}}$ 为被评价系统的状态向量。如将第 i 个系统 s_i 的 m 个标准测量值 $x_{i1},x_{i2},\cdots,x_{im}$ 代入式中，即得

$$y_i = w_{i1}x_{i1} + w_{i2}x_{i2} + \cdots + w_{im}x_{im} \qquad (i = 1, 2, \cdots, n) \qquad (14-30)$$

则可得

$$y = Aw \qquad (14-31)$$

确定权系数向量 w 的准则是能最大限度地体现"质量"不同的系统之间的差异。如用数学语言来说,就是求指标向量 x 的线性函数 $w^{\mathrm{T}}x$,使此函数对 n 个系数取值的分散程度或方差尽可能地大。

而变量 $y = w^{\mathrm{T}}x$ 按 n 个系数取值构成样本的方差为

$$s^2 = \frac{1}{n}\sum_{i=1}^{n}(y_i - \bar{y})^2 = \frac{y^{\mathrm{T}}y}{n} - \bar{y}^2 \qquad (14-32)$$

将 $y = Aw$ 代入(14-32)式中,并注意到原始数据的标准化原理,可知 $\bar{y} = 0$,于是有

$$ns^2 = w^{\mathrm{T}}A^{\mathrm{T}}Aw = w^{\mathrm{T}}Hw \qquad (14-33)$$

其中 $H = A^{\mathrm{T}}A$ 为实对称阵。

若取 w 为 H 的最大特征值所对应的特征向量,并将其归一化,即得所求的权重系数向量 $w = (w_1, w_2, \cdots, w_m)^{\mathrm{T}}$,且 $\sum_{j=1}^{m} w_j = 1$。

"拉开档次"法,从理论上讲是成立的,从技术上讲是可行的,从应用上讲是合乎情理的。"拉开档次"法具有以下特点:

(1) 综合评价过程透明;

(2) 评价结果与 s_i 和 x_j 的采样顺序无关;

(3) 评价结果毫无主观色彩;

(4) 评价结果客观、可比;

(5) w_j 不具有"可继承性",即随着 $\{s_i\}$,$\{x_j\}$ 的变化而变化;

(6) w_j 已不再体现评价指标 x_j 的相对重要性了,而是从整体上体现 $\{x_{ij}\}$ 的最大离散程度的投影因子,因此,可以有某个 $w_j < 0$。

8) 均方差法

取权重系数为

$$w_j = \frac{s_j}{\sum_{k=1}^{m} s_k} \qquad (j = 1, 2, \cdots, m) \qquad (14-34)$$

式中

$$s_j^2 = \frac{1}{n}\sum_{i=1}^{n}(x_{ij} - \bar{x}_j)^2 \qquad (j = 1, 2, \cdots, m) \qquad (14-35)$$

$$\bar{x}_j = \frac{1}{n} \sum_{i=1}^{n} x_{ij} \qquad (j = 1, 2, \cdots, m) \tag{14-36}$$

9）极差法

取权重系数为

$$w_j = \frac{r_j}{\sum\limits_{k=1}^{m} r_k}, \ j = 1, 2, \cdots, m \tag{14-37}$$

式中

$$r_j = \max_{\substack{i, k=1, \cdots, n \\ i \neq k}} \{|x_{ij} - x_{k,j}|\}, \ j = 1, 2, \cdots, m \tag{14-38}$$

10）熵值法

"熵值法"也是一种根据各项指标观测值所提供的信息量的大小来确定指标权数的方法。熵是热力学中的一个名词，在信息论中又称为平均信息量，它是信息的一个度量。

下面利用熵的概念，给出确定指标权系数的"熵值法"。

设 $x_{ij}(i=1, 2, \cdots, n; j=1, 2, \cdots, m)$ 为第 i 个系统中的第 j 项指标的观测数据。对于给定的 j，x_{ij} 的差异越大，该项指标对系统的比较作用就越大，亦即该项指标包含和传输的信息越多。信息的增加意味着熵的减少，熵可以用来度量这种信息量的大小。用"熵值法"确定指标权数的步骤如下：

（1）计算第 j 项指标下，第 i 个系统的特征比重为

$$p_{ij} = x_{ij} / \sum_{i=1}^{n} x_{ij} \tag{14-39}$$

这里假定 $x_{ij} \geqslant 0$，且 $\sum\limits_{i=1}^{n} x_{ij} > 0$。

（2）计算第 j 项指标的熵值

$$e_j = -k \sum_{i=1}^{n} p_{ij} \ln(p_{ij}) \tag{14-40}$$

其中 $k > 0$，$e_j > 0$。如果 x_{ij} 对于给定的 j 全都相等，那么 $p_{ij} = \frac{1}{n}$，此时 $e_j = k \ln n$。

（3）计算指标 x_j 的差异性系数

对于给定的 j，x_{ij} 的差异越小，则 e_j 越大，当 x_{ij} 全都相等时，

$$e_j = e_{\max} = 1(k = 1/\ln n)$$

此时对于系统间的比较，指标 x_j 毫无作用；当 x_{ij} 的差异越大，则 e_j 越小，指标对于系统的比较作用越大。因此定义差异系数 $g_j = 1 - e_j$，g_j 越大，越应重视该项指标

的作用。

（4）确定权重系数，即取

$$w_j = g_j \Big/ \sum_{i=1}^{m} g_i \qquad (j = 1, 2, \cdots, m) \qquad (14-41)$$

w_j 即为归一化了的权重系数。

　　用"拉开档次"法与用均方差法、极差法及熵值法所确定的权重系数有一定的区别，这是由于两种方法的出发点不同造成的。用"拉开档次"法确定权重系数，主要是从整体上尽量体现出各个系统之间的差异；而用后者确定权重系数时，其出发点是根据某同一指标观测值之间的差异程度来反映其重要程度的，如果各系统的某项指标的数据差异不大，则反映该项指标对评价系统所起的作用不大，用均方差法、极差法及熵值法计算出来的权重系数也不大。

第 3 部分
人为因素的适航符合性要求

15　人为因素的适航符合性要求概述

目前的航空数据表明在 1993—2002 年期间全球共发生了 139 起商业飞机事故，调查机构结果显示，其中 67％的事故的主要原因是飞行机组的差错。在最近的调查中发现，相同原因造成的事故类型的数据基本不变，例如区域航空管制、失控等。

过去 10 年中，全球飞机的损失率基本保持在每百万起航行中有 1.5 次发生事故。由于这一数据没有减少，那么在未来的几十年里航行次数的大量增加将导致损失的增加。除了启用如告警系统这类先进的安全技术，减少人为差错能有效地减少损失。同时，在未来航行系统由于人为差错产生的事故可能会由于一系列原因而增加，包括逐步增大的交通密度以及航行操作文化的全球化和多样化。

为了能发展减少人为差错的更有效的策略，有必要去寻找差错背后导致差错的原因，包括犯错、没有发现的错误，或是未能及时弥补可以挽回的错误。这些原因通常都能从设计、检测、运作（例如日常流程和维护）以及其他方面来判别。基于上述原因，对已有的相关资料（FAR/JAR 25 法规、咨询通告、政策方针以及相关参考文献）进行了回顾（FAR/JAR 25 法规、咨询通告、政策方针以及相关参考文献），研究探讨相关材料中的一些缺陷或者漏洞。本节除了描述了早前的标准外，主要关注于 CS 25.1302 条款，从多方面进行了分析。希望通过对这些适航条例中有关人为因素的要求的研究，能够在设计、审查、操作等方面进行更好的应用，并对我国人为因素适航工作中起到参考作用。

机组成员对航空运输起着积极的作用，他们需要依靠自己的能力来对不断变化的飞行环境和条件进行评估，分析潜在的可能，做出合理的决策，最终安全地操作飞机完成飞行任务，机组的能力、状态、作业绩效对于飞行安全有重大影响。因此，人为因素已经成为影响航空安全最重要的因素。但是，即使是训练得当的、合格的、健康的、警觉的机组成员仍然会犯错。有些差错是由于受到了设备系统设计及其相关的人—机交互作用影响，甚至是经过谨慎设计的系统也有可能导致人的差错。虽然大部分的差错未引起重大的安全事故，或是被及时发现并得到了缓解，但事故分析表明在大部分各种类型的航空事故中，人为差错是最重要的影响因素。事故通常是由一系列的差错或是由与差错相关事件（如：设备故障、天气状况）的结合而引起的。分析同时指出飞机驾驶舱及其他系统的设计能影响驾驶员的行为和飞行员差错发生的频率和结果。如何在设计过程中通过有效的手段降低人为因素导致的安全事故成为飞机设计部门和适航当局关注的焦点问题。美国适航当局 FAA 和欧洲的 EASA 在适航条款发展过程中也都体现了这一点。

早期条款有关人为因素的相关条款分布在各部分中，最终通过最小飞行机组条款 25.1523 集中体现。在 FAA 的 AC1523-1 中指出："25 部中没有专门的条款强调人为因素问题和工作负荷(workload)评估问题，所有这些问题都趋向于对最小飞行机组的评估上。"也就是说在早期并没有将人为因素进行专项要求，而是通过对 25.1523 的符合性来间接表明人为因素的符合性。

人为因素适航要求相关研究受到越来越多的重视，FAA 和 EASA 都针对人为因素开展专项研究，并于 1999 年开始 FAA 和 EASA 成立了人为因素协调工作组 (Human Factors-Harmonization Working Group，HF-HWG)开展联合研究。2008 年 EASA 在前期研究基础上率先在 CS-25 Amendment3 中增加了 1302 条款，而 FAA 也于 2011 年 2 月正式提交了增加 25.1302 条款的申请。这标志着适航人为因素将作为一个专门条款进行考察，并对人为因素提出了更高的要求，如：对差错的管理，基于任务的动态人为因素评估等。

本部分主要包括两项内容，一项是对于 1302 条款之前的人为因素条款进行详细的分析与解释，并针对以 1523 最小飞行机组为综合考虑人为因素的条款进行解读和分析。另一项对人为因素最新的专项条款 1302 的发展过程以及与其他条款之间的关系进行了分析，并针对 1302 条款进行了详细论述。

16 1302 条款发布之前相关人为因素适航条款

16.1 引言

人为因素在航空安全中的重要地位在飞机制造商、适航当局以及相关研究机构中已经达成共识,在飞机设计与评审过程中对人为因素的要求也越来越高,随着对人为因素研究的深入,人为因素相关的适航条款也在不断更新。在 1302 条款发布之前,有关人为因素的条款分布在各个部分,主要针对系统部件本身的特性做出工效学上的要求,最终通过 1523 最小飞行机组作为人为因素的集中体现。对于人为因素适航符合性的考察也主要以 1523 条款的符合性为主导。在 FAA 和 EASA 成立了人为因素协调工作组(HF-HWG)进行了几年研究之后,认为人为因素应基于动态任务过程,并对机组差错管理有一定的要求,提出了增加人为因素专门条款1302,尽管目前 EASA 已经发布了该条款,并且 FAA 也将增加该条款,但是适航中原有的人为因素相关条款仍然要满足,只是通过 1302 的专门条款对人为因素提出了更高的要求。在本章中主要讨论 1302 发布之前人为因素相关条款的内容。

FAA 发布了一系列关于人因适航审定的咨询通告、政策和备忘录,用于指导申请人开展符合性验证工作和规范审定成员的适航审定工作,包括:

(1) AC 25 - 11A,驾驶舱电子显示系统。

(2) AC 25.773 - 1,驾驶舱视界设计的考虑。

(3) AC 25.1309 - 1A,系统设计和分析。

(4) AC 25.1523 - 1,最小飞行机组。

(5) AC 120 - 28D,批准Ⅲ类起飞、着陆和着陆滑跑的最低天气标准。

(6) PS - ANM111 - 1999 - 99 - 2,运输类飞机驾驶舱审定人为因素审定计划评审指南。

(7) PS - ANM - 01 - 03,驾驶舱审定人为因素符合性方法评审考虑。

(8) PS - ANM111 - 2001 - 99 - 01,增强自动驾驶运行期间飞行机组的意识。

(9) FAA Notice 8110.98,关于复杂综合航电作为 TSO 过程部分的人因/飞行员界面问题。

(10) FAA Human Factors report,飞行机组和现代驾驶舱系统的界面。

（11）DOT/FAA/CT-03/05，人为因素设计标准。

FAA还将25部适航规章中与人因审定相关的条款分为3类：

（1）人因一般要求：25.771（a）、（c）、（e），25.773（a）、（c），25.777（a），25.1301（a），25.1309（b）（3），25.1523。

（2）人因专门要求：25.785（g），25.785（l），25.1141（a），25.1357（d），25.1381（a）。

（3）飞行机组人机界面人因要求：25.773（b）（2），25.1322。

EASA给出驾驶舱人因审定相关的可接受的符合性方法（accepted means of compliance，AMC），包括AMC 25.1301（功能和安装）、AMC 25.1322（告警系统）、AMC 25.1523（最小飞行机组）等等。最有突破性的是EASA在2007年第3次修订CS-25部时增加CS 25.1302条款，将关于处理驾驶舱所有设备的综合性与设计有关的机组差错问题纳入其中，并在AMC 25.1302进行具体解释。在除了对特定系统（如25.1329"飞行导引系统"）规定处理与设计有关的机组差错问题，或是对所有设备提出较简单的一般要求（如25.1301（a）"所安装的每项设备其种类和设计必须与预定功能相适应"）之外，25.1302条款规定了预防和处理正常飞行任务中与驾驶舱设备发生交互而可能发生机组差错的设计要求，内容包括驾驶舱操纵器件、信息显示、系统特性、机组差错处理和综合问题。这一重大举措标志着飞机设计中考虑人因问题不再是单个飞机制造商或设计公司的行为，而是从法规上强制必须达到的设计要求。

以FAA政策（policy）、咨询通告（AC）、备忘录（memo）、指南（guidance material）和其他标准，EASA可接受的符合性验证方法（AMC）为研究基础，对FAR-25部人因条款共13条19款和CS-25部人因条款共14条17款展开研究（不包含CS 25.1302），分析条款内涵、安全意图和适用的人因学验证方法。

16.2　FAR 25.771（a）

25.771（a）款是对驾驶舱设计的总要求，即在设计驾驶舱时，除考虑功能性外，还应充分考虑人体的生理机能和各种习惯。

16.2.1　条款解释

驾驶舱设计应使飞行员操作时感到很方便，同时不应有过分的注意力集中和体力消耗，应做到操纵装置和各种仪表布局合理，与紧急状态有关的各种标识能够快速辨认，同时还应考虑驾驶舱的通风、加温和噪声等要求。

1）过度专注

过度专注（unreasonable concentration）指飞机仪表或设备的设计布局，使飞行员对于某些仪表设备分配了过多的注意力，因此减弱了对于飞机的情境意识，在某些情况下对飞机的安全运行有潜在的威胁。

2）疲劳

除了身体方面长时间处于一个工作位置和姿势会导致机组疲劳外，长时间飞行时，飞机的振动也会造成飞行员的疲劳。在机组负荷方面，主要是分工时对某些设备或仪表的关注度,要求对仪表扫视的频率相当高,或者是对于操作某些仪表设备需要比较高的技巧和繁琐的程序,这对于一般熟练的飞行员的工作量有显著增加。

另外,综合显示器、先进综合航电系统、平视仪等也可能会带来影响疲劳的问题。驾驶舱座椅的舒适性也是影响疲劳的一个因素。

3)驾驶舱的振动噪声

调查显示有些事故可能与驾驶舱噪声有关,影响了机组的正常沟通与操作。

典型的不正常操作包括误听或者漏听管制员指令,可能会造成严重的飞行冲突;另外机组之间的沟通不充分,不能完全理解相互的意图,可能影响机组分工,从而影响飞行操作的正确性和效率。

振动包括发动机造成的振动,飞机机体本身的振动,空调风扇和电子电器仪表风扇以及仪表本身(主要是传统式仪表为了防止卡阻而设置的振动设备)的振动。

驾驶舱的噪声水平还会加剧飞行员的疲劳。

16.2.2　符合性方法分析

25.771(a)款的符合性一般可以通过设计说明、飞行试验和模拟器试验来表明。

1)人因学问题讨论

(1)是否需要有很强爆发力或持续的肌肉拉伸的操纵器件。

如果申请人选择采用分析的方法来表明符合性,则应确保所有的强度数据和分析方法对所关注的驾驶舱操纵器件具有普适性。

(2)是否需要持续注意的显示器。

可能需要在模拟器上或飞行试验中测试显示器分时注意的能力。通常采用主观评价的方法,有时也可能需要测量任务绩效。

(3)除了需要飞行员正常飞行技巧之外,是否需要飞行员持续集中脑力的行为。尤其是在高工作负荷的飞行阶段。

对于机组任务之间复杂的交互性,通常采用模拟和/或飞行试验中的主观测量方法来进行评估。

(4)飞机主要是以低循环率持久运行,还是以高循环率短时间运行?

应考虑机组成员轮班或长时间飞行造成的影响。

(5)是否新颖的或改装的座椅设计。

对新座椅的设计应进行长时间的舒适性试验确保不会导致飞行员疲劳。

(6)是否需要增加飞行员工作负荷的分时显示器和操纵器件的功能。

有时可通过分析来表明有充分的时间以多重目的使用显示器(例如,维护显示功能伴随分时的导航信息)。通常情况下,这些信息只作为数据支持,使用时必须经过模拟器或飞行试验验证。

2)"新颖、综合、复杂特性"等问题分析

(1)复杂性/自动化水平。

通过复杂的菜单树进行导航,以及解释或预测复杂自动控制的运行模式可能会导致注意力高度集中并且需要大量的记忆。如果这些需求是发生在高强压力或高工作负荷的飞行阶段(如非正常情况下、恶劣的天气等),那么这些需求尤为重要。通常,可通过系统描述性信息,菜单复杂性以及功能可达性的分析作为表明符合性的支持性数据。然而,随着复杂性和自动化水平提高,对于验证和试验的需求也会随之增加。

(2) 严酷程度。

根据事故分析得出,注意力高度集中,尤其是在危急的飞行情况下对单个的问题需要高度注意力集中,会导致"注意隧道效应"或"疏导注意"(集中注意力在一个任务上并达到了某种程度,以至于没有怎么注意甚至完全没有注意其他的重要任务)的情况发生。符合性验证应考虑在严酷条件下的情形。

(3) 标准的主观性。

虽然可使用生理学方法来提供支持性数据,然而针对注意集中和脑力疲劳问题通常采用主观评价的方法。也可采用与以往设计相比较的方法来验证注意集中和疲劳程度的可接受水平。

16.3　FAR 25.771(e)

25.771(e)款为对驾驶舱的噪声和振动要求。驾驶舱设计应使设备的振动和噪声特性不影响飞机的安全运行,噪声不应超过可接受的水平,振动水准在评价时应当是可接受的。

16.3.1　条款解释

要求必须仔细考虑可能会出现在正常和不正常情况下的振动和噪声的类型和大小,并确认可能被振动影响的任务(例如,显示信息的读取和操纵器件的操作)和被噪声影响的任务(例如,通信和音响警告的确认)。另外,应建立相应的方法,用于确定振动和噪声是否不可接受的,并干扰飞机的安全运行。

16.3.2　符合性方法分析

25.771(e)款的符合性一般采用飞行试验的方法表明。在整个飞行试验期间,应监测驾驶舱设备的噪声和振动特性,测出振动和噪声水平并作记录,并需做出飞行员评价。

1) 人因学问题讨论

(1) 有任何需要精准灵活控制的操纵器件(如光标控制装置,触摸屏等)吗?

如果该装置实现不重要的功能,则可投入运营。如果该装置用于实现重要的或关键的功能,就需要进行彻底的测试。

(2) 显示器上有使飞行员必须在气流或振动情况下需了解的详情吗?

如果有,则应列出一张关于显示器上需要读出详情的清单,在飞行试验中说明气流或振动对认读的影响。可采用主观评价的方法来表明符合性。

(3) 预期发动机风扇叶片脱落造成的振动或其他预期的振动模式特性(频率、加速度、振幅)是什么?

应考虑振动频率与相关的身体共振频率(手、手臂、眼睛、头、腹部等)是否相同。

(4) 座椅设计将从座椅结构,经座椅垫到飞行员的振动减缓或放大到什么样的程度?

较小的座椅垫设计更改就能对传到飞行员的振动造成很大的影响,这一更改可通过试验来验证。

2)"新颖、综合、复杂特性"等问题分析

(1) 新颖性/过去的经验。

若操纵器件具有常规的特征(尺寸、力度/摩擦、触觉反馈),并且预期的振动环境也不严峻,那么常规操纵器件,如按钮和旋钮,一般可通过相似性来表明符合性。

(2) 严酷程度。

应考虑需要高度视觉分辨率或手动灵活度的任务,在座舱振动情况下,对持续的安全飞行和着陆的重要性。如果操纵器件/显示器是非常规的,或者预期的振动是不寻常的,则需要通过试验来对这一情况进行验证。

(3) 标准的主观性。

可通过组件分析和试验来验证没有重大振动问题的出现。然而,通过相似性或分析不能表明符合性时,可采用主观评价的方法。

16.4　FAR 25.773(a)(1)

25.773(a)(1)是在无降水情况下对驾驶舱视界的要求。为了安全,飞行员需要直接看到机外的情况,特别是飞机起飞、着陆和留空等待时,在飞行员前方和侧方一定高度范围内需要足够宽阔、清晰和不失真的视界。

16.4.1　条款解释

1) 为了正确定义视界范围,需要先定义的几个测量基准

(1) 设计眼位。

设计眼位(design eye position,DEP)是人—机界面中的一个概念,有时也叫设计基准参照位置(design eye reference point),是设计中飞行员能获得最佳驾驶舱视野的位置。此飞行员的身高、体重等应处于目标操作成员统计数据的中位,即第50百分位。

建立设计基准眼位时必须满足以下条件:

飞行员处于正常操作位置,身高158~190 cm(5 ft 2 in~6 ft 3 in)的飞行员坐在该位置时,可以全行程地使用所有操纵器件;

椅背处于直立位置;

考虑77~91 kg(170~201 lb)的成员引起的椅垫压缩量;

飞机纵轴处于水平位置。

(2) 中心轴。

中心轴指通过在设计基准眼位后边,并距其84 mm的点且垂直于水平面的直线。

（3）垂直基准面。

垂直基准面指设计基准眼位和中心轴构成的平面。

（4）水平基准面。

水平基准面指通过设计基准眼位且垂直于中心轴的平面。

2）着陆视野

除了满足以上定义的要求外，还应满足飞机处于下列情况时，向前下方的视界角度应是足够的，以允许飞行员能够看见一排进场灯和（或）接地区域的一个长度，这个长度相当于飞机以着陆接地速度在 3 s 内运行的距离：

滑行坡度为 2.5°的跑道；

飞机最低点位于接地区的上面 30.5 m 的水平高度上；

向左偏行，以补偿 10 kn 的侧风；

飞机处于最不利的重量和重心位置；

366 m（1 200 ft）的跑道视程。

3）无障碍视野

在图 16.1 中表示的视界极限中右 20°和左 20°之间的视界内应该没有障碍物，这 40°范围以外的障碍物应该保持最小，理想情况是不多于 3 个。飞行员应该能接受在从设计眼位向左 80°到向右 80°的范围内视界被另一飞行员挡住的情况，并且最好是可以通过具有平均人眼尺寸 63.5 mm（2.5 in）的双眼观察来消除障碍物。这要求障碍物的投影尺寸不大于眼间尺寸。飞行员应有可能在头向左或向右移动 13 mm（0.5 in）的情况下通过使用双眼观察来消除障碍物。图 16.2 给出了头向左移动消除障碍物的情况。可以使用遮阳板防止阳光对飞行员眼睛的刺激，但遮阳板不能影响飞行员的视界。

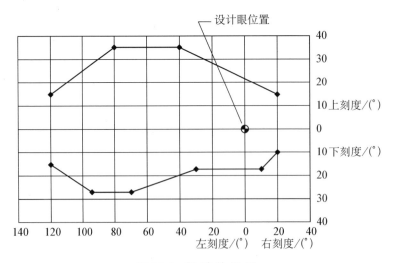

图 16.1　驾驶舱视界

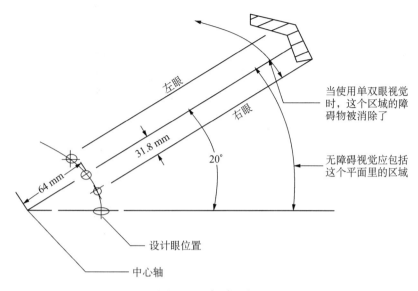

图 16.2 角度测量

以上所规定的视界是针对运输类飞机亚声速飞行而建立的,至于其他类型的飞机需根据特殊用途进行修正。

25.773(a)(1)中"足够宽阔、清晰的视界范围"(角度从设计眼位量起)是指:

(1) 垂直基准面向左 40°处,向前上方与水平基准面夹角 35°,在向右 20°处按线性关系减小到 15°。

(2) 从垂直基准面向左 30°到向右 10°,向前下方与水平基准面夹角 17°,在向右 20°处按线性关系减小到 10°。

(3) 从垂直基准面向左 40°到向左 80°之间,向前上方与水平基准面夹角 35°,在向左 120°处按线性关系减小到 15°。

(4) 从垂直基准面向左 30°处,向前下方与水平基准面夹角 17°,在向左 70°处按线性关系增加到 27°。

(5) 从垂直基准面向左 70°到向左 95°之间,向前下方与水平基准面夹角 27°,在向左 120°处按线性关系减小到 15°。

视界关系如图 16.1 所示。图中定义的视界范围仅适用于左飞行员。对于右飞行员,图中的左右尺寸相反。

16.4.2 符合性方法分析

25.773(a)(1)的符合性一般可通过设计说明、模拟器试验和飞行试验来表明。

通常采用评估和试验的方法。考虑飞机的各种运行情况,包括起飞、进近和着陆的情况。可采用主观评价的方法来进行评估和试验数据的收集。特别地,需评估遮光板对无障碍视野的影响。如飞机前端几何形状改变,要评估它所带来的飞行员视野的变化。

评估可以采用虚拟 3D 评估。

试验可采用模拟器试验和飞行试验。

1) 人因学问题讨论

（1）从相同的眼睛的位置，既保证了飞行员对飞行仪表、操作器件和其他关键元件及显示器的无障碍自由视野，又保证了他们在飞机的运行限制内有足够的外部视野来安全地执行操作吗？

针对内部视野和外部视野问题，可采用模拟器试验或飞行试验验证，试验中应考虑到各种运行情况。可采用主观评价方法来进行评估和试验数据的收集。开发前期，可采用相似性描述的方法。

（2）在优化避免碰撞潜在性的设计眼位置和飞行员空间视野的视觉极坐标图里在从右 20°到左 20°之间是否有视觉障碍物？遮光板是否妨碍了这个区域的视野？在这 40°区域之外的障碍物是否保持到了最小？遮阳板是否对飞行员视觉造成妨碍？

虚拟 3D 评估和模拟机上的试验都可以用于这些方面的评估。各种飞机的运行情况，包括起飞、进场和降落的情况都需要评价。由于遮阳板的不透光性，要小心注意是否成为 40°区域里的障碍物。

（3）飞机前端几何形状是否发生改变？

如果飞机前端几何形状发生改变，则需要评估它所带来的飞行员视野的变化。驾驶舱图纸和虚拟 3D 评估都是有效的评估方法。如果是达到 STOL/VSTOL 爬升途径的飞机，应予以特殊考虑。

2)"新颖、综合、复杂特性"等问题分析

（1）综合/独立的程度。

评估和试验应在真实尺寸、高逼真度的环境下来完成。

（2）新颖的/过去的经验。

如果飞机前端几何形状有改动，而影响了透明区域所提供的视觉角度，应进行更加严酷的符合性验证。如果是几何形状没有变化，可以通过相似性比较来表明符合性。

（3）严酷程度。

要对飞行员使用机舱内的显控装置视野和舱外视野是否有冲突，或在起飞、进场、降落时能不能提供充足的视角，进行非常严格的评估。

（4）标准的主观性。

主观评价可以作为除用传统照相系统和 3D 系统等方法之外的辅助评估方法。

16.5　FAR 25.773(a)(2)

25.773(a)(2)要求要避免飞行员受到眩光和反射的影响。

16.5.1　条款解释

1）眩光

眩光是指视野范围内由于亮度分布和范围的不适宜,或在空间或时间上存在着极端的亮度对比而引起的一种不适的、降低观察能力的视觉状态或条件。一般是由灯、玻璃灯的透射或反射光造成的。眩光刺激眼睛,影响正常的视觉,并加速视觉疲劳是影响照明质量的最重要因素之一。

2）眩光的分类

眩光可分为直接眩光和间接眩光。直接眩光按其影响程度可分为 3 类:

（1）不舒适眩光或心理眩光。由视线附近过亮的发光体引起的,能使人感觉烦恼和不舒适,但不影响观察能力。

（2）失能眩光或生理眩光。由视线附近过亮的和大面积的发光物引起的,会减小被识别物与背景物的对比度,使人丧失部分视功能。

（3）失明眩光。由于光线太强直刺眼睛,当移开光源后,经十几秒还看不清物体,造成短暂直射致盲。

间接眩光有两种:

（1）反射眩光。由物体镜面反射引起的,使眼睛产生不舒适感,严重的会产生视觉丧失。

（2）光幕反射。仪表板表面的反光削弱了仪表刻度、指针、字符和底面间的黑白对比度,从而产生辨识困难。这除与灯光照射的方向有关外,还与飞行员视线与仪表板的角度、仪表板表面的光滑程度以及刻度、指针和字符的反射率等因素有关。

产生眩光反应的原因是:

（1）高亮度刺激,使眼睛瞳孔缩小。

（2）角膜或晶状体等眼内组织产生散光,在眼内形成光幕。

（3）视网膜受高亮度的刺激,使适应状态破坏。

3）消除眩光的措施

除在安装上用遮光罩等手段遮蔽直射驾驶员眼睛的光线外,还应注意发光体与驾驶员眼睛的距离,发光面的形状、大小和亮度,环境的反射率以及整个驾驶舱照明环境的均匀性等问题。

4）视觉显示器特性

显示设备的安装绝不能引起不论在显示器上,还是在驾驶舱窗户上的眩光或反射光。在所有预期情况下,眩光和反射光可能会干扰机组成员的正常工作。飞行座舱显示器的视觉显示特性是直接与它们的光学特性相联系的。显示器缺陷(比如,元件缺陷或笔画不清)不应损坏显示器的可读性或造成错误的解释。显示器应达到以下特性标准:

（1）物理显示尺寸。

根据显示器的既定功能,相对于它们的运行和照明环境,显示器应以足够大的尺寸来显示信息,使其对机组成员来说,从他们所在位置的所有预期条件下是便于使用的(比如,可读的或可确认的)。

(2) 分辨率和线宽。

分辨率和最小线宽应该十分充分以便能够显示图片,使显示信息是可见的,且是可理解的。相对于它们的运行和照明环境,使其对机组成员来说,在所有预期条件下从他们所在位置上看不会造成误解。

(3) 色度和亮度。

a. 对于运行环境,在所有可预知的条件下,在外界光源照射情况下信息应该是清晰可见的,包括但不局限于下列的运行环境:

太阳光直射到显示器上;

太阳光从前窗照进来,照到白色衬衫上(反射光),在 CRT 上被反射(CRT 前板过滤器的功能);

从飞行机组角度看,太阳位于前方地平线和云层之上;

夜晚和/或暗的环境。亮度应是可控的,可以调到足够黯淡的程度,以维持外部视觉不会受损伤及可见性。

(a) 对于暗的外界环境条件,显示器应能黯淡到一个水平,以允许飞行机组成员适应暗的环境,这样对外界环境的视觉和机舱内的显示器的认读都能维持在一个可接受的水平。

(b) 自动亮度调节系统可用于降低飞行员的工作负荷并延长显示器的寿命。评估时应考虑遮眩光的板的几何形状和窗户的位置。

(c) 应使整个驾驶舱里的显示器亮度变化降至最低,以使在任何亮度设置下和所有可预知的运行条件下,显示的符号、线条或相同亮度的特征保持一致。

b. 在所有与照明环境相关的可预知情况下,结合亮度差异,从它们彼此间,以及它们背景(例如,外部背景或图像背景)和背景遮蔽区域中,色度的显示差异应该使机组识别图形符号间的差异。光栅和视频领域(例如,非向量图形气象雷达)应该让映像从覆盖符号中区别开,也应该能够显示期望的图形符号。参见 SAE AS 8034A 中的 4.3.3 和 4.3.4 部分中的指导。

c. 在与运行温度、视觉范围、影像力学和调光范围可预知的情况下,显示器应该提供稳定的色度,以使这些标志易于理解,且不会产生误导和混淆,也不会分散飞行员注意力。

16.5.2　符合性方法分析

25.773(a)(2)的符合性一般可通过设计说明、计算/分析和飞行试验来表明。

采用技术分析和 mock-up 评估的方法。需要考虑反射表面(窗、设备的玻璃表面等)的相对几何形状和直接的/非直接的光源(仪器、内部区域照明、白衬衫等)对符合性的影响。另外,还需考虑表面(窗、设备)的反射特性会根据材料和制造加工过程而有很大的变化。

可以通过分析的方法来证明眩光或反射的问题。Mock-up 也可作为型号研制早期阶段的评估方法,但是分析结果必须在高度真实环境下验证得出。内部资源反射和外部资源反射情况都应予以考虑。

1) 人因学问题讨论

(1) 在极端的运行环境下,如何保护飞行机组成员不受眩光和反射光的影响,对显示器的认读是否达到正常运行环境(包括白天和夜晚)的水平?

申请人可能能够开发分析性的方法来确认潜在的眩光和反射光的来源,这作为在主要的结构特征已经提交以后,减少冒险性问题的一种手段。在测试中应向局方演示极端运行环境时,采取了什么方法来消除眩光和反射光的影响,同时评估对显示器的可读性。实物模型对早期评估也是一种有用的方法。然而一般来说,分析结果应该在具有高度几何和光学逼真度的环境中得到证实。

(2) 在外界环境很暗的情况下,显示器是否暗到一个既保证可读性又不影响外部视觉的水平?

这可以模拟外部环境在模拟机上来完成评估。申请人可能会设计实际的运行情况来让飞行员完成任务,以达到对显示器的评估,包括客观的正确率和主观的评价值。

(3) 与传统的飞机相比,有没有新增加的显示器,显示器有没有新颖的设计(表面的形状),布置,或用了什么新材料?

如果显示器有这些的变化,要向局方证明这些改变不会造成新的眩光和反射光,或采取了防护的方法。

2) "新颖、综合、复杂特性"等问题分析

(1) 综合/独立的程度。

测试和评估通常必须在精确几何尺寸的环境下来完成。

(2) 严酷程度。

如果反射光很可能被呈现在前面的挡风玻璃上,就要仔细评估在飞行的严格阶段(尤其指起飞和降落阶段)它们干扰外部视觉扫描的可能性。相似的,在主要飞行显示器或其他重要显示器表面上的潜在反射光也应得到特别的重视。

(3) 标准的主观性。

虽然针对反射率的客观标准还不存在,应通过测量反射光的亮度来作为一种客观的手段,将其与已有的设计相比较。

16.6 FAR 25.777(a)

25.777(a)款要求驾驶舱操纵器件的布置要达到操作方便、防止混淆、避免误操作、提高安全性和效率的要求。

16.6.1 条款解释

本款对驾驶舱操纵器件的布置提出了总要求,对各个操纵器件的具体要求

如下：

（1）根据 25.777(d) 款，每个发动机的同样的动力操纵器件必须布置在防止与其他发动机的动力操纵器件混淆的位置。

（2）根据 25.777(e) 款，襟翼和其他辅助升力装置的操纵器件必须布置在底座的顶端、节门的后端、底座中心线的中心或右边，并且不小于着陆齿轮控制器后端 25 cm。

（3）根据 25.777(f) 款，起落架操纵器件必须被布置在节门的前端，并且当飞行员坐在座位上并系好安全带和肩带的时候，起落架操纵器件必须对每个飞行员都是可操作的。

（4）根据 25.777(g) 款，操作手柄比须根据 25.781 来设计形状。另外，手柄必须有相同的颜色，以及这个颜色必须与其他用途的控制手柄和周围的机舱颜色有对比。驾驶舱操纵手柄必须符合图 16.3 的大体形状（没有必要按精确的尺寸或严格的比例）。

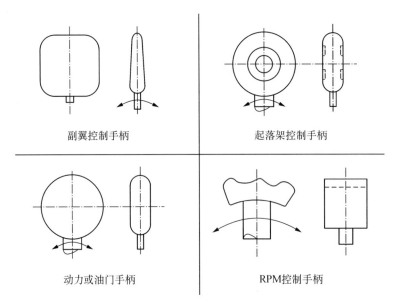

副翼控制手柄   起落架控制手柄

动力或油门手柄   RPM控制手柄

图 16.3　驾驶舱操纵手柄示意图

（5）设计止动块、卡槽和制动件来防止误操作。

（6）设计的操纵器件，应使无论在白天或夜晚工作时都容易识别，并能提供清晰的状态显示。

　　如果在起飞、加速、停止、中断着陆和着陆期间是由一个驾驶员来操作操纵器件，而这些操纵动作的顺序的安排又要求驾驶员在上述机动飞行期间改换握持操纵杆的手，则这些顺序不应要求过快地换手，以免使飞机的操纵性受到不利的影响。

　　为了达到防止混淆、避免误操作和提高安全性的目的，25.779 条对驾驶舱操纵器件的运动和效果的设计要求运动和作动一致协调；另外，25.677 条对配平系统、25.771 条对于驾驶舱、25.697(b)款对推力和阻力装置操纵器件都做出了相应的要求。

16.6.2　符合性方法分析

25.777(a)款的符合性一般可以通过 mock-ups 评估、模拟器评估和试飞来表明。申请人有时会用 mock-ups 来做初步的评估，这样的设备通常没有充分的逼真度来表明符合性。如果可能，模拟机提供了一个更有效的评估环境，在飞行环境中评估可能会影响到操纵的方便性和引起无意中的操作，从而使得评估更有实用性，而且模拟器评估也可能会减少飞行测试的需要。

1) 人因学问题讨论

(1) 有需要飞行员越过飞机座舱中心线去操作另一侧操纵器件的情况存在吗？

有需要飞行员越过突出的操纵器件，来完成飞行任务的情况吗？无论这些任务是否与驾驶操纵飞机有关(比如，拿装在座位后面的东西，或者从乘务员那里拿食物)，都应仔细评估这些任务和动作。局方可能会要求利用计算机模拟、实物大模型、模拟机，和/或飞机来进行特殊的评估。

(2) 如果飞行员无意中激活了一个与需要激活的操纵器件相似的邻近操纵器件，这样造成的后果会有安全性影响吗？

如果后果不严重，并且如果错误是明显的容易纠正的，那么符合性方法有必要全面地评估减少混淆的可能性。

(3) 操纵手柄的颜色是否与其他操纵手柄或驾驶舱的颜色有对比，能作为区分各种操纵手柄的有效因素之一吗？操纵器件的作动和效果是否与 25.779 条中要求的协调一致？

位置、形状、颜色和经验都是定位操纵手柄防止误操作发生的因素。颜色作为冗余编码之一，让每个操纵手柄更具有独特性和定位性。操纵器件的作动和效果与 25.779 条中要求的协调一致，也就是和人们关于作动和效果之间关系的常识一致，这能减少训练和记忆的负担，也能防止误操作的发生。

2) "新颖、综合、复杂特性"等问题分析

(1) 复杂性/自动化水平。

提议的符合性方法应该阐明方便使用，并通过菜单逻辑性来评估控制功能的无意中的操纵。

(2) 严酷程度。

决定对无意中的操纵有重大安全隐患的操纵器件是否有恰当的防护装置或其他保护措施。这样的安全防护装置一般既会减少不经意的操纵又会造成不方便，所以所提议的评估应包括两方面。

(3) 综合/独立的程度。

测试和评估要在比较真实的布局和环境中来完成，并要在具体的飞行任务中来

评价驾驶舱操纵器件的设计和布局是否合理。

16.7   FAR 25.777(c)

25.777(c)要求操纵器件的位置和布局要考虑与飞行员身体尺寸、座位和座舱结构的匹配。

16.7.1   条款解释

该款只提到了操纵器件对身高的适应,其他的身体尺寸,比如说坐高、坐姿肩高、臂长、手的尺寸等,它们在特定的高度范围内对飞行员有关的飞机座舱部分的几何可接受性也有重大影响。正常操作、异常操作和应急操作所用到的操纵器件的定位和布置,应使飞行机组成员在身体不做很大位移的情况下就能从他们的正常位置上使用到,即对于飞行员是当他们坐在自己座位上并扣好安全带和肩带时,对这些操纵器件具有可达性。

另外,在所有配平机翼水平飞行状态下,俯仰和滚转主操纵器件的设计和位置不应妨碍飞行员对前方仪表板上基本飞行仪表的观察。飞行员在其座位上扣紧安全带和肩带的情况下,应能做全行程操纵而不受腿、身体、衣服和座舱结构的干涉。

16.7.2   符合性方法分析

25.777(c)款的符合性一般可以通过计算机评估和模拟器评估来表明。

1)人因学问题讨论

(1)飞行员穿好制服,坐在座椅上扣紧安全带和肩带,对机舱的操纵器件进行全行程操作,有妨碍操纵或操纵器件之间的互相干涉,或操纵器件与人之间互相干涉的情况发生吗?

符合性评估时应充分考虑人体尺寸,防止遗漏任何可能的人与操纵器件之间可达性匹配的部分。申请人可以选择分析的方法,比如对驾驶舱和飞行员建模来减少早期设计的风险,并用被试来完成补充审定评估。计算机建模能控制飞行员模型的尺寸,从而可能对身体各个部分的尺寸进行组合评估,这在实际的评估中是难以实现的。

(2)在所有配平机翼水平飞行状态下,俯仰和滚转主操纵器件的设计和位置是否妨碍飞行员对前方仪表板上基本飞行仪表的观察?

根据设计眼位置来设计的俯仰和滚转主操纵器件的位置,需考虑在各种状态下是否妨碍飞行员对前方仪表板上基本飞行仪表的观察。对身高极限两端的人都要分析评估。除了计算机模拟,试飞评估对发现是否有干涉发生可能会更有效。

2)"新颖、综合、复杂特性"等问题分析

(1)新颖的/过去的经验。

如果操纵器件在形状和整体布局上没有什么改动,或飞行员座椅没有新颖的设计变化,或飞行员的制服没有任何改动,通过相似性比较是表明符合性的方法之一,不过计算机建模和试飞仍是不可缺少的。

（2）严酷程度。

局方应仔细地考虑每种方法的优点和局限性。另外，局方应要求在真实飞机里的最终证实，因为模拟机也几乎不能复制出与这个要求相关的驾驶舱几何尺寸的所有方面。

（3）整体/独立的程度。

测试和评估应在真实的和精确的几何尺寸下来完成。

16.8　FAR 25.785(g)

25.785(g)款是驾驶舱座椅上必须配置的约束系统既能保证机组成员的安全，又能保证他们执行所有的飞行操作。

16.8.1　条款解释

驾驶舱的每个座椅必须配置由安全带和肩带组合而成的单点释放的约束系统，它们既能保证乘员的安全，又能保证他们完成所有飞行中的必要操作。同时在不用的时候必须有收藏措施，以免妨碍机上操作和应急状况下的迅速撤离，除非能证明在经过训练以后能避免发生这种危险。为达到这个目的，可将约束系统扣紧在座位上。不用的期间包括飞行的某一段时间或是暂时离开一会儿。申请人可能会制订一个在正常和非正常条件下驾驶舱必要功能操作的清单；可能会用到相似于条款25.777的符合性方法，同时也要考虑由约束系统产生的运动限制。

保证在正常和非正常条件下，所有必要操纵器件在飞行员在其座位上并扣紧约束系统时的可达性，同时飞行员应能做全行程操纵而不受腿、身体、衣服和座舱结构的干涉。

这个条款应用于驾驶舱里的所有座位，不仅包括机组成员座位，也包括休息员座位和观察员座位。

16.8.2　符合性方法分析

25.785(g)款一般通过机上地面检查、驾驶舱机组的评定来说明机组座椅满足要求。

1）人因学问题讨论

（1）飞行员坐在座椅上扣紧安全带和肩带，对机舱的操纵器件进行全行程操作，有妨碍操作或操纵器件之间互相干涉，或操纵器件与人之间互相干涉的情况发生吗？

符合性方法应充分考虑这些人体尺寸，防止遗漏任何可能的人与操纵器件之间可达性匹配的问题。同时在设计约束系统时除考虑所用的材料、应达到的强度和刚度之外，飞行员在约束状态下安全完成飞行任务时对所有操纵器件的可达性是最基本的要求之一，舒适性也是应考虑的重要因素之一，如果是长时间的飞行，不舒适的约束会造成疲劳和不能集中注意力。申请人可以选择用分析的方法来减少早期的冒险(比如座舱和飞行员建模)，并用被试来完成补充审定评估。计算机建模和约束系统仿真设计允许对飞行员模型尺寸有更多的控制,并且允许对身体尺寸当中难以获得的组合进行评估。

(2) 在非正常和紧急状态下,系好安全带的飞行员同样能完成所有飞行操作吗?

申请人应在操作清单里列出失效状态,遇到强气流、非正常的振动等情况,并在模拟或试飞中表明符合性。

2) "新颖、综合、复杂特性"等问题分析

(1) 综合/独立的程度。

约束状态下的可达性关联到驾驶舱里大多数的操纵系统和仪表,应在整个驾驶舱设计和测试论证中考虑它们之间的交互。除了计算机建模仿真分析,测试和评估通常在有精确几何尺寸的环境下来完成。

(2) 严酷程度。

Mock-up 是有用的论证手段。对紧急情况和非正常状态的模拟也同样重要。

(3) 新颖性/经验。

与获得批准的驾驶舱设计和座椅约束系统的比较是有效的方法,但对新颖设计应在模拟或试飞中表明约束系统对操纵器件或仪表的可达性没有负面影响。

16.9　FAR 25.1141(a)

FAR25.1141(a)要求操纵器件的位置必须保证不会由于成员进出驾驶舱或在驾驶舱内正常活动而使其误动。

16.9.1　条款解释

动力装置的操纵器件包括:发动机操纵器件、辅助动力装置操纵器件、螺旋桨操纵器件、反推力和低于飞行状态的桨距调定操纵器件、应急放油操纵器件,以及操纵所必须的零组件等。

操纵器件的设计和布局应能防止其位置意外地被移动,其防护措施一般设有卡锁、挡块、其次还有限动槽等结构形式,保证操纵器件的位置不会因成员进出或在驾驶舱内正常活动而使其误动。

16.9.2　符合性方法分析

人因方法推荐:评估至少应在全尺寸模型上进行,应考虑如下问题:飞行员所能达到的动力装置操纵器件周围区域;并且在飞行员进出和巡航状态下,其手脚自然放置的位置。

16.10　FAR 25.1301(a)

25.1301(a)是对安装在飞机上的每个系统和设备为满足飞机在规定条件下营运时应具有的性能要求。

16.10.1 条款解释

驾驶舱电子显示器和显示系统是为飞行员提供视觉信息的主要设备。FAA AC 25-11 为驾驶舱的电子显示器、系统和设备符合 25 部规章的要求提供了指导,其中关于视觉显示特征和信息显示的内容为驾驶舱电子显示器的设计具有确定的功能和规格参数提供了设计原则。具体要求如下:

1) 电子显示信息原则

(1) 电子显示器的特定区域里的符号、字符应有一致的和可重复的位置,否则发生解释性错误的概率和反应时间会增加。在正常情况下,主要飞行信息、动力信息和警告信息等通用信息应布置在一致的位置。

(2) 当一个控制和指示功能键出现在多个情况中时(比如,一个"返回"控制出现在飞行管理功能的多个页面上),对于所有的控制和指示功能键应安排在一致的位置。

(3) 主要的姿态显示,空速、高度和飞行方向仪表的布置遵循 Basic T 排列。在正常条件下,Basic T 信息应被连续直接地显示在每个飞行机组成员的前面。25.1321(b)款要求条款 25.1303 要求的飞行仪表必须分组安排到仪表盘上,并尽量位于飞行员前视的垂直面中心。

(4) 根据 25.1321 条,动力信息必须以一定的逻辑原则分组以便增强识别性,这样机组成员能就近和快速地识别所显示的信息并联系它所对应的发动机。用于设定和监视发动机推力或动力的发动机指示仪,应连续地显示在机组成员的主要视觉领域中,除非申请人能证明这是不必要的。动力信息中的自动被选显示不应抑制其他信息显示,而引起机组成员注意力过分集中在选定信息上。

(5) 其他信息的排列也遵循一定的原则,它们不应安排在主飞行信息或动力信息通常呈现的地方。比如,滑翔斜率和滑翔路径的偏差刻度应位于主姿态指示仪的右边;导航、天气和垂直位置显示信息通常显示在多功能显示器上。

2) 电子显示信息的管理

这包括用窗口来呈现信息和用菜单来管理信息显示。

(1) 窗口。窗口是能呈现在一个或多个物理显示器上的有某种特定用途的区域。窗口应有固定的尺寸和位置,窗口中的信息之间和窗口与窗口之间的信息应被充分地分离开,这样机组能迅速地区分各个功能,并且避免任何干扰或无意中的误操作。被选信息的显示(比如在一块显示区域中的一个窗口)不应干涉或影响主飞行信息的显示。

(2) 菜单。菜单是分类和列举项目的显示清单,机组成员可以从中进行选择。菜单包括下拉菜单、滚动式菜单和飞行管理系统中的菜单树。菜单的层次结构和组织应被设计成允许机组成员以一种逻辑方法来顺序地浏览已有的菜单或选项,任何菜单提供的选项之间应是逻辑相关的。菜单应显示在一致的位置上,或有一个固定的位置,或是一个一致的相对位置,这样机组成员知道在哪儿能找到它们。在所有的情况下,系统应指出菜单里和菜单层次里的当前位置。选择选项所需步骤的数目应与飞机机组成员的任务频率、重要性和迫切性一致。

（3）信息的全时/分时显示。规章中要求显示一些飞机参数和位置指示信号,然而它们可能仅仅只是在一定的飞行阶段中是必要的或需要的,那么这些参数在显示器上可以分时显示。另一种常用的显示分时信息的方法叫做"自动弹出显示",自动弹出可能是以覆盖的形式显示,或是在一个独立的窗口中作为整个显示的一部分。弹出式窗口不应模糊必要的信息。

3）显示结构的管理

管理电子显示系统呈现的信息,以及根据失效状态和机组成员的选择来呈现信息包括正常飞行和失效模式下的显示格式的可接受性。

（1）正常状态下,手动或自动地选择某种显示方式,应该对这种显示方式的排列、可见性和干涉性进行设计和评估。

（2）显示系统失效时,需要对手动和自动显示系统进行重构。局方或设计方应评估非正常状态下的替换显示位置是否达到了可接受性标准。

4）重新配置的方法

（1）当主要显示失效时,可能自动地或手动地选择"紧密格式"。这种"紧密格式"模式是在单个显示模式中综合显示多重显示模式中的被选显示元素,为当显示失效发生以后提供更高优先级的信息。当主要显示被替换时,紧密显示格式应保持相同的显示属性（颜色、标记位置等）,并包括必需的信息。紧密格式应确保所有显示功能（包括导航通告和指导模式）的正常运行。然而,由于尺寸的限制和为了避免混乱,可能有必要减少紧密格式上显示功能的数量。

（2）在使用高度整合的显示系统的情况下,当多个失效状况同时发生并需要机组成员立刻采取行动时,推荐使用显示系统传感器数据的自动转换。在不怎么复杂的系统中或不需要机组成员采取立刻行动的情况下,手动转换是可以接受的。姿态、方向和大气数据是机组成员所需的主要飞行信息（见 25.1333 条）,如果转换了主要飞行信息的来源,飞行员收到由仪表提供的信息显示时,应收到关于说明信息来源的明确通告。

5）电子显示系统控制装置

当设计显示系统控制装置功能时需要考虑它们各自对应于运行时的特征,冗余设计在失效模式时是有用的,此时飞机驾驶舱的主要显示应有一个一致的用户界面方案:

（1）多功能控制器应贴上标签,这样飞行员就能够快速、准确、一致地确认和选择控制装置的所有功能。

（2）用于显示器上设置数字式数据的机械装置应有充分的摩擦,或设有触觉式的扳手,以允许机组成员在没有充分的训练和经验的情况下,在适用于该任务的规定时间内就能设定一个精确的符合要求的数值。控制输入响应时应对总位移量和细调进行优化,避免发生调节过度。用旋转运动来控制一个变量时建议从不工作的位置顺时针运动,通过一个渐增的距离,最终到达满载位置。

（3）用作软控制装置的显示系统可采用图形用户界面（Graphical User Interface,GUI）交互设计,并与飞机系统相兼容。申请人应证明任何显示控制装置的失效对飞机在正常、非正常和紧急状况下不会造成严重的运行中断。对控制输入的最终显示响应应能够防止飞行员设定值和显示参数时过度的集中精力。对于显示控制装置,控制系统的滞后和增益是很重要的,可用性测试应准确地复制在实际飞行中出现的滞后和控制增益,并证明该显示控制装置在其所有功能控制上都是可接受的,以及机组在这些条件下可以完成其功能控制。

6）光标控制装置

光标控制装置（Cursor Control Device,CCD）就是用输入装置控制显示器选择区域里的光标运动,这些可选区域是"软控制装置",它们执行着类似机械开关或传统控制面板上的其他控制器件的工作。CCD的设计和安装应使飞行员在包括正常的和不利的（例如,气流和振动）可预见的飞行条件中,不要额外的技能就能够操作CCD。应避免双击或三击等这样的选择技巧。CCD的安全性评估应说明在CCD失效以后能恢复控制转换,同时还应评估飞行员失效工作负荷。

7）光标的正确使用

应限制主飞行信息区域中的光标符号,也要避免由于光标遮蔽显示信息而引起的机组成员误解的情况产生。如果允许一个光标标记进入一个临界的信息显示区域,那么应证明在飞行和失效状况下的任何阶段,光标标记的出现将不会导致干扰发生。申请人应解决多个机组成员同时使用一个光标的"光标争夺"问题,这是与整个驾驶舱设计理念（如,以离显示器最近的人获得的信息为准）相协调,同样应该解决包括两个飞行员使用两个光标等其他可能的情况。如果在一个显示系统里使用超过一个光标,那么一定要提供一个辨别光标的方法。如果允许光标在显示器上隐藏,那么一定要提供一些可以让机组成员在显示系统上迅速找到光标的方法。一个常见的例子是光标的突然变亮或渐渐变大以引起机组成员的注意。

16.10.2 符合性方法分析

本条款是CCAR-25部F分部的通用性条款,原则上只适用于本分部所属各系统。对于其他分部所属系统,凡没有其他可适用条款对其提出类似要求,本条款也适用。本条款不适用于B,C分部的性能、飞行特性、结构载荷和强度等要求,但却适用于此两分部内要求符合25.1301为基础的任何系统,如:应当适用于符合25.207要求的失速警告装置。

由于本条款涉及所有装机的系统和设备,覆盖面广。25.1301(a)款的符合性一般可以通过系统描述、模拟器评估和试飞来表明。申请人也可以根据各系统的实际适用情况,分别采用设计符合性说明、分析和计算、系统安全分析、实验室试验、机上检查、模拟器试验等验证方法来表明符合性。

申请人可能会提议许多方法来表明这个要求关于人因方面的符合性。比如,在假设其他因素,比如操作环境的改变不影响经验的相关性的情况下,运营经验可能是一个评估系统人—机界面可用性的有效方法。系统描述可用于定义系统的预定功能,例如,显示器上每条数据的预定功能。各种需求分析技术可用于表明飞行员执行关键任务的信息是可用的、有用的和及时的。模拟可用于证实在真实的场景中和时间里,经过良好训练的飞行员利用设计提供的操纵器件和显示器能圆满地完成所有必需的任务。最后,飞行测试可用来评估在特定的运行场景中,系统是否根据标明的预定功能,为飞行任务提供充分的支持。

1) 人因学问题讨论

(1) 主要的飞行信息和动力信息等通用信息是否安排在仪表板的固定位置? 电子显示器里重复出现的控制或指示功能是否在一致的可重复的位置?

驾驶舱要满足人—机界面交互设计可用性的标准,即从效率性、易学性、记忆性、容错性和满意度这几方面来考虑人—机界面的设计。其中界面的协调一致能减少短时记忆的负担和反应时间。

(2) 当用窗口显示信息时,窗口内和窗口外的信息之间的分离是否充分,并能避免任何干扰或无意中的误操作? 弹出式的信息是否模糊了主要信息? 如果同时弹出几个窗口,系统如何排列显示它们?

窗口应有固定的尺寸和位置,如果窗口之间的信息造成干扰的后果不严重,并且能容易地纠正错误,那必须全面评估减少错误的可能性。必须证明分时显示的信息是不必要连续显示的,即分时显示不会造成对飞行安全性的影响。如果弹出的窗口模糊了部分的信息,申请人应表明被模糊的信息与当前飞行机组的任务不相关或不必要,并且不会造成误解。

(3) 如果电子显示控制装置失效,会不会对飞机造成不可接受的运行中断?

控制装置的冗余设计对飞机的失效模式是非常重要的。申请人应证明当发生失效时,设备和系统必须被设计得有足够的信息以确保其中一个飞行员在没有额外的机组成员的行动时,能对飞机空速、高度、航向和姿态进行控制。

2) "新颖、综合、复杂特性"等问题分析

(1) 综合/独立的程度。

驾驶舱电子显示系统所显示的信息有时是互相联系的,需要综合考虑才能做出决定。而且显示器的显示和它们的控制装置是紧密联系的和互动的,需要作为一个整体来评估。

(2) 新颖性/经验。

经验是评价驾驶舱电子显示系统人—机界面是否易于理解和操纵的有效方法。

(3) 严酷程度。

应表明飞机在正常和非正常的飞行状态,所显示的信息是可用的、有用的和及时的;可用模拟评估的方法来证实在失效状态下,冗余设计或备用装置能保证飞行

的安全性。

（4）动态性。

显示系统显示一些动态的参数：主要的飞行信息、动力信息等，申请人所用的符合性方法要能模拟这些动态的条件，或是遇到气流等的非正常飞行条件。

16.11　FAR 25.1309(a)

FAR 25.1309(a)款要求凡航空器适航标准对其功能有要求的设备、系统及安装，其设计必须保证在各种可预期的运行条件下能完成预定功能。

16.11.1　条款解释

1）一般要求

在型号合格审定或运行规章中要求的设备必须表明在安装后其功能正常。超出设备、系统和安装等正常功能以外的飞机使用和环境状况包括：在飞行员手册中规定的飞机整个正常运行包线和由于反常或紧急情况对包线所做的任何更改。飞机可能遇到的其他外部环境状况诸如大气湍流、高强度辐射场 HIRF、闪电和降水也应当考虑到，这些外部环境条件的严酷度应限制在合格审定标准和程序规定的条件中。

除了外部的使用状态和环境状况外，飞机内部的环境影响也应当考虑。这些影响包括颤振和加速度负载、液压和电力变化、流体或蒸气污染，有的是由于正常环境，有的是由于意外泄漏或溢出及成员的处理。FAR 25.1309 条款的咨询通告中定义了一系列用以保障符合性的标准环境测试状态和程序。（联合）技术标准指令中包括环境测试程序的设备或按其他环境测试标准鉴定合格的设备都可以用来支持符合性。安装的设备使用时的环境状况在严酷度方面应等于或低于该设备鉴定时的环境。

在批准的飞机使用状态和环境状况下，设备、系统和安装正常功能的证明可以通过测试、分析或参考同类飞机的使用经验给出，但是必须表明参考的使用经验对于建议的安装是有效的。对于在型号合格审定或运行规章中要求的设备、系统和安装，符合性证明也应当确认这种设备、系统和安装的正常功能不会与在型号合格审定或运行规章中要求的其他设备、系统和安装的正常功能发生干扰。

典型的与旅客的娱乐项目相关的设备、系统和安装，诸如旅客的娱乐系统、机内电话等，其失效状态或本身的异常功能不应当影响飞机的安全性。降低这些设备、系统和安装的使用条件和环境条件需求的试验，需表明其功能正常或异常都不会影响在型号合格审定或运行规章中提及的设备、系统或安装的正常功能和飞机及内部乘员的安全。不利影响的例子有：起火、爆炸、使旅客处于高压状态等等。

2）操纵器件的人因考虑

湍流、振动和过度照明都不应妨碍机组在一个可接受的绩效水平和工作负荷下执行它们所有的任务。如果预先知道在寒冷气候下的操作会戴手套，则设计应当考虑它们的使用对尺寸和控制精度的影响。操纵器件的灵敏度即使在不利的环境也应当如飞机运行包线中定义的那样应当提供足够的精度以执行任务。将环境问题的分析作为一种符合性方法是必要的,但对于新型的操纵器件或技术来说,或者是本身不是新的而用作新的用途的操纵器件来说又是不充分的。

申请人应当表明在诸如驾驶舱内有浓烟或强振动的环境下,具有恢复对飞机或系统操控要求的操纵器件以及以安全的方式持续运行飞机的操纵器件是可用的。例如,一片风扇叶片丧失后仍能保持飞机安全地航行。

3) 驾驶舱环境的人因考虑

驾驶舱系统不仅受飞机系统集成的物理特性影响,同时也受到运行环境特性所影响。系统在驾驶舱内常遭受诸如湍流,噪声,环境照明,烟雾和(例如由冰或风扇叶片丧失导致的)振动的影响。系统设计应当认识到这些影响在可用性、工作量和机组绩效上产生的后果。例如湍流和环境照明可能影响显示器的可读性。驾驶舱噪声可能影响听觉告警的能听度。申请人也应当考虑异常情况对驾驶舱环境的影响,例如非正常姿态恢复或恢复对飞机或系统的控制。

驾驶舱环境包括布局,或操纵器件和信息显示器的物理布置。布局应当考虑如下的机组要求:

(1) 对操纵器件的可接近和可达性。

(2) 对显示器和标签的可视性和可读性。

(3) 任务导向的位置和人机界面元素的分组。

16.11.2　符合性方法分析

25.1309(a)的符合性一般可通过设计说明、计算/分析和飞行试验来表明。

应进行系统描述,提供在所有预期环境下的功能列表。

应对任务和工作负荷进行评估,对系统失效的严重程度进行评估。

在特定的和非正常场景下,通过试飞表明系统能够确保飞行员完成预期任务。

16.12　FAR 25.1309(c)

FAR 25.1309(c)款要求必须提供警告信息,向机组指出系统的不安全工作情况并能使机组采取适当的纠正动作。系统、控制器件和有关的监控与警告安装的设计必须尽量减少可能增加危险的机组失误。

16.12.1　条款解释

25.1309(c)款要求关于危险系统使用状况的信息必须提供给机组成员供其采取适当的纠正措施。通常通过 9b(1)节中确定的分析证明符合此要求,9b(1)节还包括成员的警戒提示、必要的纠正措施和故障监视的能力等。25.1309(c)节要求:倘若紧急的纠正措施是必需的,必须给出相应警告指示。25.1309(c)节进一步要求含指示器和显示器的系统和控制安装必须设计成能将机组差错产生额外危险的可能性降至最低。这些必要的信息可以通过功能与组成满足 25.1322("警告灯、提醒灯和通告灯")要求的专用指示器或显示器给出,或者通过内部的飞机反馈提供。这些必要的信息取决于机组对其识别和纠正措施的紧急程度。

（1）机组可接受的信息获取方式如下，但并不限于这些：

a. 警告，如果需要机组马上识别，立即采取改正或补偿措施。

b. 提醒，如果要求飞行成员必须立即意识到，并且随后采取行动。

c. 通告，如果要求飞行成员意识到，且后面可能需要采取行动。

d. 其他适当的形式，诸如消息，是针对其他情况的。

（2）当失效监控和指示由一个系统提供时，它的可靠性应当与提供这种指示的系统功能相关的安全性目标一致。例如，如果存在失效的影响且这种失效是灾难性的而没有指示出来，系统的失效和显示系统的失效的结合必须是极不可能的。失效的监控和指示应当是可靠的、技术可行的和经济可行的。可靠的失效监控和指示应当采用目前最好的技术，能够使失效的检测概率和指示概率最大化，而将误检测的概率和指示的是不存在的失效的概率降至最低。任何指示都应当是及时的、明显的、清楚的和明确的。

（3）在飞机状态需要机组成员立即采取措施时，如果飞机固有品质没有提供这一警告，那么必须给机组成员发出另一适合的警告指示。不管这两种是哪种情况，警告都应处于警觉状态，并且都应在潜在的灾难性结果发生之前给出警告，这时候，飞机和机组成员仍有充分能力采取有效的措施。

（4）在失效警告发出后，机组采取的措施应在批准的飞机飞行手册或其修订版或补充版中有叙述，除非这些措施作为正常的飞行技术被接受。

（5）即使在失效时系统的使用或性能不受影响或受到的影响无关紧要，如果认为信息对机组成员采取措施或遵守防范有必要，也要求把信息提供给机组成员。有些情况下需要改装系统、降低安全裕度、改变飞行计划或制度或进行某种非计划性的着陆以减少更严重的失效状态，这些失效状态可能由随后的失效或使用状态和环境状态所产生。如果某一失效在下次飞行前必须纠正，也必须提供这种信息。如果系统使用或性能没受到影响或受到的影响无关紧要，在某些特殊飞行阶段机组成员采取改正措施比不采取措施更危险，那么这些阶段信息和警戒指示可以不管。

（6）通过周期性维修或机组成员检查来发现重大潜在失效是不理想的，也不能替代实用的、可信赖的失效监控或显示安装。如果没有这么做，系统安全性评估应突出所有重大的潜在失效，使遗留在飞机上的失效远不能划分为灾难性失效。这些情况在发现后应尽早地与 FAA/JAA 讨论解决。

（7）应特别注意转换开关或其他控制设备的位置及彼此之间的关系，以将机组成员的失误，特别在紧急的或高负载期间的行为造成的潜在危险降至最低。额外的保护，比如监视开关的使用，有时是必需的。

16.12.2 符合性方法分析

25.1309(c)的符合性一般可通过危害性评估和模拟器试验来表明。

16.13　FAR 25.1321(a)

25.1321(a)款是为达到仪表可视性而对仪表板上的仪表排列和布置提出的要求。

16.13.1　条款解释

此条款要求每个驾驶员所需的飞行、导航和动力仪表要尽量地集中在飞行员的正前方,这样在观察仪表时尽可能不偏离他们的正常位置和视线。目前广泛地使用设计眼位(DEP)距离法来设计显示信息的位置。如果在驾驶舱内需要交叉地观察信息,应该使用正常头部运动的从 DEP 右侧的距离来作为设计参考。对没有安装在前仪表盘上的显示器而言,决定距离时应考虑飞行机组远离 DEP 的任何预期的移动。决定视觉角度需要考虑显示信息的位置和字体的高度,详细参见 SAE ARP 4102/7。根据仪表的重要程度和飞机仪表设计的经验,按本条 b 款的要求,飞行和导航仪表应按 T 字形排列于飞行员的正前方:姿态仪位于面板 T 字的交叉正中心;空速仪位于最邻近 T 字正中心左边的位置;高度仪位于最邻近 T 字正中心右边的位置;航向仪位于最邻近 T 字正中心下面的位置。

1) 基本 T 形信息的排列

下面提供了对 25.1303(b)中要求的基本 T 排列提供了指导。这些指导应用到单个和多个显示界面。

(1) 在正常条件下,Basic T 信息应被连续地、直接地显示在每个飞行机组成员的前面。25.1321(b)款要求 25.1303 条款中要求的飞行仪表必须被分组布置到仪表盘上,并且尽可能少偏移正常姿势和视线,即可看清供他使用的每个飞行、导航和动力装置仪表。

(2) Basic T 排列将被应用于主要的姿态显示、空速、高度和航向。根据驾驶舱设计,在飞行员的前面可能会有超过一个的显示 Basic T 信息元素的指示仪。比如,航向信息可能出现在平视仪或移动地图显示器里。那么在这些仪表或显示系统中,飞行和导航信息的排布应和 Basic T 信息排列相一致。

(3) 主要的姿态指示仪应在飞行机组的前视视觉中心,这应该以 DEP 为基准。如果位于主仪表板,主要的姿态指示仪必须在顶部中心位置。姿态指示仪应设计在所有飞行条件下都没有干扰的位置。

(4) 主要的空速、高度和航向指示仪应位于主姿态指示仪的附近。当侧向和垂直偏差这样的信息是与完成基本飞行任务相关的,即与空速、高度或方向是相关的,则它们显示在主要的空速、高度和航向指示仪中是可以接受的。这些信息要么重叠在主要信息上面,要么在它们之间。并且需要表明这些信息不会干扰正常地识别飞行信息。

(5) 这些最有效地指示空速的仪表必须靠近并且直接地在主要姿态指示仪的左边。空速指示仪的中心应与姿态指示仪的中心排成一行。对于空速指示仪,当从飞机水平线参考标记的直接水平位置量起,有向上15°和向下10°的垂直偏差是可接受的。对于磁带类型的空速指示仪,指示仪的中心被定义为当前空速状况参考的中心。关于主要空速指示仪的参数(参考速度或Mach指示仪)应显示在主姿态指示仪的左边。

(6)最有效地指示高度的仪表必须放在靠近主姿态指示仪的右边。高度指示仪的中心应与姿态指示仪的中心排成一行。对于高度指示仪,当从飞机水线参考标记的直接水平位置量起,有向上15°和向下10°的垂直偏差是可接受的。关于主要高度指示仪的参数,诸如大气压力设置或主要的垂直速度指示仪,应显示在主高度指示仪的右边。

(7)最有效地指示航向的仪表必须放在靠近主姿态指示仪的下边。飞行方向高度指示仪的中心应与姿态指示仪的中心排成一行。关于主要飞行方向指示仪的参数,诸如定位器偏差等应被显示在主要姿态指示仪的下方。

(8)如果申请人通过条款21.21(b)(1)相同的安全性寻求可替换仪表排列的批准,局方通常需要有事实依据的研究,或来自军方、外国或其他的渠道的相关运营经验来验证申请人提议的补偿因素有等效的安全性。

2)动力信息的排列

(1)被设定并监视发动机的推力或动力的发动机指示仪应连续地显示在机组成员的主要视觉领域中,除非申请人能证明这是不必要的。动力信息的自动被选显示不应该抑制其他的要求机组成员知晓的信息。

(2)动力信息必须按就近原则分组,以一种容易识别的逻辑顺序排列(根据25.1321条),这样飞机机组成员能快速地识别显示的信息并就近地联系它所对应的发动机。通常,同一个发动机的参数都垂直排列,不同发动机的同一参数根据发动机位置水平排列对齐。一般,参数的排列是按重要程度来区分的,最重要的参数排在最上面。最上面的参数一般是主要的推力设置参数。

3)其他信息的排列(比如,滑翔斜率和多功能显示)

(1)滑翔斜率和滑翔路径的偏差刻度应位于主姿态指示仪的右边。如果滑翔斜率的偏差数据呈现在一个电子水平位置指示器上和一个电子姿态方向指示器上,信息应出现在每个指示器相同的相对位置上。

(2)当滑翔斜率指示器是由一个具有垂直导航(Vertical Navigation,VNAV)的区域导航系统(Area Navigation,RNAV)或仪器导航着陆系统(Instrument Landing System,ILS)类似的功能来驱动的,指示器不应被标为"GS"或"滑翔斜率"。

(3)导航、天气和垂直位置显示信息通常被显示在多功能显示器上。这些信息显示在一个或多个的物理电子显示器上,或者在一个大一些的显示器的几个区域上。当这些信息不需要连续显示时,它们可以只是在部分时间显示,但是当飞行员需要这些信息时,它们应是容易恢复的。

(4)其他信息不应安排在主飞行信息或动力信息呈现的地方。

16.13.2　符合性方法分析

25.1321(a)款的符合性一般可以通过设计符合性说明、机上地面试验、飞行试验和机上检查来表明。申请人可能会对每个仪表进行视角分析。仪表可视性的可接受程度的最终评估可能需要具有很高几何逼真度的模拟机和/或飞机来证实。

1) 人因学问题讨论

(1) 有没有需要飞行员越过视觉中心线或正常座位的位置很大程度才能观察的仪表?

除主要的飞行信息、T形信息和动力信息,其他信息在需要的时候应是容易恢复的。对相应显示器的位置和排列,也应用有高度几何逼真度的模拟机来模拟飞行场景以评估仪表布置排列的合理性。

(2) 在飞行员的正常位置和视线上观察认读仪表,会不会造成过度地集中注意或花费很长时间?

所显示的信息应被容易并清晰地辨别,同时要有足够的可视强度,以便飞行员能看到并理解该信息。信息要素(文本、符号等)应足够大,以便飞行员在一切与运行环境相关的可预见条件下和驾驶座上,都能看到并理解它们。如果两个或更多的飞行员需要观察这些信息,那么这些信息要素在一定的观察距离下应可辨别并可理解。除了在设计时要满足一些已有的标准外,主观评价也是评估认读性很有用的方法。

2) "新颖、综合、复杂特性"等问题分析

(1) 综合/独立的程度。

仪表的布置应在驾驶舱设计中综合考虑,它们的可视性是和其他的操纵器件相联系的。

(2) 新颖性/经验。

如果是传统的仪表排列布置,相似性方法可用来表明符合性。如果有任何重大变动,就需要飞行测试来证实其可视性。

(3) 严酷程度。

为了利于飞行员快速清晰地理解仪表呈现的信息,仪表需要很高的视觉解析度,并在包括失效状态(比如照明失效和电源失效)、驾驶舱照明和显示系统照明以及各种运行环境(例如,白天和夜间的操作、振动)都能有效地保证飞行员对飞行信息的有效掌控。

(4) 动态性。

仪表显示的信息是一些动态的参数,申请人所用的符合性方法要能模拟这些动态的条件,或是遇到气流等的非正常飞行条件。

16.14　FAR 25.1321(e)

25.1321(e)是保证指示仪表失效的显示器在极端的照明条件下(照明失效,暗

环境,视觉前方很亮或太阳直射)仍有有效的可视性。

16.14.1   条款解释

对于所有的显示屏布局,应考虑所有与照明相关的可预见的条件,包括各种失效方式(比如照明失效和电源失效),驾驶舱照明和显示系统照明选择的全部范围,以及各种运行环境(例如,白天和夜间的操作、振动等)。如果提供了目视指示器指示仪表故障,那么该指示器必须在驾驶舱所有可能的照明条件下都有效。同时,无论所显示的信息是何种字体、颜色和背景,在所有预期的照明和运行条件下,从飞行机组位置处都应能看清信息文本。

16.14.2   符合性方法分析

25.1321(a)款的符合性一般采用设计符合性说明、机上地面试验和飞行试验等符合性方法来表明。

(1) 设计符合性说明:系统原理(方案)说明、设计图纸。

(2) 机上地面试验:进行仪表板的振动特性试验和指出仪表失灵的目视指示器在驾驶舱所有可能的照明条件下都有效的试验。(也可在地面试验中验证仪表板的布局及可见度,但也可用其他方法验证此内容)。

(3) 飞行试验:进行仪表板的振动特性试验和指出仪表失灵的目视指示器在驾驶舱所有可能的照明条件下都有效的试验。(也可在飞行试验中验证仪表板的布局及可见度,但也可用其他方法验证此内容)。

(4) 符合性方法:试图表明仪器失效的这些指示,随同其他的指示和警告一起,在预期的照明条件下是可见的论证和试验,一般来说,会用到生产质量硬件和照明条件(比如,黑暗,明亮的前景,一道阳光)的仔细控制。虽然来自实验室实验的支持性数据可能是有用的,但常常会用到模拟机和飞机。

1) 人因学问题讨论

(1) 是否考虑到了非正常的照明条件下,用于指示仪表失效的视觉指示仪的可读性?

按条款25.773(a)(2),驾驶舱的设计要保护飞行员在极端不利的条件下免受眩光反射光的影响,同时显示器的亮度和驾驶舱内的照明也要达到一定的调节范围,以适应暗的或亮的环境,保证所显示的信息是可见的。在实验室里可以对照明条件仔细地控制来测试有效性,模拟机和飞机飞行试验才是最有效的论证方法。

(2) 其他的驾驶舱里的操纵器件等会不会妨碍认读指示仪表失效的目视指示仪?

在安装布置方面,申请人应证明,其他操纵器件不会妨碍或阻挡认读指示仪表失效的目视指示仪。尤其在不利的照明条件下,这种有效性受到削弱的时候,需要申请人证明目视指示仪是可见的。真实的几何尺寸和照明条件是证明符合性的有效前提。

2) "新颖、综合、复杂特性"等问题分析

（1）综合/独立的程度。

仪表的布置和可见性应在驾驶舱设计中综合考虑，它们的可视性是和其他的操纵器件相联系的。

（2）新颖性/经验。

如果是传统的仪表排列布置，相似性方法可以用来表明符合性。如果有任何重大变动，就需要飞行测试来证实其可视性。

（3）严酷程度。

为了方便飞行员快速清晰地理解仪表呈现的信息，仪表需要很高的视觉解析度，并在各种失效方式（比如照明失效和电源失效），驾驶舱照明和显示系统照明选择的全部范围，以及各种运行环境（例如，白天和夜间的操作、振动等）都能有效保证飞行员对飞行信息的有效掌控。

（4）动态性。

仪表显示的信息是一些动态的参数，申请人所用的符合性方法要能模拟这些动态的条件，或是遇到气流等的非正常飞行条件。

16.15　FAR 25.1322

FAR 25.1322 条规定了警告灯、戒备灯和提示灯及相关告警功能的颜色要求，然而现代和未来的驾驶舱设计应对视觉和听觉告警系统进行综合考虑，考虑多种告警同时发生的优先级。

16.15.1　条款解释

1）告警（注意力捕获）

如表 16.1 所示，机组利用注意力捕获装置获取警告或戒备信息，可以通过以下情况实现：

（1）闪烁的红光用于警告，闪烁的琥珀色光用于戒备。

（2）用编码的听觉信号来区分警告和戒备并伴随稳定或闪烁的红色或琥珀色灯光。

（3）语音告警并伴随稳定或闪烁的红色或琥珀色灯光。对于提示，不需要注意力捕获装置。

上述灯光应布置在每个机组成员（例如，直接外露或在显眼的保护罩下）正常的观察范围内，且在所有照明条件下是可视的且不发生眩光。当从夜间进入白天或者有语音告警时，除非最小设置保持有足够捕获注意力的能力，否则不应提供手动调暗的功能。如果提供语音告警，则可提供自动调暗功能。

如果提供听觉信号，那么警告信号总是优先于戒备信号。语音告警应当优先被听到。

除非规章有其他要求，机组更希望通过按压灯来消除告警灯和听觉告警。

表 16.1　告　警　分　类

种类	标准	告警系统特征(注意力捕获)		注意事项
		语音	视觉	
警告	机组迅速识别、改正或采取补偿措施	可选择,除非规章要求	红色	如没有听觉告警,那么应具有闪烁的视觉警告
戒备	需要机组迅速察觉且随后采取相应措施	可选择,除非规章要求	琥珀色	如没有听觉告警,那么应具有闪烁的视觉警告
提示	需要机组察觉,如需要则随后采取相应措施	没有	非红色	

2) 视觉告警

警告和戒备信息对所有最小飞行机组成员来说,应该是可视的。如果一个位置无法实现可视性,则可采用两套相同设备来实现。

(1) 颜色。

为确保正确的信息转化,颜色的一致性和标准化使用是十分必要的。本条款对红色、琥珀色、绿色的使用进行了标准化,以确保飞行机组警觉的有效性。

根据人的生理特点,最为醒目的颜色是红色,对人的视觉刺激强烈,因此用于警告灯,指示危险情况;琥珀色比较明亮,容易提醒人们予以重视,因此用于戒备灯;绿色令人舒适,表示正常和安全。其他颜色(包括白色或者蓝色等),既不像红色那样使人警觉,也不像绿色那样使人放心,可用作一般的通告或作特定的标志。总之,通常应用从绿色到琥珀色到红色的变化,代表了危险、潜在危害、安全性危害程度的增加或者是需要飞行机组感知或作出反应程度的增加。

(2) 一般要求。

如果采用颜色来编码,那么至少还应使用另一种不同的编码(例如,尺寸、外形、位置等)。因为正常情况下,随着人眼的老化,其关注红色物体或区分蓝色绿色的能力会下降,因此对于飞行员来说,如果只采用一种颜色编码势必会增加飞行员解读显示器的工作负荷。

系统的设计要尽可能减少警告灯的数量,并且当信息不能精确地表达失效原因和位置时,那么最好在其附近设置额外指示信号或是按钮、操纵器件以便机组采取正确的补救措施。

3) 听觉告警(除语音以外)

尽可能地使驾驶舱内不同听觉信号的数量最少,最多不能超过八个。

强烈建议提供头戴式耳机或听筒和驾驶舱扬声器两种形式的视觉信号设备。确保在所有预期运行条件下,听觉信号的音量设定能确保机组听见。建议提供自动音量控制以补偿环境噪声的影响。

一些信号只有当恢复正常条件时才能停止。例如,如果告警是由超速警告、起飞构型警告和起落架警告等引起的,则听觉告警在告警原因存在期间必须持续发声。起落架警告在其明显多余的飞行条件下可以自动停止。

如果同时响起多个听觉信号,设计应保证其声音可清楚地为人所分辨。

在选择非正常程序时,可能要有专门的措施以撤销这些听觉警告。如果撤销了某项听觉警告,其余警告必须仍然有效。只要总的抑制方案使安全性得到提高,某些告警(听觉告警或听觉和视觉告警都包括)在特定的飞行阶段可以停止。

当告警系统发生故障时,机组应能隔离那些引人注意的装置以避免继续进行不希望的操作。在下一次飞行之前,告警系统的重置可以是其自动完成也可以人工完成。

除非紧急等级和飞行阶段允许,当达到警告或告诫阈值之后,告警不能出现明显的延迟。

4) 可靠性和综合性

为表明与1309条款告警系统要求的符合性,所有要求的和不希望的运行失效都应该考虑到。

告警系统的可靠性应该与提供告警功能的系统的安全性目标一致。某些参数的告警是必须的且不可丧失。为证明与此要求的符合性,还应表明:

(1) 由于单点故障导致警告或戒备注意力捕获装置功能的完全丧失是不可能的。

(2) 如果由于单点故障导致中央警告和戒备面板或显示器功能的丧失,那么如有必要,则应提供第二套适合的方式来实现其功能。

(3) 可能导致系统功能丧失或失效的单点故障,不能造成任何相关告警功能的丧失,除非影响后果是轻微的。

系统应通过设计来避免误告警和干扰性告警。应针对每一功能的误告警可能造成的影响进行评估并建立需要的安全性目标。另外,误告警和干扰性告警的发生率应足够低,以使机组对告警系统保持足够的信心。

那些与持续安全飞行和着陆所必需的系统相关的告警系统,当飞机在无正常供电的运行条件下,应是可用的。

16.15.2 符合性方法分析

人因建议方法:如果显示器系统设计具有新颖性、复杂或高度综合性,需要更加严酷的符合性方法来进行验证,如分析和试飞,还包括飞行模拟机评估。

16.16 FAR 25.1381(a)(2)

25.1381(a)(2)的要求是为了避免飞行员受到由仪表灯透射或反射而产生的眩光的影响。

16.16.1 条款解释

仪表灯为驾驶舱仪表板上的各种仪表、开关或其他装置提供照明,使机组成员能在各种飞行条件下清晰判读需要观察的仪表所显示的信息。仪表灯和驾驶舱观察窗的自然采光以及其他照明灯共同形成驾驶舱的照明环境,它对机组容易、准确地判读仪表显示的内容有很大影响。仪表灯按结构部位分为:仪表板、控制区域板和操纵台照明灯;按照明方式分为:表内照明、导光板和表外照明;按工作状态分为:正常照明(主照明)和应急照明(雷暴雨照明);按照明区域分为:仪表照明和除照明外的泛光照明。

(a)款(2)项要求灯的安装应做到的第(i)点是"遮蔽直射到驾驶员眼睛的光线",即应避免直射眩光。直射眩光按其影响程度可分为 3 类:

第一类为不舒适眩光或心理眩光。由视线附近过亮的发光物引起,能使人感觉烦恼、不舒适,但不影响观察能力;

第二类为失能眩光或生理眩光。由视线附近过亮、大面积的发光物引起,会减小被识别物与背景物的对比度,使人丧失部分视功能;

第三类为失明眩光。由于光线太强直射眼睛,当移开光源后,经十几秒还看不清物体,造成短暂直射致盲。

(a)款(2)中要求灯的安装应做到的第(ii)点是"使驾驶员看不到有害的反光"即应避免间接眩光。间接眩光有两种:反射眩光和光幕反射。

可能产生眩光反应的原因有三种:

(1) 由于高亮度刺激,使眼睛瞳孔缩小。

(2) 由于角膜或晶状体等眼内组织产生光散射,在眼内形成光幕。

(3) 由于视网膜受高亮度的刺激,使适应状态破坏。

消除眩光的措施,除在安装上采用遮光罩等手段遮蔽直射驾驶员眼睛的光线外,还应注意发光体与驾驶员眼睛的距离,发光面的形状、大小和亮度,环境的发射率,以及整个驾驶舱照明环境的均匀性等均要适当。

有关显示器的特性参考 25.777(a)中的讨论。

16.16.2 符合性方法分析

条款 25.1381(a)(2)一般建议采用设计符合性声明、设计说明、地面试验、飞行试验和机上检查等验证方法表明符合性。

设计符合性声明:对本条符合性的总体描述。

设计说明:系统原理(方案)说明和设计图纸等设计说明文件对本条符合性的具体描述。

地面试验:由飞行员在地面对驾驶舱仪表灯的照明效果进行整体评估,并提出适航符合性意见,由适航当局审定。

飞行试验:通过飞行试验对驾驶舱仪表灯的适航符合性进行评定。飞行试验中应考虑在各种飞行条件下,注意验证是否有直射驾驶员视线的光线,是否有漏泄光,以及是否能感觉到有害的眩光。

机上检查:对仪表灯的安装进行机上检查以确认对本条要求的符合性。

1) 人因学问题讨论

仪表灯、自然光和驾驶舱里其他照明组成的驾驶舱照明环境是如何保护飞行员免于眩光的干扰和伤害的?

显示器的自动亮度调节系统和遮眩光的板是保护飞行员避免眩光的方法。申请人可能会在极端的环境中,比如太阳直射或外部环境很暗,演示安装的仪表灯如何使驾驶员避免受到眩光的影响。主观评估是可接受的方法。

2)"新颖、综合、复杂特性"等问题分析

(1)综合/独立的程度。

仪表可读性受仪表的照明和设计的综合影响,例如颜色对比、大小、形状、刻度等。眩光的产生也是驾驶舱里所有表面共同作用的结果,申请人可能会选择分析和mock-up来表明符合性。

(2)严酷程度。

真实的几何形状和材料是进行测试的前提,由于光学的几何性质,在真实的驾驶舱里的实验和评估对证明符合性才有可接受性。

(3)新颖性/经验。

任何新颖的设计就需要更严格的评估。

16.17　FAR 25.1543(b)

25.1543(b)款是要求仪表标记应具备易读性,减少混淆,以达到最小的误读率。

16.17.1　条款解释

仪表标记对相应的机组成员来说是清晰可见的,指刻度的粗细、长短以及颜色的组合能使机组成员位于驾驶位置上时,在各种光线条件下看清楚,并且要求最小的误读率。可以使用包括颜色组合、闪烁等等各种途径达到以上目标。为了满足标记清晰可见的要求,应满足以下方面。

1)文本

文本所提供的信息应是清楚的和有意义的,同时信息应表达既定的意思。缩略语应清楚并与既定标准相一致,例如,航空导航服务程序 ICAO 缩略语和规则(国际民航组织(ICAO)文件8400)提供了国际认可的标准缩略语和机场标识符。

(1)从驾驶员的位置看,不管字体的类型、尺寸、颜色和背景如何,文本在所有的可预见的照明条件下和操作状态下都应是可读的(25.1321(a))。文本一般准则如下:

a. 对冗长的文件和信息,建议使用标准的大、小写字母。

b. 仅仅使用大写字母的文本标签是可以接受的。

c. 避免缩略词,比如以"can't"代替"cannot"。

d. 仅仅在空格和其他自然分隔符处换行。

e. 在可行的情况下,避免缩略语。

(2)字体的选择也会影响可读度。应用以下准则:

为方便可读性,选择的字体应与显示技术兼容。例如,衬线字体在一些低分辨率的显示屏上可能会变得扭曲一些。然而,在可接受衬线字体的显示屏上,发现这些字体对描述整个句子或大段的文字是可行的。

在极端照明条件下,建议显示屏显示无衬线字体(例如,Futura 或 Helvetica(一种广泛使用的西文无衬线字体))。

2) 标签

标签可能是文本或图标。标签项目包括对旋钮、按钮、符号和菜单提供说明,可以是标注一个显示器也可以是标注一个显示控制。25.1555(a)章节要求,除非操纵器件的功能很明显,驾驶舱的每一个操纵器件都必须清楚地标记它的功能和操作方法。那些功能不明显的操纵器件应被标记或被识别,以便那些对飞机不熟悉的飞行机组成员能迅速、准确并始终如一地确定它们的功能。

(1) 文本和图标应清楚并有意义地来表明它们所标注的功能。应使用标准的或不模糊的符号、缩写和名称。例如,为了与大气高度区别开,任何几何上派生出来的显示高度都应标注为"GSL"。

(2) 如果一个操纵器件履行一个以上的功能,除非控制的功能很明显,否则标签应包括所有预期的功能。

(3) 下面是标签的准则和建议:

数据字段是唯一可以被测量单元或描述标签识别的。然而已经发现一些基本的"T"型显示仪器没有测量单元也是可以接受的。

相关的标签在驾驶舱内任何一个地方都是一致的。

当一个控制或指示出现在多个地方时(例如,飞行管理功能的多个页面的"返回"控制),在所有的事件中其标签都应一致。

(4) 标签应符合以下几点:

a. 标签和它们标注的对象之间应留有空隙。

b. 用于显示操纵器件的标签在它们的控制识别上或旁边。

c. 用于显示操纵器件的标签不被相关的操纵妨碍。

标签是为了增进可读性。例如,标签一直保持垂直方向或与相关的符号(比如跑道或航道)对齐。在多功能显示屏上应使用标签指示激活的功能,当功能不再是激活或显示时,应删除标签。例外的情况是使用了另外的方法来表明该功能是可用的,例如,把非激活菜单按钮变灰。

(5) 当用图标代替文本标签时,应使用短暂出现的图标,以便飞行机组确定该控制的功能和操作方法。图标不应对飞行机组造成混淆。

3) 符号标志

a. 根据其预定的功能,电子显示符的外观和动态特性,应设计成加强飞行机组的理解和记忆,并且使飞行机组的工作量和差错最小化。下面是符号外观和动态特性的准则:

（a）符号标志应具有足够精度的定位，以免造成误解或大大增加理解时间。

（b）使用的每个符号标志可识别并区别于其他相关的符号标志。

（c）驾驶舱内多个显示屏上代表相同功能的符号标志，它们的形状、动态特性和其他特点应一致。

（d）用于表达多层信息的符号修饰符应遵从申请人描述的说明规则。符号标志修饰符是更容易识别的基准符号标志，比如颜色、填充和边界。

（e）代表物理对象（例如，导航设备和交通）的符号和该对象的物理特征（包括位置、尺寸、外壳和方向）不应造成误导。

b. 在驾驶舱内，避免使用相同的符号指示不同的目的，除非证明其不会造成误解或增加飞行机组训练时间。

c. 最好使用标准化的符号标志。已证明下列 SAE 文件中的符号标志在遵守规章上是可以接受的：

SAE ARP 4102/7，电子显示屏，附录 A 到 C（主要是飞行、导航和发动机显示）；

SAE ARP 5289，航空电子符（描述导航的符号）；

SAE ARP 5288，运输类飞机平视仪（Head Up Display，HUD）系统（HUD 符号体系）。

16.17.2　符合性方法分析

25.1543(b)款的符合性一般采用设计符合性说明、机上地面试验和飞行试验等符合性方法来表明。

申请人可能会用计算机建模提供初步的分析来表明在飞行员和仪表标记之间没有视觉障碍。对于必要的头动情况，也能用分析来测量其数量。基于研究的要求，可用其他分析技术来确定字体大小。在某些情况实物大模型也是有用的。这些分析评估中收集的数据一般用于支持驾驶舱中最终的验证，在这些分析评估中被试应代表飞行员人群的视力，并且是在具有代表性的照明条件下进行。

系统机上地面试验：对标记的清晰度等进行目视检查。

系统飞行试验：在飞行中特别是各种光照条件下，检验标记的清晰易读情况；尤其需要注意使用液晶屏幕显示相关仪表指示的情况下，在飞行员正常操作的位置和姿态条件下，在不同角度光照情况下显示的仪表标记信息仍然足够清晰。

1）人因学问题讨论

（1）飞行员和仪表标记之间有没有视觉障碍？有没有多次的头动或大幅度的头或身体的移动来查看标记？

申请人可能会用计算机建模提供初步的分析来表明在飞行员和仪表标记之间没有视觉障碍。大实物模型也可用来试验是否有障碍物妨碍飞行员观察或认读仪表标记。标记的字体、大小、图标等可按前面提到的建议和 SAE 的标准来设计和评判，主观的评价是可接受性的参考之一。太多的和太大幅度的头动会降低飞行员执行飞行任务的有效性，甚至会增加工作负荷。

（2）在极端的照明或动态条件下，标记的可读性是否受到影响？

用代表飞行员人群视力的被试和在具有代表性的照明条件下来完成分析评估，这些分析评估中收集的数据用于论证是否标记具有可读性。同时可能需要逼真的模拟来测试在极端的照明和动态条件下仪表标记是否清晰可见。

2）"新颖、综合、复杂特性"等问题分析

（1）综合/独立的程度。

除了计算机建模分析，测试和评估通常在有精确几何尺寸的环境下来完成。照明条件和振动状况也要求真实和具有代表性。

（2）严酷程度。

文本字体的选择、字体的大小、格式等应使得驾驶员在他们的位置，在所有可预见照明条件和操作状态都具有可读性。避免缩写，选择没有歧义、能清晰表达含义的缩写词。图标应与它所标记的功能相一致。

（3）标准的主观性。

评估标准具有一定主观性，推荐更为综合的评估手段来证实此条款的符合性，可以计划在其他的测试评估中作为一项子目的来完成。

16.18　FAR 25.1523

FAR 25.1523 条规定了针对最小飞行机组的要求。长期以来，该条款都被当成驾驶舱人为因素问题的牵头条款。

16.18.1　FAR 25.1523 背景

早期的人为因素条款只是针对各个子系统进行的约束，并没有从一个宏观的角度考虑人为因素的问题。1523 从机组的角度出发，对驾驶舱中最小机组的要求进行了定义，综合地考虑到人为因素的问题。

1523 关于最小飞行机组做出了相应的规定，并在附录 D 中给出了确定最小飞行机组应考虑的准则。对于该条款适航审定在 AC 25.523-1 中做了概括性的介绍，提出了建议的方法是通过选择参考机型进行比较。

首先选择参考机型（经过适航认证的）作为比较参照的对象，然后根据 25 部附录 D 中的相关准则确定一系列飞行任务场景。在确定任务场景后，选择适当的被试飞行员在参考机型和新研制飞机或其模拟器上进行飞行试验，通过对被试飞行员工作负荷（workload）的测量与参考机型进行对比说明对 25.1523 条款的符合性。

在上述的过程中有两方面的主要问题需要解决。一是参考机型的选择原则，二是任务场景（scenario）的选择原则。参考机型选择要解决的问题是所选机型与研制机型的相似程度，只有两者具有足够的相似性才能确保其可比性，比较的结果才有实际意义。任务场景的选择必须覆盖 25 部附录 D 中所涉及的机组工作职能和工作量因素。

对机组工作负荷的验证方法中，FAR 的 AC 25.2523-1(1993)提到了参考机型

(reference flight and airplane)，而在 AC 23.1523(2005)中并没有明确提出参考机型的说法，而是提出了直接比较，间接比较和独立评估三种方法，其中所提到的比较法的对象也只是"相似系统"而并非指"相似飞机"。

以下将对 1523 条件进行一些分析。

16.18.2　条款解释

该条款的目的是在已定的设备配置条件下，飞行员编制人数能使规定的最小飞行机组在没有过度注意集中或疲劳情况下执行任务，上述规定的机组在考虑到本条(a)，(b)和(c)款因素的条件下，能够保证安全飞行。

25.1523(a)所指的工作量指每个机组成员的基本职能：飞行航迹控制、防撞、导航、通信、飞机发动机和系统的操作和监控、指挥决策。

为确定最小飞行机组而分析和验证工作量时，主要考虑下列工作负荷因素：

(1) 对所有必需的飞行、动力装置和设备操纵器件(包括燃油应急切断阀、电气控制器件、电子控制器件、增压系统操纵器件和发动机操纵器件)进行操作的可达性和简便程度。

(2) 所有必需的仪表和故障警告装置(例如火警、电气系统故障和其他故障的指示器或告警指示器)的可达性和醒目程度。并考虑这些仪表或装置引导进行适当纠正的程度。

(3) 操作程序的数量、紧迫性和复杂性。特别要考虑由于重心、结构或其他适航性的原因而强制采用的专用燃油管理程序，以及发动机自始至终依靠单一油箱或油源(其他油箱如果贮有燃油，则自动向该油箱或油源输油)供油而运转的能力。

(4) 在正常操作以及判断、应付故障和应急情况时消耗精力和体力的大小和持续时间。

(5) 在航路飞行中，需对燃油、液压、增压、电气、电子、除冰和其他系统进行监控的程度。

(6) 需要机组成员离开原定工作岗位才能完成的动作，包括：查看飞机的系统、应急操作操纵器件和处理任何隔舱的应急情况。

(7) 飞机系统的自动化程度，自动化是指系统在发生故障或失效后，能自动切断、自动隔离由此引起的障碍，从而减少飞行机组为防止丧失能源(飞行操纵系统或其他主要系统的液压源、电源)所需的动作。

(8) 通信和导航的工作量。

(9) 由于任一应急情况可导致其他应急情况而增加工作量的可能性。

(10) 当适用的营运规则要求至少由两名飞行员组成最小飞行机组时，一名机组成员因故不能工作。

核准的运行类型是在提交被审定的飞机上所配置的设备(系统)基础上所核准的各种气象条件及交通管制条件下的运行类型。系统(设备)的配置决定了飞机操纵控制的自动化程度，相应影响到飞行员的精力及飞行安全；影响飞行员配备人数。

工作负荷包括心理负荷和生理负荷。工作负荷和工作绩效的关系呈反 U 型曲线分布,工作负荷过高或过低都会降低工作绩效。

应考虑高度自动化系统对机组工作负荷的影响。对工作负荷进行分析时需考虑自动驾驶仪失效,机组必须执行相关功能时的情形。当引进新颖复杂和高度综合的航空电子系统时,需对其进行包括人为差错在内的评估。

16.18.3 飞行情境与 FAR 25.1523 及 FAR 25 附录 D

考虑到机组成员的工作量、控制设备的可达性及操控难易程度,以及经授权的适于认证及所安装设备的操作类型,FAR 25.1523 指出,必须确定完成安全的飞机操纵所需的最小飞行机组。同时,FAR 25 附录 D 指出了确定最小飞行机组的准则和相应的飞行机组工作量基本功能及因素。因此,为了确定最小飞行机组和评估最小飞行机组工作量的可接受性,所定义和开发的飞行情境必须符合 FAR 25 附录 D 所指出的最小飞行机组准则:

1) 基本的工作量功能

(1) 航迹控制。

(2) 防碰撞。

(3) 导航。

(4) 通信。

(5) 飞机发动机及系统的操作和监视。

(6) 命令决策。

2) 工作量因素

(1) 所有飞行、动力及设备控制中必要的操作的可达性、难易程度。

(2) 所有必要的仪器及失效报警设备的可达性、显著程度。

(3) 操作程序的数量、紧急程度及复杂程度。

(4) 脑力及体力的集中程度及持续时间。

(5) 航途中对燃油、液压、增压、电气、电子、除冰及其他系统所需的监视程度。

(6) 需机组成员离开其岗位才能完成的动作。

(7) 飞机系统减少机组参与克服或隔离故障的自动化程度。

(8) 通信及导航工作量。

(9) 由连锁的紧急情况导致工作量增加的可能性。

(10) 运营规则要求最小飞行机组不得少于两名飞行员,而其中一名因故不能工作。

3) 经授权的操作类型

经授权的操作类型的确定需考虑飞机的运营规则。除非申请者要求批准更有限的操作类型,否则依 FAR 25 获得认证的飞机须在仪表飞行条件下操作。

16.18.4 符合性方法分析

符合性方法的复杂程度受如下因素影响:

（1）新模型；

（2）衍生模型；

（3）为减少机组人数，在原来经过批准的飞机上进行改装；

（4）或需要大幅增加机组工作负荷的型号设计更改或补充型号合格证项目。

通常可接受的符合性方法包括但不限于以下的符合性方法：设计说明、模拟器试验、地面试验和飞行试验。

对新机型或改型飞机，需进行系统评估并制订试验大纲。最小机组工作负荷需通过严谨的分析、测量和验证等程序来进行有效评估，在设计过程的早期应予以合理的分析。特定分析方法的选取原则应满足特定飞机驾驶舱构型的有效性、可靠性和适用性。

1）分析方法

（1）对工作负荷进行评估可采用任务时间线分析法。该方法适于对与飞行员任务明显相关的（如操作运动和数据输入）驾驶舱更改进行评估。需对有限的飞行场景和代表运行要求范畴（包括正常、非正常和应急程序）的时间段进行选择。该方法关键是对可用时间的准确判定。由于驾驶舱更改对飞行任务造成了影响，必须对应急或非正常程序的计划编制和执行进行专门的评估。

（2）评估新颖设计的最有效方法是通过与以往经批准的设计进行比较。通过在设计场景下对新颖设计特性进行专门评估，结果与已知基准进行比较，以确定新的设计更改可实现预期的结果。如果新颖设计在参照的驾驶舱基础之上进行了重大的变革，而没有增加影响机组工作负荷的主要系统时，可采用直接比较法。应对来自参照的驾驶舱运行经验及与新设计具有相似系统的飞机进行评审，以确保解决所有存在的问题并且不会增加由新设计而带来的不必要的问题。

（3）如果审查组通过初步分析识别出潜在的问题区域，应对这些区域投入更多的评估和相关数据的收集。当提交给局方时，这些关注问题应在制造商试验或审查计划中予以充分说明。

（4）如果新颖设计是对自动化水平或飞行员职责的一次重大的更改，那么分析比较法可能无法提供更多有用的数据，这时可能需要采用真实模拟和/或飞行试验来予以确认。

2）试验

（1）具有相关经验和资质的飞行员受训后对飞机进行实际运行后方可最终决定最小飞行机组。做出评估的飞行员不应仅限于制造商的试飞员，还应包括局方试飞员。强烈建议由"航线飞行员"来进行一些评估，因为他们定期飞相似机型，能依据运行经验来做判断。25部附录D包含了根据25.1523决定最小飞行机组的相关标准（基本工作职能和工作负荷因素）。

（2）试验大纲应包括25.1523和附录D中列出的所有工作职能和工作负荷因素。例如，对工作负荷进行评估时应包括在预期环境下为正确运行飞机所需的通信任务。目的是评估在真实运行条件下的工作负荷,包括具有代表性的空中交通、天气、航线运行职责、适当的团队和客舱交流。

(3) 评估飞行员应确保在可能的运行场景下对新系统和驾驶舱构型的重新布局进行评价。虽然可提供足够数量的机组工作负荷数据,但目前仍需依赖于结构化的主观评价方法。在同样的或非常相似的场景下,通过与来自参照的驾驶舱的运行经验相比较,对机组任务执行的简易程度进行评估。

(4) 为表明符合 25.1523 和 25 部附录 D 相关规定,申请人需拟定试飞试验大纲,并且应包含以下因素:

a. 航路。

试验航线应综合考虑导航系统、机场、仪表着陆和空中交通管制等因素。

b. 天气。

航路的选择应能提供在飞机预期的运行环境下遭遇各种不利的天气状况(仪表气象条件(Instrument Meteorological Condition,IMC),夜间飞行,湍流,结冰等)。

c. 机组工作时间表。

应指派试验机组制订日常工作时间表,该时间表应体现飞机的运行类型。该时间表应包括工作日的持续时间和预期的最大离港和抵港的数量,从夜里开始的航班数、最大允许工作时间和最短休息周期。

d. 最低设备清单。

试飞大纲中应加入具有代表性的遣派构型。这些具有代表性的遣派构型与后续可能的模拟仿真故障相结合作为许多评估场景的基础。

e. 交通密度。

飞机应能在仪表气象条件(IMC)和目视气象条件(Visual Meteorological Conditions,VMC)下高密度区域的航路运行,也应包括精确进场着陆和非精确进场着陆、等待、复飞、转场至备用机场等情况。

f. 机组成员能力丧失。

NTSB 事故数据显示从 1980 年 1 月至 1989 年 7 月期间,在 91 部要求下运行时,共发生 262 起飞行员丧失活动能力的事件,并导致 180 起灾难性事故。所有这些灾难性事故都归因于单个飞行员运行飞机。NTSB 同时期的数据显示在 135 部要求下运行时,共发生 32 起飞行员丧失驾驶能力的事件,并导致 32 起灾难性事件。所有这些灾难性事故都归因于单个飞行员运行飞机。相反在 121 部要求下运行时,同一时期共发生了 51 起飞行员丧失活动能力的事件,并都由另一飞行员将飞机调整回正常状态。

只要适用的运行规章要求至少两名最小飞行机组,那么审定大纲应包括在指定飞行中的任意时刻有一名机组成员完全丧失活动能力时的运行证明。应表明在剩余机组操作下,飞机能够安全地运行并能在目标地点或计划外地点安全着陆。机组成员能力丧失试验无需进行其他"遣派及后续失效"的场景试验。应将能力丧失作为"后续失效"的一个例子,纳入到起始于遣派构型(包括从提议的最低设备清单中挑选的项目)的一个或更多场景之中。尽管 25 部没有专门要求不允许运输类飞机只配备一名飞行员,然而当考虑到飞机预期的使用情况和飞行员能力丧失后所造成的后果,同时考虑到上文统计的事故记录,FAA 很难批准此类运行情况。

g. 系统故障。

试验大纲应包含由正常运行模式至故障运行模式所引起的后果。主系统和备用系统都应予以考虑,还应考虑具有代表性的失效组合情况。

h. 应急和非正常情况。

在试飞大纲中应举例出各种应急和非正常条件,用于表明其对机组工作负荷的影响。注意在试飞中对所选择的系统失效进行评估之前,必须先进行模拟或分析。应考虑应急或非正常情况下运行时机组工作负荷的分配,以确保选择适合的失效情况。

3) 记录飞行试验数据

应向型号合格审定小组成员(飞行员或观察员)提供工作负荷主观评估调查问卷,以确保其达到评估要求。如果驾驶舱在先前经批准的构型基础上增加了单个新系统,则使用场景和调查问卷来进行专门评估。对于全新的驾驶舱设计以及在先前经批准的最小机组基础上削减人数时,应对所有飞行阶段的工作负荷进行完整地评估,制订完整的评估调查问卷。另外,应制订机上观察员表格以记录机组绩效、机组差错,以及检查单问题、飞行管理或飞行指引系统问题,或是提供结构化的调查问卷和访谈。

4) 其他工作负荷测试方法

当传统的试验方法不能评估新颖飞机设计时,应建议使用其他替代方法,并提供足够的数据表明这种方法的有效性、可靠性和实用性。

17　1302 条款及其工程实施

17.1　1302 条款形成的意义与原因

　　机组成员对航空运输系统起着积极的作用,他们要依靠自己的能力来对不断变化的环境和条件进行评估,分析潜在的可能,做出合理的决策。但是,即使是训练得当的、合格的、健康的、警觉的机组成员也会犯错。有些差错是由于受到了设备系统设计及其相关的人—机交互作用影响,甚至是经过谨慎设计的系统。虽然大部分的差错未引起重大的安全事故,或是被及时发现并得到了缓解,但是事故分析表明在大部分各种类型的航空事故中,人为差错是最重要的影响因素。事故通常是由于一系列的差错或是由与差错相关事件(如,设备故障、天气状况)的结合而引起的。分析同时指出飞机驾驶舱及其他系统的设计能影响驾驶员的行为和飞行员差错发生的频率和结果。

　　一部分规章要求的存在是为了通过对驾驶舱及其设备的设计提出一定的能力与特征要求来提高航空的安全性。在援引条例中规定了与机组成员差错相关的驾驶舱设计所需达到的基本实用性要求,如 25.1301(a),25.771(a)和 25.1523。不过,这些条例基本都未给出潜在的人为缺陷与差错发生情况下设计者应如何应对。

　　1302 条款是对现有的规章的补充,它并没有替换或者取消现有的规章。增加段落的主要原因是像 14CFR Part25/CS - 25 包括驾驶舱系统设计的规章。这些规章有的是针对特定系统的(例如 25.777,1321,1329,1543 等),有的是针对飞机系统总体的(25.1301(a),1309(c),771(a)),以及建立最小机组的 25.1523 和附录 D。1302 条款增强了现在已有的总的应用规则,通过增加更加明确的与飞行机组行为相关的设计属性的需求,包括避免和管理飞行机组差错。此外,其他避免和管理差错的方法通过管理飞行员和飞机操作的资格的规则来规定(如,FAA/JAR FCL 和 JAR Ops 的 61,91,121,135 部分等)。考虑在一起,提出的规章和现有的规则代表了提供高水平安全性的完整的方法。然而,很少或者没有现存的指导文件说明申请人如何解决潜在的机组缺陷和差错,这就是为什么 1302 条款及其符合性验证指导性文件得以发展的原因。

　　完整的方法是重要的,是要求从认识到设备设计、训练和飞行员资格审核、以及操作/程序每一个方面都对降低风险起到安全性贡献。同时为了整体的经济性,在各方面之间取得一个合适的平衡也是需要的。在过去存在这样的情况:设计特征导致的差错是可接受的,因为理论上认为训练或者程序可以降低风险。但是,我们现在知道这是不合适的。同样的,要求设备设计提供所有的风险控制也是不合适的,因为会有未知的结果出现。例如,如果飞行员错误理解了一个控制员的许可,这并不意味着在 25 部需求中,应该增强数据链,或者其他的设计方案。在现有的规章中,一些错误缓解被要求作为操作规则需求的一部分的设备中,而不是适航要求,这是合适的。HWG 没有找到一个安全性的例子可以验证把所有的错误管理都放到设计需求中去。通常情况下,遵从人的能力和其他局限性的设计要求已经有了很多解释。研究结果可能随系统设计的新颖性、复杂性和集成度而不同。EASA 认为,该指导文件描述了一种结构化方法,用于选择和发展适航性验证方法,这对协助标准化认证实践是很有帮助的。

如上所述,在设计批准的需求(这些需求写在 25 部的最小适航标准中),以及训练/取证/资格和操作/程序之间需要找到一个平衡。提出的规章就是为了达到这个合适的平衡。

17.2　1302 条款与其他条款的关系

EASA 于 2008 年在 CS-25 Amendment3 中正式增加了 1302 条款,并在适航性验证方法(AMC)中给出了 1302 条款的实施方案。FAA 也于 2013 年 5 月正式将 1302 条款引入 FAR25。

参考 1302 的形成原因与背景,作为对先前规章的补充,有必要研究 1302 条款与先前的条款的关系。通过对先前条款的研究,发现这些条款对于人为因素来说还不是完备的。这些条款是基于案例为基础的,它们反映了对过去安全事件的考虑以及事故调查委员会对安全性的推荐方法。这是一种被动的方式,为了针对新技术或者新操作环境所产生的新问题,应该需要一种主动的积极的方式,因为不管是局方,还是工业界都无法预期将来会发生什么。这些条款无法完全提出与飞行机组行为以及在预期运行条件下或所有设备和系统与飞行机组交互时的飞行机组错误相关的设计需求,主要包括:

25.671(a)仅运用于飞行控制。

25.771(a)提出仅避免非理性的注意力集中和疲劳,而没有提出其他飞行机组错误和能力下降的原因。

25.771(c)仅需要控制飞机的方法必须在职能上与每个飞行员的位置相同,而并没有设置这些方法的标准。

25.777 定义了需求,仅针对控制,且仅与他们的位置以及特定的身体因素相关,并没有综合性提出影响规则建议的飞行机组错误和性能所有方面的控制特性。

25.779 定义了需求,针对运动和控制的效果,并没有综合性提出影响规则建议的飞行机组错误和性能所有方面的控制特性。

25.1301 非常概括,无法持续性应用于提出满足规则建议所覆盖的安全问题。

25.1309(a)仅应用于所需的设备,因为它非常概括,无法持续性应用于提出满足规则建议所覆盖的安全问题。

25.1309(c)定义了仅在设备失效情况下可用的需求,而规则建议的需求应该应用于所有期望的运行条件。

25.1523 和附录 D 提出了工作量,仅仅是针对建立最小飞行机组的,与包括可能无法满足影响最小飞行机组的人数与组成的工作量问题在内的规则建议对比。

由于 1302 是对以前的人为因素相关条款的补充,所以在分析它与其他条款关系的时候,应考虑从控制,信息显示,系统工效,机组成员差错管理以及综合化等方面进行分析。

普遍认可的适航性验证方法(AMC)为遵从 1302 条款及其 25 部中的几个章节所提出的要求,提供了涉及机组成员在操纵飞机时使用的安装设备的指导性材料。尤其是 AMC 强调了安装设备的设计和审批程序。这些设备是供机组成员使用的,它们在驾驶舱的位置是比较固定的。AMC 还为控制、显示、系统行为、系统集成的设计和评估提供建议,以及为差错管理提供设计指导。

申请人可以参考本章的第 4,5,6 节的内容共同组成适航性验证方法。第 4 节"认证计划"描述了认证计划时在申请人和认证机构之间的活动和沟通。第 5 节"设计注意事项和指导"是根据 1302 条款的子章节组织的,确认了人为因素相关设计问题,表明是要遵从 1302 条款和其他相关规则所必需的。第 6 节"适航性验证方法"描述了通用的验证方法以及该方法怎么使用。

17.3　范围和假设

本 AMC 提供了指导文件,是为表明遵从了 CS 25.1302,以及与机组成员在操纵飞机时使用的安装设备的其他几个要求。表 17.1 包含了与驾驶舱设计和 AMC 提供指导的机组界面相关的要求,需要注意的是,AMC 并没有为 CS 25.1302 之外的任何要求提供一种广泛适用的验证方法。

表 17.1　AMC 相关要求

CS-25 部 1 要求	主　题	AMC 引用的材料
CS 25.771(a)	不合理的精神集中或疲劳	差错,17.5.6 一体化,17.5.7 控制(controls),17.5.3 系统行为,17.5.5
CS 25.771(c)	飞行座位的可控性	控制,17.5.3 一体化,17.5.7
CS 25.773	驾驶舱的视角	一体化,17.5.7

（续表）

CS-25 部 1 要求	主　题	AMC 引用的材料
CS 25.777(a)	驾驶舱控制的位置	控制,17.5.3 一体化,17.5.7
CS 25.777(b)	驾驶舱控制的移动方向	控制,17.5.3 一体化,17.5.7
CS 25.777(c)	全面不受限制的控制移动	控制,17.5.3 一体化,17.5.7
CS 25.1301(a)	安装系统的拟功能	差错,17.5.6 一体化,17.5.7 控制,17.5.3 信息报告,17.5.4 系统行为,17.5.5
CS 25.1302	飞行机组差错	差错,17.5.6 一体化,17.5.7 控制,17.5.3 信息报告,17.5.4 系统行为,17.5.5
CS 25.1303	飞行和导航仪	一体化,17.5.7
CS 25.1309(a)	在所有操作条件下所需设备的拟功能	控制,17.5.3 一体化,17.5.7
CS 25.1309(c)	不安全的操作系统和减少可能产生危害的机组差错	信息报告,17.5.4 差错,17.5.6
CS 25.1321	可见性仪表	一体化,17.5.7
CS-25 部 1 要求	主题	AMC 引用的材料
CS 25.1322	警告和咨询灯	一体化,17.5.7
CS 25.1329	自动驾驶仪、飞行指挥仪、自动推力	系统行为,17.5.5
CS 25.1523	最小飞行机组	控制,17.5.3 一体化,17.5.7
CS 25.1543(b)	可见的仪表标记	信息报告,17.5.4
CS 25.1555(a)	控制标记	控制,17.5.3
CS 25 附录 D	确定最小飞行机组的标准	一体化,17.5.7

　　该文件适用于飞行机组界面和系统行为,使驾驶舱里的飞行机组成员在正常和非正常情况下操纵飞机时都能使用安装系统和设备,在 CS-25 范围内为型号和补充型号做认证项目时,这份文件适用于这些飞机和设备的设计注意事项,但不适用于机组成员训练、资格证明或者发牌条件。同样,除了在 CS-25 里的要求,它也并不适用于飞行机组程序。

　　在遵从 AMC 引用的要求时,申请者可以假设一个合格的受过培训的机组成员在使用这些安装设备,这意味着飞行机组成员通过满足有关当局运作规则的要求就可获准飞行。

CS 25.1302 是一个通用的适用性要求,其他的 CS-25 部要求是为特定的设备和系统制订的。如果与本部分提供的指导相冲突,其他的 AMC 中关于特定设备和系统的指导具有优先权。AMC 的附录 1 列表了其他相关的法规材料和文件。

17.4　认证计划

本部分描述了申请人和认证机构之间的活动、沟通以及遵从 AMC 寻找验证方法所需要的文件。符合 CS-25 的型号认证的规定可以在 21 分部中找到。

申请者应当在尽可能早的申请和设计阶段与认证机构取得联系,这可以使潜在设计中关于人为因素的问题及时达成协议,从而降低申请人耗费在设计特征阶段可能不被机构认可的风险。

某些行为普遍发生在一种新产品、新的驾驶舱系统或者功能的开发阶段,发生在官方认证数据提交之前,这些数据是为了显示和要求之间的一致性。申请者可以选择仅仅基于信息的基础上跟局方讨论或者分享这些活动,在适当情况下,局方可能希望参与评估申请者正在建立的实物模型、原型机和模拟器。

认证机构认为,作为认证计划过程的一部分,对人为因素的详细鉴定、分析、评估将成为设计符合性的一部分。这种鉴定、分析、评估被称为“认证信用”。

图 17.1 表明 AMC 第 4,5,6 部分之间的相互作用,这些部分在认证过程中同时被使用。第 4 部分详细说明了申请人和认证机构之间的活动和沟通。第 5 部分为特定的议题提供适应性验证方法,17.5.2、17.5.6、17.5.7 节协助申请人确定在 17.4.1 节所述范围内所需的投入,17.5.3 节通过 17.5.5 节为确定 17.4.2 节所述的适用性要求提供指导。第 6 部分提供了通用适航性验证方法的清单,用于指导 17.4.3 节中的讨论。17.4.4 节列出的项目可记录为上述讨论的结果。

17.4.1　驾驶舱认证计划的范围

本节提供了确定认证计划范围的方法。

在申请人内部,申请人应该考虑驾驶舱操纵系统、信息和系统行为同机组成员的相互作用,申请人应该把系统功能、组件和特征同机组成员的任务联系起来。当引进了新的系统、组件和特征时,应当理解机组成员的任务是怎么被更换或修改的。17.5.2 节为预期功能和关联的机组成员任务提供了指导。

认证计划可能受设计特征的集成度、复杂性和新颖性的影响,每一部分都在下面的子章节作了相应的描述。把这些因素考虑在内,申请人应该同认证机构就驾驶舱操纵系统的使用范围、信息和系统行为之间取得一致意见,这些在认证过程中会得到额外的仔细检查。申请者应该注意到新特征的作用会受到它的复杂性以及驾驶舱其他设备集成度的影响。新颖但简单的特征没有新颖同时复杂的特征要求的那样严格的审查。

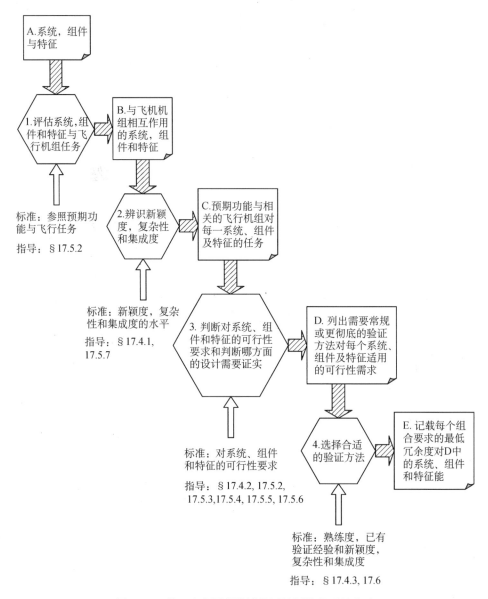

图 17.1　关于人为因素设计认证计划的条理性方法

1）集成度

在这份文件当中，术语"系统集成度水平"指的是在影响机组成员操纵飞机时，系统相互作用或相互依赖的程度。申请人应该对系统中此集成度做出描述，因为这可能影响到适航性验证方法。17.5.7 节中涉及的集成度定义为特定系统如何与驾驶舱成为一体，以及集成度程度怎么影响适航性验证方法。

2）复杂性

机组成员希望的系统设计的复杂性是这个过程中可能影响适航性验证方法的

重要因素。复杂性有多重度量,机组成员不得不使用的信息量(例如在同一显示板上的信息量)可作为复杂性的一种指示,系统集成度可作为机组成员希望的系统复杂性的一种度量,操纵系统的设计也可以是复杂的。例如,同一个旋钮有多种控制模式。第5部分列出了复杂性的几个方面。

3) 新颖性

申请者应该基于以下因素确定设计的新颖程度。

(1) 新技术是否为已制订或新的驾驶舱设计引进新的操作方式?

(2) 由于新技术的引进,是否需要特有或额外的操作程序?

(3) 设计是否为机组成员同系统的相互作用引进一种使用传统或革新的方式?

(4) 设计是否为现存系统改变飞行机组的职责引进新的用途?

基于上述标准,申请者应该通过新颖性描述特征,大多数的新颖性特征可能在认证过程中要求额外的仔细检查。极少部分的新颖性特征仍然必须证明与相关条款是符合的,但通常会遵循典型的认证过程,下面描述的过程可能不会那么严格。

17.4.2　适用性要求

申请者应该确定设计要求适用于每一个系统、组件和特征,且均被证明符合验证性方法。这可以通过确定影响机组成员的具体表现,对机组成员可能出现的差错实现预防和管理的设计特征。

要求中涉及人行为能力的具体设计注意事项在第5部分中讨论,第5部分中每种设计要素的适用性将取决于17.4.1节确定的设计特征。

根据分析的结果,列出与设计要素相符合的要求清单,这些设计要素要被仔细检查过。要求清单将是确定适航性验证标准的基础。

17.4.3　选择合适的适航性验证方法

至于如何表明适航性,申请者应该参考17.6.1节,作为选择适合于设计的适航认证方法作为指导。一般说来,适航性认证方法审查的严格程度会随着新颖性、复杂性和设计的集成度而增强。

第6部分确定了在很多认证项目中已经使用的通用适航认证方法,并且讨论了这些方法的选择、用途和限制。申请人可以提出其他的一般性认证方法,但必须经过认证机构批准。

一旦确定了人的行为能力问题,选择了适航性验证方法,并提交给认证机构,该机构就能把对人为因素的具体鉴定、分析、评估作为验证设计符合性要求的一部分。申请人使用标准认证程序把数据传输到认证机构,得到该机构的认可,就可被授予认证。这些数据同条款相符合,并成为申请人最终记录的一部分。

这一步骤的结果将包括用于显示同条款相符合的验证方法。

17.4.4　认证计划

申请人应该记录认证过程、认证结果和在上述段落中描述的协议,这可以列入一个单独的计划,或并入到一个更高级的认证计划中完成。下文是可能包含在文件中的摘要。

(1) 新飞机,系统,操纵系统,信息或特征。

(2) 正在评估的设计功能,以及这些功能是否新颖。

(3) 新功能的集成度和复杂性。

(4) 受影响的飞行机组任务或者任何引进的新任务。

(5) 任何新的飞行机组程序。

(6) 必须遵守的具体要求。

(7) 符合适航性的验证方法(一种或多种)。

(8) 传输数据到认证机构的方法。

17.5　设计注意事项和指导

这一节包含了对 CS 25.1302 的讨论、与其相符合的指导和其他要求。

申请人应首先完成下列步骤。

(1) 确定可能受条款影响的系统,组件以及新设计的特征。

(2) 使用第 4 节的初始步骤评估新颖性、复杂性和集成度。

一旦这些步骤完成后,使用本节的内容以确定应该用哪些来验证适航性。

为遵守 CS-25 的要求,驾驶舱的设计应妥善处理可预见的飞行机组成员的能力和局限性。为帮助申请人符合这一总体目标,本节进行了分段,对以下几个主题提供了指导意见:

(1) 适用性和 CS 25.1302 的解释材料(见 17.5.1)。

(2) 预期的功能和与飞行机组成员相关的任务(见 17.5.2)。

(3) 操纵系统(见 17.5.3)。

(4) 信息报告(见 17.5.4)。

(5) 系统运转状态(见 17.5.5)。

(6) 机组成员的错误管理(见 17.5.6)。

(7) 集成度(见 17.5.7)。

每个分段论述了申请人为建立符合适用要求所应该展现的特性。在行业里被称作"最佳方法",在这里不再赘述,这里提供的指导是为验证适航标准使用的。显然,并非所用的标准可以或者应该满足所有的系统,因为在 AMC 中的指导是广泛和普遍的,其中有一些在某种情况下会发生冲突。申请人和认证机构应该应用一些判断和经验,确定哪些指导适用于设计的什么部分、什么情况。标题说明了指导意见适用的准则。但是,首先我们在 CS 25.1302 中提供了更为详细的讨论。

正如在这份文件的背景和范围的分部中所描述的,机组成员的差错在意外事件中起着重要的作用。CS 25.1302 提供了基础的法规,而 AMC 提供了解决设计相关层面障碍的指导,以及通过以下做法管理机组成员的差错。

首先,通过提供可以减少或者避免机组成员差错相关的设计特征指导,解决机组成员的能力和局限性。通过确保机组成员执行任务所需的信息和控制,与提供的安装设备的预期功能相联系,并且以一种可用的形式提供,CS 25.1302 分段(a)至(c)中的要求就是为了减少设计对这种差错的影响。此外,有关业务系统行为必须是可理解、可预测的,支持机组成员的任务。这一节提供的指导意见是为了避免由设计引起的机组差错。

其次,CS 25.1302(d)指出了这一事实:即使是训练有素、娴熟的机组成员在操作精心设计的系统时,机组成员的差错也会发生,那么设计就必须支持管理这些差错,以避免安全后果。17.5.6 对机组成员错误管理提供了相关的指导。

17.5.1　适用性和 CS 25.1302 的解释材料

CS 25 包含了驾驶舱设备的设计要求,有系统特定的(如 CS 25.777,CS 25.1321,CS 25.1329,CS 25.1301(a)等),有普遍适用的(如 CS 25.1301(a),CS 25.1309(c),CS 25.77a(a)),也确定了最小机组成员的要求(如 CS 25.1523 和 CS-25 附录 D)。CS 25.1302 对避免和管理机组成员差错相关的设计属性增加了更多明确的要求,从而增强了先前存在的普遍适用性。其他避免和管理机组成员差错的方式,有规范执照要求、对机组成员和飞机业务的资格要求。统筹实施这些补充措施提供了更高的安全度。

本补充方法是重要的,它认识到设备设计、培训、许可、资格、经营、程序每一步骤都对减低风险有重大作用,在它们之间需要一个适当的平衡。在过去的情况下,人们接受设计特征对机组成员差错的作用,认为培训或程序可降低这种风险,这种做法往往是不恰当的。同样,由于预想不到的后果,要求设备设计成提供全面的风险缓解也是不恰当的。如果机组成员误解了控制器的活动,并不表示认证机构就该形成数据链,或者把其他的设计方案作为认证规范。目前的操作规则要求设备提供一些差错缓解(如地形意识和预警系统),但不作为适航要求的一部分。

如前所述,在 CS-25 的最低适航标准和培训、许可、资格、操作、程序要求之间需要一个适当的平衡,CS-25 和 AMC 的制定也是为了实现适当的平衡。

引言　CS 25.1302 的引言指出,本段的条款适用于安装设备的每个条目,这些设备是供机组成员在通常的工作位置上操纵飞机时使用的。

"供飞行机组成员在通常的工作位置上操纵飞机时使用",是指安装设备的预期功能包含了能够提供给飞行机组成员操纵飞机时使用。这种设备安装的一个例子是提供显示器给飞行机组成员浏览信息。短语"飞行机组成员"是为了组成最小飞行机组的任何人或所有人以便同 CS 25.1523 相符合。"在通常的工作位置"指的是飞行机组成员坐在他们通常的位置操纵飞机,这一短语是为了限制要求的使用范围,因而它没有指出在正常和非正常情况下操纵飞机履行职责时没有被使用的系统或设备,比如说,本段并不打算适用于某些电路断路器的条款或者供维修成员使用的维修操纵系统(或不操纵飞机时的飞行机组成员)。

在第一段中的词语"安装设备必须被显示"指的是申请人必须提供足够的证据支持 CS 25.1302 符合性要求,但这也不是为了表明超出 21 部 A.21(b)所要求的适应性。因此,对于简单的项目或类似于先前审批的设备条款,我们不期望比之前的要求表现出与 CS 25.1302 更好的适应性或者表现出更多的工作量来展示、测试和显示数据。

短语"独立地与其他设备相结合"指的是当设备在驾驶舱同其他设备一起安装时必须满足这段的要求。安装设备不能阻止其他设备符合这些要求。比如说,申请人不能设计这样的显示器:它提供的信息同其他安装设备的信息不一致或相冲突。

此外,本款规定使用安装设备的是受过合格训练的飞行机组成员,这意味着设计必须满足要求,在满足了操作规则资格要求时,飞行成员才被允许驾驶飞机。如果申请人在培训方案被接纳之前追求型号设计和补充型号设计,申请人应该记录任何新颖性、复杂性和高度集成的设计特征,假定设计有可能影响培训时间和飞行程序。这些要求和相关书面材料中的设计特征、培训方案(拟议或正在制订过程中)应当与局方相协调。

设备在设计上做到飞行机组能够关联设备的预定功能来安全执行任务,并且要求这些功能适用于正常和非正常情况下。在非正常情况下供执行的任务一般指的是在非正常(包括紧急)情况下的飞行程序。"安全执行任务"是为了描述要求安全目标、要求设备设计能使飞行机组准确、及时地执行任务,而不会不恰当地干预其他所需任务。"与预期功能相关联的任务"是为了描述要求操作设备的任务或者为设备的预期功能提供支持的任务。

CS 25.1302(a)要求申请人为 CS 25.1302 第一段确定的任何驾驶舱设备安装适当的操纵系统和提供必要的信息,操纵系统和信息显示必须足以让飞行机组执行任务。虽然这看起来很明显,但包含了相关要求,因为 CS-25 认为回顾要求相关因素是必要的,所以揭示了驾驶舱操纵系统和信息满足飞行机组需要的特定要求。这些要求没有在规则的其他部分反映,因此在这里明确是很重要的。

CS 25.1302(b)为驾驶舱操纵系统和信息列出了必要和适当的要求,使飞行机组成员能如上面(a)的规定完成他们的任务。确保操纵和信息装置的设计可供飞行机组成员使用,本分段旨在通过增加信息报告和操纵系统的设计要求减少由设计引起的飞行机组差错,分段(1)至(3)指定了这些设计要求。

对信息和操纵系统必要的设计要求:

(1)正确支持飞行机组成员执行任务。

(2)使飞行机组成员能以适当、有效的方式执行计划好的行动。

(3)使飞行机组成员对他们在飞机中活动的影响有合适的反馈信息。

CS 25.1302(b)(1)明确规定以清晰明了的形式作为一种决议,对任务有适当的精度提供操纵系统和信息。对信息来说,"清晰明了"是指:

(1)能正确感知(易读)。

（2）在飞行机组任务的上下文被理解。

（3）支持飞行机组进行旨在执行任务的行动的能力。

对操纵系统来说，"清晰明了"的要求指的是飞行机组成员能适当使用它们完成设备的预期功能，总的目的是增强操作直观性，设计对参数影响一致的设备操纵系统，或者指出它们的影响程度或者同驾驶舱其他操纵系统是否相符。

本条 25.1302(b)(1) 也规定为完成任务的细节和准确性而提供所需信息或者运行操纵系统。分辨率偏低或精度不高将意味着飞行机组成员无法充分执行任务，而分辨率偏高会因为差错的可读性或者完成任务需要的功能比实际更加精确而使任务难度增加。

CS 25.1302(b)(2) 规定操纵系统和信息能以与任务相同的紧迫性、频率和期限供飞行机组成员读取和使用。例如，经常或紧急使用的操纵系统必须能随时访问，或者需要较少的步骤来执行任务。如果操纵系统不是经常或紧急使用的，那么低一点的可访问性是可接受的。不经常使用的操纵系统不应该影响那些经常或紧急被使用的操纵系统，同样，需要较长时间互动的任务不应该影响紧急情况下对信息的访问。

CS 25.1302(b)(3) 规定设备需要提供信息，以通知飞行机组成员在飞机或系统上活动的影响，这种预警是安全操作所要求的。这样做的目的是让飞行机组成员知道飞行机组活动对系统或飞机状态的影响，从而允许他们检测和纠正自己的差错。

包含这一节是因为新技术增加了以前的要求没有解决的飞行机组界面问题。现存要求的特定缺陷与人为因素可通过下面描述的得以解决：

（1）CS 25.711(a) 列出了操纵系统这一主题，但没有包括信息报告的标准。

（2）CS 25.771(a) 列出了操纵系统，但只包括它们的位置。

（3）CS 25.771(b) 和 CS 25.779 列出了运动方向和驱动，但不包括操纵系统的新类型，比如指示器装置。这些要求同样没有包含各种类型的控制接口，比如通过菜单同显示连接可以影响它们的可及性。

（4）CS 25.1523 和 CS - 25 附录 D 有不同的内容和背景（决定最小机组），因此没有以一种足够普遍的方式列出这些要求。

CS 25.1302(c) 规定在设计安装设备时，它的工效同机组成员任务关系能够达到：

（1）可预测和无歧义。

（2）设计成使机组成员能以恰当的方式介入到任务（和预期功能）。

涉及综合和复杂信息以及操纵系统的驾驶舱技术的改善，已经增强了安全性和性能。然而，它们同样引进了在机组成员和系统之间确保适当互动的需要。服务经验表明，一些设备的工效（特别是自动化系统）过于复杂，或者依赖于没有被机组成员很好理解或预期的逻辑状态或传输模式。这样的设计特征会使机组成员产生混淆，并已证明对一些事件或事故有重大影响。

"操作相关的行为"是为了表达系统逻辑电路、操纵系统的净影响、显示在机组成员的认识或系统运作的感知范围内的信息,这是规划活动或操作系统所必须的。这样做的目的是把系统运转状态同系统设计内的功能化的逻辑电路区分开来,其中有很多是机组成员不知道或不需要知道的,而有一些是必须让机组成员知晓的。

CS 25.1302(c)(1)规定系统工效应该是能让一个合格的机组成员知道系统正在做什么和为什么这样做。要求运行相关的系统工效是"可预测和无歧义"。这意味着机组成员可以保留足够的信息来安全操纵系统,这些信息是关于在可预测的情况下他们的活动或改变对系统造成什么样的影响。系统工效必须是无歧义的,因为根据系统的当前状态和操作环境,机组成员的活动对飞机产生的影响是不一样的。

CS 25.1302(c)(2)规定设计应该使机组成员能对系统采取一些行动或者以一种适合于任务的方式改变系统输入。

CS 25.1302(d)列出了这样的现实:即使是受过严格训练、娴熟的机组成员在操纵精心设计的飞机时也会犯差错。这样就要求设备被设计成能够使机组成员管理这样的差错。按照这种规则,"由机组成员同设备相互作用引起"的差错指的是在某种方式与操纵系统设计、设备工效、与提供的信息相关或由此引起的差错。会引起差错的设计或信息的例子有指示器、在驾驶舱中与其他系统矛盾的并且复杂的操纵系统,另一个例子是程序与设备的设计相矛盾。这些错误被认为在这些要求和AMC的范围之内。

设计中使机组成员能"管理差错"指的是:

(1) 机组成员有能力检测或者恢复由他们与设备相互作用引起的差错。

(2) 或此类飞机上的机组成员差错的影响对机组成员是显而易见的,继续的安全飞行和着陆是可能的。

(3) 或者机组成员差错能通过开关保护、联动装置、确认行为或其他有效的方式被阻止。

(4) 或者差错的影响能被系统逻辑电路、冗余、稳健设计或系统容错设计排除。

管理差错的规定适用于那些可被合格和训练有素的机组成员合理预期的差错。所谓的"在服务中合理预期"是指在服务中相同或类似的设备已经发生的差错,也指那些可预期的差错,这种可预期是基于一般经验和在评估中与使用操纵系统的类型、信息或者系统逻辑电路相关的对人为能力、局限性的认识。

CS 25.1302(d)声明如下:"这一节不适用于手控飞机相关的技能差错"。这一声明指的是排除由机组成员控制飞行线路的熟练程度、主轴姿态、俯仰、偏航、推力控制和飞行控制系统引起的差错,这些问题在现存要求中被充分的考虑了,比如CS-25的B分部和CS 25.671(a)。但并不打算设计被要求对机组成员在训练和经验中的缺陷进行补偿。这就假定了在17.1节开始部分讨论的预期操作的最小机组要求。

这项要求排除了由具有不良信誉的机组成员所做的决策、行为、疏忽引起的差错管理,这是为了避免对设计施加规定,使这些设计容纳恶意或者有意犯下的差错。CS 25.1302 不打算要求申请人考虑由暴力或暴力威胁行为引起的差错。

这种"良好诚信"的排除也是为了避免在设计中强加一些同机组成员因为无视安全问题造成差错相类似的要求。然而,人们意识到即使在有很好诚信的情况下,仍可能犯错误,但这些差错可以受某种情况下的设计特征影响,比如一个设计不当的程序同提供给机组成员的操纵系统或信息不兼容。要求差错可控的目的只是在经济和操作上的实用性。要求差错只在一定范围内可控的目的是解决在经济和操作上的可行性。这是为了避免实行要求时没有考虑到经济可行性和相应的安全效益,也是为了解决操作的可行性,比如有必要避免引进差错管理特征到设计中,因为这会不适当地影响在正常和非正常情况下机组成员的行动或决定。比如说,它并不打算要求这么多的保护或联动装置来关闭发动机,这会让机组成员无法在可用的时间内可靠地做到这一点。同样,它并不打算减少机组成员干预或采取行动的权利或方式,在可靠前提下用他们的最佳判断,他们也有责任这样做。

这一分段被包括在内,是因为对机组成员同设备相互作用导致的差错(在服务中可合理预期)的管理是一个重要的安全指标。尽管这份材料的适用范围仅限于那些对设计有影响或相关的差错,人们希望 CS 25.1302(d)能对设计做出变更。其中的一个例子:在某些设计中使用"撤销"功能。

17.5.2 预期功能和同机组成员相关的任务

CS 25.1301(a)要求:"安装设备的每一项必须是(a)适合其预期功能的设计"。CS 25.1302 制定要求以确保设计支持机组成员在系统预期功能内执行任务。为了表明同 CS 25.1302 的符合性,必须知道系统的预期功能和机组成员的预期任务。

申请人对预期功能的声明必须足够详尽、具体,这样认证机构才能评估系统是否同预期功能和机组成员相关的任务相适合。例如,对一新的为"增强形势感知"的显示系统必须做进一步的解释,各种不同的显示系统以不同的方式增强形势感知能力。例子有地形告警、垂直剖面,甚至主飞行显示器。申请人可能需要在更高的新颖性、复杂性和集成度上对设计做更详尽的描述。

申请人应对以下预期功能和同机组成员相关的任务做描述:

(1)驾驶舱设备的每一项。

(2)该设备的机组指示系统和操纵系统。

(3)该设备的单独特征或功能。

这种类型的信息通常由飞行员手册或操作指南提供,它们描述了指示系统、操纵系统和机组程序。

正如在第4部分中讨论的,新颖性特征可能需要更多的细节,而先前审批的系统和特征通常要求少一点。17.4.1节讨论了有足够新颖性和需要额外仔细检查的功能。申请人可通过以下问题评估对预期功能和同机组成员相关的任务的声明是否详尽和具体:

　（1）是否每一特征和功能有声明的目的？

　（2）机组任务是否同描述的功能相关？

　（3）基于系统提供的信息，希望机组成员做出什么样的评估、决策和行动？

　（4）在联合系统时需要设想使用什么其他信息？

　（5）系统的安装和使用是否影响机组成员操纵其他驾驶舱系统的能力？

　（6）是否有关于设备使用的操作环境的设想？

　（7）在管理飞机操纵、培训、资质认证的规定之外，对机组成员的能力做了何种设想？

17.5.3　操纵系统

17.5.3.1　引言

在本 AMC 中，我们把操纵系统定义为机组成员操纵的设备，这些设备是为了对飞机及其控制面板接口、系统和其他设备进行操作、配置和管理。这些设备可能包括驾驶舱中的：

　（1）按钮。

　（2）开关。

　（3）键盘。

　（4）小键盘。

　（5）触摸屏。

　（6）光标控制装置。

　（7）图形用户接口，比如提供控制功能的弹出窗口和下拉菜单。

　（8）语音激活控制系统。

17.5.3.2　CS 25.1302(b)的符合性方法

申请人应该提交适应性验证方式，以表明设计中提出的操纵系统同 CS 25.1302(b)相符合。提交的方式应该足够详尽，以证明每一功能、控制操作模式、控制行为的结果同要求相符合。也就是：

　（1）清楚。

　（2）不含糊。

　（3）适当的分辨率和精度。

　（4）可接近。

　（5）可用。

　（6）能使机组成员感知(提供足够的反馈)。

对于这些要求的每一部分，提出的适航符合性验证方法应该包括对以下单独控制或同其他控制系统相关的控制特性的考虑：

　（1）控制系统的物理位置。

　（2）控制系统的物理特性(比如形状、尺寸、表面纹理、运动范围、颜色)。

　（3）控制系统直接影响的设备或系统。

（4）控制系统如何被标记。

（5）可行的控制系统设置。

（6）对每一可能的行为或设置，作为初始控制系统设置或其他状态下的功能。

（7）是否还有其他能产生同样影响（或影响相同的目标参数）的控制系统，还有在什么条件下会出现这种情况。

（8）控制系统行为反馈的位置和性质。

下面的讨论为同 CS 25.1302 相符合的操纵系统的设计提供附加的指导，它同样提供了业界公认的最佳做法。

17.5.3.3　清楚和没有歧义的控制相关信息报告

（1）可区别和可预测的控制系统[CS 25.1301(a)，CS 25.1302]。

每个机组成员应该能快速、准确地确定和选择控制系统的当前功能，使之与任务相符合。控制系统的功能应该是显而易见的，因而只需要很少的熟悉度，或者根本不需要。申请人应该评估控制行为的后果，以证明它们对于机组成员是可预测和明显的。这包括对单一设备多种显示的控制以及机组成员同单独的控制系统共享的显示区域。要使控制系统可区分和可预测，可通过形式、颜色、位置或标记上的差异。仅仅把颜色标记作为区分特征通常是不够的。这适用于控制系统的物理性质以及作为图形用户接口组成部分的控制系统。

（2）标签[CS 25.1301(b)，CS 25.1543(b)，CS 25.1555(a)]。

对于一般的控制标签见 CS 25.1555(a)。标签应该在所有照明和环境条件下使机组成员从他们的通常位置可读。如果控制执行一个以上的功能，标签应该包括所有预期的功能，除非这些控制的功能是显而易见的。图形控制系统的标签由光标设备获得，如在图形显示中应该包括追踪球。当菜单有附加的选项（子菜单）时，菜单应该对下一子菜单提供合理的描述。

申请人可以用文字或图标标签。文字和图标对它们标签的功能应该是独特、有意义的。申请人应该使用标准或不会产生歧义的缩写、术语或图标，以便在驾驶舱中同功能保持一致。ICAO 8400 提供了标准的缩写，这是一种可接受的选择标签的基准。

设计应该避免隐藏一些功能（比如点击显示器的空白区域使某些事件发生）。然而，如果有足够的备用手段满足访问功能，这些隐藏的功能也是可接受的。为便于机组成员使用和理解，应该对设计进行评估。

当使用图标代替文字标签，申请人应该标明机组成员只需要简单的图标来确定控制功能以及它是如何运作的。根据设计经验，下面对于图标的准则能通向可用的设计：

a. 图标应类似于它所代表的对象；

b. 图标应该在航空领域里很通用，并对机组成员来说是很熟悉的；

c. 图标应该根据既定的标准、它们在什么时候使用和传统的意义。

　　在所有情况下，申请人应该表明在速度和错误率方面，使用图标同使用文字标签的场合至少是相当的。此外，申请人应该表明，增加的错误率和工作时间在安全或者机组成员工作量上没有不可接受的影响，因此也不会造成机组成员的混淆。

　　(3) 多个控制系统的相互作用[CS 25.1302]。

　　如果机组成员的多个控制系统是为一个功能提供的，申请人应该表明拥有足够的信息，使机组成员知道当前运作的是哪一控制系统。作为一个例子，当两个光标控制装置能访问相同的显示器时，机组成员需要知道机组成员的哪些输入具有优先权。当双重控制系统能同时影响同一参数时，设计者应该给予警告。

17.5.3.4　控制系统的可达性[CS 25.777(a)，CS 25.777(b)，CS 25.1302]。

　　申请人应该表明，在 CS 25.1523 中定义的最小机组成员中的每一机组成员能访问和操作所有必要的控制系统。在决定控制系统是否支持供机组成员使用的设备的预期功能时，可达性是其中的一个因素。在其他机组成员失能情况下（正常和非正常情况下），任何为机组成员准备的控制系统必须表明是可视的、可达的、可供在座位上肩被束缚(CS 25.777(c)中指定的姿势)的机组成员操作。如果肩膀束缚是锁定的，这可能表明肩膀束缚是开启的。

　　CS 25.777(c)要求每一驾驶舱控制器件的位置安排要允许器件有充分和无限制的运动，并且不能对驾驶舱中其他的控制系统、设备或者结构进行干预。

　　信息的分层，比如说菜单或者多显，不应该妨碍机组成员确定所需控制器件的位置。在这种情况下，位置和可达性不仅仅指用于访问它们的控制功能的物理位置（如显示设备）或者多功能控制（如光标控制系统）。位置和可达性同样包括这样的一些考虑：控制功能在不同的菜单层可能的位置以及机组成员怎么引导这些层来访问相应的功能。可达性应在系统发生故障（包括机组成员失能）和最低设备清单时体现。

　　控制器件位置和运动方向应该定向于对机组成员有利的位置。控制器件/显示器的可达性应从这一方面得以维持。比如说，在顶板的控制器件要求机组成员的头向后移动，控制器件移动的方向也要考虑在内。

17.5.3.5　控制系统的用途

　　(1) 影响控制系统的环境问题[CS 25.1301(a)和 CS 25.1302]。

　　湍流或振动以及照明水平下的极端情况不应该妨碍机组成员在任务和工作量可接受的情况下履行他们的职责。如果在寒冷天气作业下要使用手套，设计应该考虑他们的使用在控制系统尺寸和精度上的影响。控制系统的灵敏度应该具备足够的精度，在即使很恶劣的环境下执行任务，正如飞机操作手册所定义的。把对环境问题的分析作为适航性验证方式是必要的，但对新的控制类型或新技术或控制系统新的用途是不够的，因为对它们本身来说不是新的或新颖的。

　　申请人应该表明要求控制系统恢复飞机或系统的控制器，并且继续以一种安全的方式操作操纵飞机，使之在驾驶舱有浓烟或剧烈振动的情况下可用。后一种条件的例子是风扇叶片的损失。

（2）控制与显示的兼容性[CS 25.777(b)]。

为确保控制是不含糊的，控制与它相关的显示器双方的关系和相互作用应该是明显的、可理解和合乎逻辑的。一个控制输入经常需要对显示器上的信息作出反应，或者改变在显示器上设置的参数。申请人应该明确任何旋钮没有明显的"增加"或"减少"机组成员预期的功能，并且同驾驶舱其他的控制系统保持一致。美国汽车工程师协会(Society of Automotive Engineers，SAE)出版的 ARP 4102 中的 5.3节，对驾驶舱设备中使用的控制系统来说是一种适航符合性验证方式。

当控件用于移动在其移动范围内的制动装置，在执行相关任务所需的时间内，设备应该提供制动装置在其范围内足够的反馈。能显示制动装置移动范围的信息的例子包括平衡系统的位置、目标速度以及各种阀门系统的状态。

与显示相关的控制系统的位置应该能使他们不会影响到机组成员任务的执行。其职能是针对特定的显示板的控制系统应该安装在受控的显示或功能的附近。一般情况下更喜欢把控制系统安装在显示器的下面，因为在很多情况下，控制系统安装在显示器的上面会导致机组成员的手在操作控制系统时掩盖了显示器的视角。不过，多功能显示板上的控制系统被认为是可接受的。

控件和显示之间的空间分离可能是必要的。这种情况是一系统中的控件与同一系统的其他控件一起定位，或者是面板中几个控件是为多功能显示准备的。当控件和相关显示之间有很大的空间分离时，申请人应该表明与任务相关的控件的使用，在差错类型、错误率和访问时间等方面是可接受的。

一般来说，控件的设计和布局应该避免信息能见度受阻的可能性。如果控件运动范围暂时阻止了机组成员的信息获取通道，申请人应该表明该信息在那个时段不是必须的或者会在另一合适的位置中提供。

电子显示器上的显示/标签应该跟驾驶舱其他地方开关和按钮相关的标签等同。如果标签跟相关的操纵系统不是等同的，申请人应该表明机组成员能迅速、方便、准确地确定相关的操纵系统。

17.5.3.6 充足的反馈[CS 25.771(a)，CS 25.1301(a)，CS 25.1302]。

控制输入的反馈是必要的，能使机组成员认识到他们行为的影响。每个控制应提供反馈信息，以供机组成员菜单选择、数据输入、控制行动或其他的输入。当输入是不可接受或不是跟随系统的，应该要有明确和没有歧义的指示。这种反馈可以是视觉、听觉或触觉的。不管是任何形式的，应该提供反馈以便通知机组成员：

（1）控制已被激活（指挥状态/值）。

（2）功能正在执行（给予延长处理时间）。

（3）与控制相关的行动已经初始化（指挥状态不同时的实际状态/值）。

反馈的类型、期限和适应性，将取决于机组成员的任务和成功操作所需要的特定资料。例如，如果要求感知实际系统的响应或者该系统的状态，作为某种行为的结果,反馈仅仅指出开关的位置是不够的。

当用户看着窗外或不相关的显示器时,被使用的操纵系统应该提供触觉反馈。键盘应该为任何按键提供触觉反馈。当这些反馈被省去时,应该能被合适的视觉或其他的反馈所替换,成为系统能接收到预期的输入和响应。

设备应该提供合适的视觉反馈,不光是旋钮、开关、按钮的位置,也包括图形化的控制模式,如下拉菜单和弹出窗口。用户跟图形化的控制相互作用时,应该接收到积极的指示,可能是一个分层菜单已被选中,一个图形按钮已被激活或者其他的输入已被接受。

申请人应该表明,在机组成员执行设备预期功能相关的任务时,所有形式的反馈都是明显和没有歧义的。

17.5.4 信息显示

17.5.4.1 引言

申请人应该提交适航性验证方式以表明该设计显示的信息同 CS 25.1302(b) 相符合。拟议的方式应足够详细,以表明功能、控制操作方法和结果、符合要求。即:

(1) 清楚。

(2) 没有歧义。

(3) 适当的分辨率和精度。

(4) 可达性。

(5) 可用性。

(6) 使机组成员感知(提供足够的反馈)。

给机组成员的信息报告可以是视觉的(比如在 LCD 上)、听觉的("会说话"清单)、触觉(比如控制感觉)。在综合驾驶舱的信息报告,不管是不是使用语言,应该符合上述所有要求。对于视觉显示,AMC 指出主要显示格式问题而不是显示硬件特性。下文为 CS 25.1301(a), CS 25.1301(b), CS 25.1302 以及 CS 25.1543(b) 的要求提供了设计考虑事项。如果在本文件和 AMC 25-11 对具体的电子视觉显示功能的有关指导相冲突,AMC 具有优先权。

17.5.4.2 清楚和没有歧义的信息显示

(1) 定性和定量的显示格式[CS 25.1301(a) 和 CS 25.1302]。

申请人应该表明显示格式包含了机组成员执行任务所需要的信息类型,特别是读取的速度和精度要求。例如,信息的形式可以是文本、数值或者以图表代表状态或速率信息。状态信息标识了在特定时间一个参数的具体数值,速率信息显示了该参数的变化率。

如果机组成员检测非正常数值的唯一方式是通过监测显示器提供的数值,该设备应提供定性的显示格式,定性的显示格式更好地表达了速率和趋势信息。如果这是不切合实际的,申请人应该表明机组成员可以对使用的信息执行任务。定量的信息报告对任务要求精确值时更适合。

纳入定性显示的数字读数或者现值指示不应该使标记或刻度在通过现值指示时无法显示。

(2) 一致性[CS 25.1302]。

如果在多个地方或者多种方式(比如视觉和听觉)提供相似的信息,那么信息报告的一致性是需要的。系统内信息报告的一致性能减少机组成员的差错。如果信息在驾驶舱内不能保持一致,那么申请人应该表明其中的分歧不会增加错误率或者工作时间,不会导致重大安全事故或者机组成员的工作量,也不会导致机组成员的混淆。

(3) 符号、字体、线条和刻度[CS 25.1301(b)和 CS 25.1543(b)]。

合适的机组成员,坐在他们的位置上使用正常的头部运动,应能看到和读取到与显示格式相符的特征,比如字体、符号、图标和标记。在某些情况下,可能需要跨驾驶舱的可读性。显示器故障或者交叉检查飞机仪器都是可能需要可读性的例子。可读性必须保持在阳光读取条件下(CS 25.773(a))和其他如振动的恶劣条件。数字和字母的间距应该不比 SAE ARP 4102-7 在设计经常使用这些信息的机组成员的眼位定义的视觉角度小。

(4) 颜色[CS 25.1302]。

避免使用许多不同的颜色来表达显示器上的意义。然而,明智地使用色彩可以非常有效地减少显示的整理工作量和响应时间。颜色可以用来组合逻辑电子显示功能或者数据类型。在整个驾驶舱使用相同的色彩理念是可取的,但偏航可能以某种可接受的理由得到审批。申请人应该表明所选择的颜色不会轻易由于在显示器中使用不同的颜色造成混淆或者误解。不正确的颜色编码会增加显示项目识别和选择的响应时间,并且增加错误的可能性,在这种情况下执行任务的速度比精度更加重要。过多使用红色或琥珀色,对于作为预警职能或者潜在的不安全条件下是不可取的,因为这种使用削弱了真正警告和注意事项的特征。

把使用颜色作为信息报告的唯一手段也是不可取的。然而,当它作为表明跟任务相关的关键信息时是可接受的。当颜色作为重要资料使用时,应该增加其他编码特点,如质地或者亮度差异。AMC 25-11 包含了为设置特定显示特征推荐的颜色。

申请人应该表明显示器上的分层信息没有因为使用的颜色标准和符号增加混淆和杂乱,设计要求机组成员手动消除混淆,显示器也应避免这种混淆。

(5) 符号、文字和听觉信息[CS 25.1302]。

设计中电子显示格式的多种元素可以基于既定的标准和传统的意义。例如,ICAO 8400 提供了缩写,作为可以应用于驾驶舱文本的一个标准。SAE ARP 4102-7,附录 A-C 和 SAE ARP 5289 对航空显示符号来说都是可接受的标准。

显示器上的消息或者符号的位置也会传达意思给机组成员。如果电子显示屏特定区域没有一个统一或者可重复的符号位置,解释错误和响应时间可能增加。申请人应该注意符号的优先级(优先显示一个符号,通过删除辅助符号或者覆盖其他的符号)来确保更高优先级的符号仍然可见。

新的符号(一个新的设计或者为已具有关联符号的功能准备的新符号)要经过测试,以便区分和机组成员的理解和记忆。

申请人应该表明,显示的文字和听觉信息是不同的,对准备的资料是有意义的。要评估信息是否传达了预期的意思。设备应该显示标准或者没有歧义的缩写和名称,同功能和整个驾驶舱一致。

17.5.4.3　信息的可达性和可用性

(1)信息的可达性[CS 25.1302]。

有些信息可能在某些时候机组成员要立即获得,而有些信息在整个飞行阶段中可能都不需要。申请人应该表明,在飞行阶段机组成员可以访问和管理(配置)专用多功能显示器上所有必要的信息。申请人也应该表明,为继续安全飞行和着陆,故障发生后的相关精简显示模式(正如在 CS 25.1309 中定义的)中的任何信息是可访问的。申请人应该明确在这些条件下哪些信息是必须的以及怎样将这些信息同时显示。申请人也应该表明补充信息没有代替或者覆盖所需的信息。

把分析作为新颖的显示管理计划的适航性验证的唯一方式是不够的。申请人应该使用典型场景模拟来验证机组成员管理可用信息的能力。

(2)混乱信号[CS 25.1302]。

混乱信号是以信息的形式分散机组成员执行主要的任务。视觉或者听觉上的混杂信息是不可取的。为减少机组成员的反应时间,设备应该以简单、良好有序的方式提供信息。申请人应该表明,一种信息传输模式(不论是视觉或者听觉)提供了机组成员执行手头任务实际需要的信息。

机组成员可以使用自己的辨别力来限制在任何时间点需要提交的信息量。比如说,某种设计可能允许机组成员规划一个系统,使它一直显示最重要的时间,而不那么重要的信息处于请求中。当设计允许机组成员选择额外的信息,基本的显示模式应该保持清楚明了。

自动去除杂波的显示选项会隐藏机组成员所需的信息。申请人应该表明,在某些紧急情况下,设备可以自动取消选择一些数据而提供机组成员必要的信息来增强机组成员的应急能力。辅助显示器的使用不仅取决于信息的去杂目标,也取决于显示的可用性和临界。因此,当设计这些特征时,申请人应该遵循 AMC 25-11 的指导意见。

因为听觉信息呈现短暂性质,设计者应注意避免潜在的信息杂波,这些会相互冲突并妨碍反应。优先级和时序对避免这些潜在的问题可能是有用的。

信息的优先级取决于任务的关键性。优先级低的信息不应掩盖优先级高的信息,优先级高的信息应当是有效的、容易察觉的、容易区分的和可用的。但这也不是意味着要根据飞行阶段来改变显示格式。

（3）系统对控制输入的响应［CS 25.1302］。

控制输入和系统响应之间时间过长或者变化的响应时间会对系统的可用性产生不利影响。申请人应该表明对控制输入的响应，比如设置数值、显示参数或者在一个图形显示上移动光标符号的速度足以让机组成员在可接受的性能水平下完成任务。要求显著的系统处理时间的行动，设备应该表明系统的响应正在进行中。

17.5.5　系统行为

17.5.5.1　引言

飞行机组任务的不同取决于系统设计的特点，在响应相关的飞行机组输入时系统有所不同。在机械系统中响应可能是直接和唯一的，也会变成干预子系统（例如水力学或电学），有些系统甚至会自动改变它们的响应来获得或者维持所需要的飞机状态或者系统状态。

正如在 CS 25.1302(c)4.5.1 所描述的，为使安装设备同机组成员的任务相关联，设备必须设计成：①明确，没有歧义的；②能使飞行机组成员以一种合适的方式执行任务（和制定的功能）。

明确和没有歧义地对任务相关的系统行为作出规定，能使合格的机组成员明白系统正在做什么和为什么这样做。这意味着如果机组成员想安全操纵系统，则应该对系统在可预见的情况或不断变化的形势下会做什么要拥有足够的信息量，这成为系统行为同系统设计内部的逻辑功能相区别，系统内部功能很多是机组成员不知道或不需要知道的。

如果机组成员的介入是系统预计功能或非正常程序的一部分，那么机组成员必须采取某些行动，或者改变系统的输入。系统必须针对机组成员的干预能力的规定进行设计。

改进的技术增强了安全性和性能，也要求机组成员和拥有复杂信息和控制功能的复杂系统之间确保恰当的合作。如果机组成员没有很好地理解系统行为，可能会产生很多混淆。

一些涉及任务的自动系统要达到高效和安全的性能必须有机组成员的关注，比如飞行管理系统（FMS）或飞行导航系统。另外，系统被设计成自动操作，从这个意义上讲，他们要求很少或者根本不需要与人的相互作用，这样的系统称为自动化系统。这样的系统由"开"、"关"切换状态或自动运行，在本节中不讨论。比如飞行线控系统、全权数码发动机控制装置（full authority digital electronic control system, FADEC）以及偏航阻尼器。关于自动化系统的详细具体指导可以在 CS‐25 的相关章节中找到。

运行经验表明，自动化的系统行为过于复杂，依赖于逻辑状态或者模式转换不能被飞行机组成员所理解，从而导致混淆，像这样的设计经常导致事故的发生。

这章节为表明同设计注意事项的一致性提供了指导，规定可以在 CS 25.1302(c)，

CS 25.1301(a)，CS 25.1309(c)或 CS-25 的其他相关章节中找到。

17.5.5.2   系统的功能分配

申请者应该表明所提出的设计功能的分配,以便:

(1) 机组成员可以在正常和非正常情况下成功完成他们所分配任务。工作量适度,就不需要过度集中精力和造成不必要的疲劳。(工作量评估见 CS 25.1523 和 CS 附录 D)

(2) 机组成员同系统的相互作用能使他们了解情况,使他们及时检测故障并在必要的时候介入。

(3) 在正常和非正常操作下飞行机组成员和系统之间的任务分享和任务分配得以考虑。

17.5.5.3   系统功能行为

一个系统的行为产生于机组成员和自动化系统的相互作用,并且又由以下因素决定:

(1) 系统的职能和操作逻辑。

(2) 用户界面。包含操纵系统和信息显示,使机组成员的输入与系统达成交流,并提供了系统行为对机组成员的反馈。

设计反映时对这两种情况一起考虑是很重要的,这可以避免设计在功能化逻辑管理系统行为对机组成员的行为有不可接受的影响。系统功能化逻辑和行为问题的例子可能与错误相关,机组成员其他的困难有:

(1) 对输入(输入数据)和输出而言,机组成员接口的复杂性。

(2) 机组成员在模式选择和转换时对系统行为没有足够的理解和准确的预期。

(3) 机组成员对系统的意图和行为没有足够的理解和正确的期望。

可预测和没有歧义的系统行为(CS 25.1302(c)(1)):

申请人应该提交他们将用于表明在提交的设计中使用的系统或者系统模式行为对机组成员来说是可预测和没有歧义的方式。

人们已经发现系统或者系统模式的工作情况对机组成员不可预测或者含糊不清,会引起或导致机组成员差错,它同样会降低机组成员在正常和非正常情况下执行任务的能力。某些设计特征已被用于最大限度地减少机组成员差错和其他的机组性能问题。

下面的设计考虑因素适用于业务相关的系统或者系统模式行为。

(1) 设计的简洁性(例如模式的数量,模式转换)。

(2) 模式显示应该明确和没有歧义。例如,机组成员的对模式的配置、参与、选择要有显示或指示反馈,以便足以让机组成员感知他们行动的效果。

(3) 模式的配置、参与、取消选择方式的可达性和可用性。例如,为解除或脱离某种模式的控制行为不应该依赖于正在配置或者使用的模式、不应该依赖于设置一种或多种其他的控制行为、不应该依赖于该系统或另一系统的状态。

（4）可预测的、不受指挥的模式转变和返回。例如，应该要有足够的显示信息为系统中在配置或者使用的模式的非命令式转变提供了解。

要注意到模式的正式描述通常定义它们是相互排斥的，所以在一个特定的时间里系统的模式不能超过一个。例如，显示可以在"向北"模式或者"前进跟踪"模式，但在相同的时间内不能同时是这两种模式。

有关飞行制导系统模式的具体指导，请参阅 AMC 25.1309。

机组成员的干预（CS 25.1302(c)(2)）：

申请人应该提交他们用于表明设计的系统行为允许机组成员干预系统运作且不会影响安全性的方式。这将会包含他们怎样确定职能和在何种情况下干预会得到彻底的解决的描述。

如果通过分析来做，通过分析的深度和广度定义可接受的标准，或者提出一种本质上就是完整的分析模式，这样就可以确定分析的完整性。此外，申请人提出的方式应该描述他们怎么确定每一种干预方式所适用的任务。

自动化系统的控制：

自动化系统可以执行由机组成员选择或监督下的各种任务。应该提供控制以管理这种系统的功能或者对系统进行设置。对这种"自动化指定"的控制的设计应该使机组成员能够：

（1）系统安全的执行当前或者后续的任务。

（2）准备的新任务（如新的飞行轨迹）不应该干预或者同自动化系统正在执行的任务相混淆。

（3）根据机组成员的期望，在不会混淆当前的控制对象时激活相应的系统功能。例如，机组成员在使用一个能设置垂直速度或者飞行路径角的垂直速度选择器时要心中有数。

（4）操作条件要求或者转换到手动操作时，能手动干预任何系统的功能。例如，在系统功能损失、系统异常或故障条件下可能就需要手动干预。

自动化系统的显示：

自动化系统可以在最小机组成员的监督下，在最小的机组干预下执行各种任务。为了确保有效的监督和使机组成员感知系统的状态和系统的"意向"（未来状态），显示应该在以下方面提供可识别的反馈：

（1）由机组成员输入到系统中，使机组成员能够发现和纠正错误。

（2）自动化系统或者运行模式的现状（在做什么）。

（3）以达到或维持理想的状态时系统采取的行动（正在试图做什么）。

（4）自动化系统的下个状态（下一步将做什么）。

（5）系统状态之间的转换。

申请人应该考虑自动化系统设计以下的几个方面：

（1）指挥和实际值的指示应使机组成员能够确定自动化系统是否根据他们的

预期在执行任务。

（2）如果自动化系统在条件下操作异常或者不能在选定的指标下完成任务，应通知机组成员并调整任务。

（3）通过确保系统状态和系统的机组输入的信息共享，支持机组成员的协调与合作。

（4）自动化系统应该使机组成员在命令被激活前审查和确认它的准确性。这对自动化系统尤其重要，因为它们可能需要复杂的输入任务。

17.5.6　机组成员操作失误管理

17.5.6.1　CS 25.1302(d)的符合性验证方法

即使那些受过很好训练的、有经验的机组成员在使用设计精良的系统时也会犯错误。因此，CS 25.1302(d)要求"安装的设备能够允许机组成员有能力处理那些由于机组成员和设备交互时引起的错误，假设机组成员在正常状态下，这种要求在一定程度上是具有可行性的。这些条款不适用于那些与飞机的手动操作相关的技术错误"。

为了符合 CS 25.1302(d)，设计需要满足下列标准中的至少一条。即：

（1）机组成员能够发现（参考 17.5.6.2）和排除错误（参考 17.5.6.3）。

（2）要确保由于机组成员的错误操作多飞机性能的影响对机组成员来说是明显的，使得后续的安全飞行和着路是可能的（参考 17.5.6.4）。

（3）能够通过使用开关保护、连锁、确认操作或其他的方法来排除故障。或通过系统逻辑和冗余、鲁棒或容错系统设计来消除错误带来的影响（参考 17.5.6.4）。

下述目标：

（1）在一般情形下按照这个优先顺序。

（2）应该认识到并不是所有机组成员的错误动作都会被阻止，也不存在绝对可靠的方法能够准确地预测错误发生的可能性以及与这些错误产生的相关后果。

（3）需要符合性的方法，这些方法应该是有条不紊的而且是与系统安全评估等飞机系统分析方法互为补充的、分离的、不同的。

正如我们在 17.5.1 节讨论的，满足 CS 25.1302(d)并不是需要考虑由于暴力行为或暴力威胁引起的错误。另外，规则只是要求考虑那些与设计相关的错误。

那些确实与设计相关的错误包含在这个规章和指导性材料中。例如一个与设备设计不一致的步骤，或者一些复杂的指示和控制彼此不一致或与飞机上的其他设备不一致。

在验证符合性时，申请者应该在正常和非正常条件下同时评价机组成员的任务，这是考虑到了许多具有相同设计特点的任务在每一次实验中是彼此关联的。例如，那些在正常条件下需要展示的飞行任务（导航、通信和监视）在非正常条件下仍然需要进行展示，虽然在一些非正常条件下完成这些任务比较难。因此那些在非正常条件下需要完成的任务应该被看作附加的任务。申请者不应该认为考虑到的错误与正常条件下有什么不同,但是任何评估都应该解释要执行的任务的变化。

为了验证符合 CS 25.1302(d),申请者会单独或综合使用在第 6 部分讨论的符合性方法。这些方法必须与第 4 部分讨论的被证实的认证计划一致,而且可以解释上面提到的目标和下面讨论的一些注意事项。当使用这些方法时,这对那些需要参考其他资料去理解错误发生的申请者是有益的。这里有一些方法的简要总结以及如果应用这些方法去通知机组成员的错误考虑。

(1) 相似性声明(参见 17.6.3.1):相似性声明可以用来证实设计方案有充分的前期认证去确认机组成员管理错误的能力没有发生显著变化。申请者也可以根据经验数据去辨别那些对于相似的成员接口或系统行为来说的常见错误。作为符合性验证的一部分,申请者应该区分出在新的设计中为了避免类似错误的步骤。

(2) 设计描述(参见 17.6.3.2):申请者会架构出设计描述和设计合理性来展现各种错误在设计、解决、减轻和管理过程中是如何被考虑的。申请者也可以使用一种描述来说明一种已有的和有效的设计理念是如何被证实是可以让机组成员进行错误管理。

(3) 计算和工程分析(参见 17.6.3.3):作为一种可能的符合 CS 25.1302(d)标准的方法,通过分析控制、显示、系统行为和相关的机组成员任务,申请者可以记录错误管理方法。这将需要在理解潜在的错误机会和机组成员管理错误的方法的基础上来实施的。在大部分情况下,使用充分的有效性和精度去验证一种符合性设计方法进行机组成员错误预测是不可行的。如果一个申请者选择使用定量的方法,那么应该建立这种方法的有效性分析。

(4) 评价和测试(参见 17.6.3.4~5):为了达到验证的目的,评估是用来分辨错误可能性的,这些可能性在设计和训练中可能被忽视了。在任何情况下,场景目标和假设在实行评价、演示和测试之前都应该有清楚的声明。这种情况下,在结果分析中对期望的任何差异都可以进行讨论和解释。

正如第 6 部分讨论的,这些评价、演示或测试需要使用适合的场景来反映应有的功能和任务,包括在正常条件和非正常条件下设备的使用。这些场景的设计是需要考虑机组成员的错误。如果使用了不恰当的场景或重要的条件没有被考虑,就可能导致错误的结论。例如在评价中没有任何错误发生,这只能意味着场景太简单了。另一方面,如果确有一些错误发生了,这可能说明下面其中的一条:

(1) 设计、步骤或训练方法需要修正。

(2) 场景挑战性太强。

(3) 在评价之前,没有做足训练。

在这些评价中,对错误发生频率建立标准是不可行的。

17.5.6.2 错误检测

申请者应该设计提供信息的设备,这样机组成员可以意识到由于系统动作引起的错误或系统/飞机状态。这些信息对机组成员来说应该是易于获得的,可以充分探测的,而且是与错误密切相关的,这样可以及时的恢复系统。

用来检测错误的信息有下列三种形式:

(1) 在正常监视任务期间,提供给机组成员的显示信息。例如,如果使用了不正确的按钮,导致了意外的航向变化,这种变化将通过目标值的显示检测到。在接受飞行计划之前,给机组成员提供暂时的飞行计划供检查是另外一种让机组成员意识到错误的方法。

(2) 在正常操作期间,如果显示器自身包含的信息的使用是建立在常规的基础上而且是以一种易于获取的形式提供的话,那么处于视野中的仪器上的显示表盘是足够的。这些包括了飞行方式信号牌,例如海拔和航向等正常的飞机状态信息。其他位置的信息可能取决于机组成员的任务,例如任务包含了处理飞行计划时,就需要控制显示单元。17.5.4节,信息的提供,在决定信息是否可充分检测到时包括了额外的指导。

(3) 机组成员显示提供了错误信息或飞机系统条件。例如会给机组成员提供由于意外关闭液压泵引起的系统状态变化的警告。注意到如果显示了警告,那么它是与系统状态相关的,并不是直接与错误自身相关的。当警告与错误直接明显有关时,由于机组成员的错误引起的警告对建立那些信息已经是足够了,而且这些错误可以充分地探测到。CS 25.1322中对警告等级的定义对我们建立警告的迫切性是合适的理念是充分的。显示的内容应该与错误直接相关。错误的间接影响的显示可能导致机组成员认为对于指示条件可能没有错误出现。"全局"警告包含了众多的可能错误,通过通告外部危害或飞机外壳或操作条件,如监视系统中的近地告警系统(Terrain Awareness Warning System,TAWS)和交通防撞系统(Traffic Collision Avoidance System,TCAS)。一个实例即在山区里,一个固定的飞行模式下,由近地告警系统(TAWS)错误导致飞机转向了错误的方向。

申请者在建立信息的程度或种类对机组成员来说是否易得,是否可充分检测和是否与错误直接相关时,应该考虑到以下几点:

(1) 一些错误的影响是很容易的和可靠的取决于系统设计,而有的错误则不是。对于那些不能够被系统感知的错误,机组成员监控和扫描到的信息的设计和安排可以帮助错误的检测。一个例子就是在正常操作时发动机速度指针对准的应该是向同一个方向。

(2) 飞机警告和显示系统可能不检测一个动作错误与否。因为由于很多操作的因素,系统不知道机组成员的意向。在这种情况下,可靠性取决于机组成员扫描和观察显示器的能力。由于一些动作比如选择了一个新的海拔或航向,或者在飞行管理系统中对飞行计划做了变更,显示器会就发生改变。对这种性质的错误,检测的效果取决于机组成员对现有信息的理解。训练、人力资源管理以及近地告警系统和交通防撞系统等监视系统是在所有机组成员都没有检测到错误的情况下提供安全冗余水平的一些手段。

（3）从设计的角度来说，当有一些潜在的可能导致更严重后果警告的错误时，一些如航向、海拔和燃油状态的信息应该以一种容易获得的显示的形式提供，而不是以一种警告的形式提供。

当有先例存在或有一个合理的例子可以证明信息的内容与引起它的错误是明确相关时，申请者应该意识到通过设备描述可以做到信息是可获得的而且是与错误直接相关的。在一些情况下，可能需要有导向的评价（见17.6.3.4）去评估提供的信息是否可充分获取和检测到。

17.5.6.3　错误恢复

假如机组成员检测到了错误或这些错误导致的影响，下一个步骤应该是确保这些错误可以恢复，或者是这些错误的影响可以通过某种方式得到缓解从而飞机可以回到安全的状态。

一个可接受的证明错误是可恢复的条件如下所述：

（1）已有的可用的控制和显示要么可以直接纠正这个错误的动作以使飞机或系统回到初始状态，要么可以减小影响确保飞机或系统回到安全的状态。

（2）机组成员应该可以在最短的时间内通过使用这些控制和显示去完成动作纠正。

为了建立足够多的控制和显示信息帮助错误恢复，系统和机组成员界面的相似性声明或设备描述应该是足够多的。对简单的或熟悉类型的系统，或对复杂的或不是很新型的系统，与机组成员界面的相似性声明或设计描述或那些与显示相关的流程是一个可接受的符合性方法。

为了使机组成员可以在最短的时间内使用控制和显示装置去完成动作纠正，仿真飞行环境中的机组成员流程评估是很有效的。这些评估应该包括对那些用在警告信息、控制或其他显示中的属性进行检查。它也应该包括流程步骤的逻辑流和这些流程在其他系统上执行的效果。

17.5.6.4　错误影响

其他的实现错误减少的目标的方法是确保错误的影响或对飞机状态的相关影响：

（1）影响对机组成员来说是明显的。

（2）不要对飞机的安全造成不良影响（不影响后续的飞行安全和着陆）。

如果机组成员的表现在引起一个错误后对后续的飞行安全和着陆时造成影响的话，在飞机上或仿真中的评价可能是相关的。评价或分析可能被用来表明在错误发生后，机组成员拥有有效的信息以及飞机具备需要的性能，从而保障安全飞行和降落。

17.5.6.5　错误排除及其影响

对那些有潜在安全威胁的不可避免的错误时，这时需要能够排除错误的方法。可接受的排除错误的方法包括开关保护、互锁或多重确认动作。例如，许多飞机上的发动机驱动控制有许多开关保护去排除失误的启动。因为一旦脱离,那么在飞行中或发动机运行过程中,发动机就不能重启。多重确认的例子是在接受飞行计划前,机组成员可以得到暂时的飞行计划。

另外一种可以避免机组成员错误的方法是设计可以排除显示器上有误导或不准确的信息(如传感器错误)。一个例子就是当数据错误导致符号不正确时,一个可以从最初的飞行显示中移除飞行指引仪的仪表或从机场表面地图显示中移除"ownship"标志的位置的系统。

申请者对一个给定的错误不应该使用过多的保护措施。过多的保护措施可能引起没有预料到的安全结果。这可能妨碍机组成员在用自己的判断力处理某些申请者没有预料到的情形时,采取对飞机安全最有利的行动。如果保护措施成为日常操作中的妨害时,机组成员可能会采取特殊的和创造性的方法去回避这些措施。这将会引起操作者或设计成员没有预料到的结果。

17.5.7 综合集成

17.5.7.1 简介

许多系统,如飞行管理系统在结构上与功能上都是与驾驶舱集成在一起的,而且可以与其他驾驶舱系统交互使用。在考虑一个设计时不能仅仅从单一的角度出发,还要在整个驾驶舱的环境中综合考虑。集成包括了显示器或控制器在什么地方安装,它们怎么与其他系统交互,在多功能显示器内各个功能之间是否有内部一致性,还包含了它与其他驾驶舱设备的一致性。

CS 25.1302 要求安装的设备能够单独地或与其他同类设备一起展示出来,它们的设计可以让训练有素的机组成员在这种使用环境下能够安全地完成与它应有功能相关的任务。为了符合这个集成性要求,所有的驾驶舱设备必须能够让机组成员在试验中合理要求的任何联合中去完成他们的任务。驾驶舱设备包括了飞行机组成员与之交互的飞机系统接口,如控制器、显示器、指示器和信号器。

用来建立与 CS 25.1302(a)到 CS 25.1302(d)中的每一个具体要求相符的分析,评价测试和其他的后续数据必须表明新的或创新的设计特点或设备与以前证实的特点或设备的集成性,同时也要展示它们与其他新设备的集成性。这应该包含下列集成性因素:

(1) 一致性(参见 17.5.7.2)。

(2) 一致性权衡(参见 17.5.7.3)。

(3) 驾驶舱环境(参见 17.5.7.4)。

(4) 与工作量和错误相关的集成性(参见 17.5.7.5)。

17.5.7.2 一致性

在一个给定的系统和驾驶舱内需要考虑一致性。不一致性可能导致系统容易损坏,如增加的工作量和错误,尤其是在紧张的情形下。例如,在一些飞行管理系统中,对不同的显示页,输入纬度和经度的格式是不同的。这将导致机组成员错误,或至少是增加机组成员的工作量。

另外,如果经度和纬度的显示格式与最常用的表格格式不相同的话也会导致错误。正因为如此,在任何可能的时候最好使用与其他媒介相符的格式。尽管存在权衡,就像在下一节讨论的那样,为了系统内或多个系统中的一致性,以下设计属性需要考虑:

(1) 字符,数据输入约定,格式,颜色,术语和标签。

(2) 功能和逻辑。例如,当两个或多个系统处于激活状态且在执行相同功能时,他们在操作时需要满足一致性而且要使用相同的系统接口。

(3) 信息和驾驶舱中使用的同类型的其他信息要一起显示。例如,在开发使用的电子地图显示器上时,导航符号应该考虑还可用于其他飞机驾驶舱系统或其他常用的表格上。

(4) 操作环境。飞行管理系统要与操作环境一致。这样需要输入到系统中的清除步骤的顺序应与空中交通管理中给出的命令保持一致。

遵守飞机驾驶舱设计理念是一种在一个给定系统和总体驾驶舱内实现一致性的方法。另一种实现一致性的方法是通过使用已出版的工业标准如 ICAO Annex 8400/5 中推荐的标签和缩写来进行标准化设计。通过满足 SAE ARP5289 中推荐的约定,申请者可以标准化那些用来描述辅助导航(例如,甚高频全向信标)的符号。但是,如果严格的不恰当的标准化可能会成为创新和产品升级的障碍。另外,标准化可能导致使共同特性的标准最低化。这样,这一节的指导提高了一致性而不是死板的标准化。

17.5.7.3 一致性均衡

人们认为提供一致的机组成员接口并不是可能的或必须的。尽管要与驾驶舱设计原理、一致性准则相符,但是也有可能对机组成员的工作量有负面影响。例如,所有的听觉警告可能依附于驾驶舱警告原理,但是警告的数量可能是让人不能接受的。面板的一致性格式在单个任务需求使得数据要以两种不同的格式显示时可能是无效的。一个例子就是气象雷达显示按照显示环境区域的格式,而动态地图显示可以显示 360°全景图。在这种情况下,接口设计与飞行任务要求相匹配,在对系统或功能没有影响的情况下可以单独地或与其他接口联合工作。

另外,申请者应该提供一种分析方法来分辨每一条在多位置显示的信息或数据,而且要表明数据是以一致性的形式来显示的,或数据不正确时要证实为什么数据是错误的。

在信息不一致的地方,这种不一致应该是明显的或声明过的,而且不应该导致信息解释的错误。

应该有一个原理,例如系统的设计与驾驶舱的设计原理在什么地方不符。要考虑这种不相符的情况对工作量和错误的任何影响。

在当显示器的信息与驾驶舱上的其他信息冲突时,申请者应该描述机组成员期望得到什么结论和应该采取什么措施(无论失败与否)。

17.5.7.4　驾驶舱环境

驾驶舱环境受到系统所集成到的飞机的物理特性的影响,同时受到操作环境特性的影响。系统会遭遇到这些影响如湍流、噪声、周围灯光、烟雾和振动(如那些可能由于冰或发动机风扇叶片损伤)。系统设计应该意识到这些影响对可用性、工作量和员工任务表现的影响。

例如,湍流和周围灯光可能影响显示器的可读性。驾驶舱噪声可能影响听觉警告的可听性。对非正常环境来说,申请者也应该考虑驾驶舱环境的影响,如不正常的姿态回复或重新获得对飞机或系统的控制。

驾驶舱环境包括设计图或控制的物理协议和信息显示。设计图应该考虑如下员工需求:

可达性;

显示器和标签的可见性和可读性;

面向任务的位置和人机交互元素的编组。

一个差的物理集成的例子就是在正常操作位置中因推力杠杆混淆的交通规避系统。

17.5.7.5　集成关系到工作量和错误

当集成功能或设备时,设计者意识到潜在的影响,包括正面的和负面的,集成可以对员工任务量和对错误管理产生后续影响。系统必须在单独和与其他驾驶舱系统联合的情形下设计和评估,去确保机组成员可以发现、排除和从错误中恢复。当集成的系统应用了高程度的自动化技术或其他驾驶舱系统上应用了高程度的互动性或依赖性时,这将更具挑战性。

申请者应该表明在整个飞行状态上下文中,集成设计没有对工作量或错误造成不利影响。这些影响的例子是需要越来越多地去:

(1) 影响一个功能;

(2) 做出决策;

(3) 采取恰当的行动。

控制,尤其是多功能控制和创新的控制类型,可能会显示错误辨识和增加响应次数的概率。设计一般来说要通过隐藏功能来避免多功能控制,因为会增加成员的工作量和潜在的错误。

集成设计特性会或不会影响错误和工作量的两个例子是:

(1) 用两种不同格式来显示相同信息。这会增加工作量,如海拔高度信息同时以录音和圆表盘的形式显示。不同的格式应该取决于设计和机组成员的任务。例如,一个发动机转速的模拟显示器可以帮助完成快速扫描,而数字显示器可以帮助完成精确的输入。申请者负责表明与 CS 25.1523 的一致性,而且表明格式的不同不会导致不可接受工作量水平。

（2）显示出冲突信息。工作量和错误的增加可能是由于在不管格式的情况下，两个显示器在驾驶舱同时描述了相冲突的海拔高度信息。系统可能会显示出每一个机组成员情况之间的微小差别，但是所有这些区别应该被分别评估去确保发生阐释错误的潜在概率降到最低，或有现成的方法让机组成员去发现不正确的信息，或可以消除这些错误的影响。

申请者应当表明系统所具备的各项显示功能不会导制机组成员不必要的注意力转移，进而造成机组表现下降和整体安全水平的降低。这里有一些对系统设计来说可接受的情况去增加工作量。例如，给驾驶舱增加一个显示器可以通过机组成员花费额外时间观察显示器的方式去增加工作量，但是额外信息所提供安全利益可以让工作量的增加成为一个可接受的权衡。

因为每一个集成到驾驶舱的新系统可能会对工作量造成正面的或消极的影响，每一个新系统必须单独地或在与其他系统联合的情况下按照 CS 25.1523 的要求来评价。这是为了确保整体的工作量是可接受的，也就是说飞行任务的表现没有受到不利影响而且成员对信息的检测和诠释不会导致不可接受的响应次数。应该对CS - 25 附录 D 和一些附录作为工作量要素所列出设备的符合性要求要给予特别的关注。他们包括"可达性，所有必要飞行动作的简化，电力和设备控制"。

17.6　符合性的方法

这一节讨论在选择符合性方法时要考虑的问题。它提供了几种通常可接受的方法去演示说明人类行为问题的符合性。这些符合性的方法是通用的而且在认证项目中使用。这些用在任何给定工程中的可接受的符合性方法应该在具体分析的基础上决定，且由具体的符合性问题来驱动。它们应该由申请者研究并提出，然后由当局批准。符合性方法每种类型的使用和局限在 17.6.3 节提供。

17.6.1　选择符合性方法

这一节要讨论的符合性方法包括：

（1）相似性声明（参见 17.6.3.1）。

（2）设计描述（参见 17.6.3.2）。

（3）计算和分析（参见 17.6.3.3）。

（4）评估（参见 17.6.3.4）。

（5）测试（参见 17.6.3.5）。

对一个具体的工程来说，没有通用的方法去决定合适的符合性方法。一个合适符合性方法的选择或很多不同方法的联合取决于工程的具体因素。

一些认证工程可能会需要不止一种方法来展示一个特别要求的符合性。例如，当不能够在一个符合的飞机中进行飞行试验时，可能会提出联合设计检查和部分任务的仿真评估。

回答下面的问题将会对选择符合性方法有帮助：

（1）使用哪一种符合性方法会使得获取所需要的认证数据成为可能？

（2）一个单独的符合性方法会提供所有的数据吗，或多种符合性方法是用串行方式还是并行方式？

（3）要求设备应该具备什么程度的精确度去采集所需的数据？

（4）参与者是谁？

（5）在作为一个参与者之前应该具备什么水平的训练？

（6）评估获得的数据应该如何去展示满足验证符合性？

（7）演示的结果会提交吗？

（8）如果需要完成一个实验，要使用哪些符合要求的设备？

17.6.2　与当局关于符合性演示的讨论和协议

申请者关于符合性方法的提议必须要与当局协调，以确保为了达到认证目的的所有必需要求都达到了。这些要求包括预想的方案，开发人类行为问题的必要类型，或实验在什么条件下实施以提供一个真实的环境用于评估。

17.6.3　符合性方法的描述

本节将较为具体地描述在对与飞行控制面板设计相关的人为因素进行符合性验证是所通常采用的可接受的符合性方法，这些方法描述如下。

17.6.3.1　相似性声明

a. 描述

相似性声明是对即将验证的系统和已验证系统的描述。这个描述是关于符合要求的物理的、逻辑的和操作相似性。

b. 可交付的

相似性声明可以是认证报告的一部分，包括了目前的认证的数据/文件的参考资料。

c. 参与者

不适用的。

d. 一致性

不适用的。

e. 使用

通过和已经具备鲁棒性系统相比较，这些方法用来证明一个设计是否符合要求以及对机组成员是可能的，这些鲁棒性主要是关于是否缺少机组成员差错控制以及/或者机组成员管理是否产生错误。

f. 局限性

在使用相似性声明去展示符合性时必须要小心。飞行控制面板应该作为一个整体来评估，而不仅仅是一组单独的功能或系统。当在一个单独的飞行控制面板上联合时，在分离的项目中得到验证的两个功能或特性可能是不兼容的。改变一个飞行控制面板的特性时其他的特性需要有相应的改变去保持一致性和防止混乱。

g. 例子

如果一个新飞机的窗口设计与一个已存在的飞机是相同的,相似性声明应该是满足 CS 25.773 的可接受的相似性方法。

17.6.3.2　设计描述

通过描述设计方案,申请者可以选择去证实设计满足一个具体段落所提出的要求。申请者传统上使用绘图、配置描述和设计哲学去展示符合性。参与者和一致性的选择与符合性无关。

(1) 图纸。

a. 描述

设计图的绘制或工程图的绘制描述硬件或显示图形的几何排列。

b. 可交付性

绘图可以成为一个验证报告的一部分。

c. 使用

当飞行控制面板的变化很简单或直接时,申请者可以使用为非常简单的认证项目的绘图。绘图也可以用来为更复杂接口支持符合性查找。

d. 局限性

绘图的使用仅限于物理设置和图形相关。

(2) 配置描述。

a. 描述

配置描述是对规定项目的设计图、通用设置、运动方向的描述。它们也可以是记录的参考资料,可以给出这种描述(例如从一个有相同设计图的不同工程)。它可以用来显示飞行设备的相对位置,控制功能编组,给显示器和警告的颜色码分配。

b. 可交付性

成员接口的功能性解释:认证项目的文本描述和系统的成员接口的功能方面。

c. 飞机评估

该评估在实际飞机中进行。

d. 使用

配置描述一般来说没有工程绘图正式,它们用来指出支持符合性认定的设计特性。在一些情况下,这样的配置描述对符合性认定来说可以提供足够的信息。但更常见的是它们提供重要的背景信息,然而最终的符合性验证是通过其他方法来实现的,如演示或试验。配置描述所提供的背景信息可以显著地减少与演示或测试相关的复杂性和风险。申请者已经表明系统是怎样使用配置描述表来工作的以及任何可能已经协调过的论述或假设。

e. 局限性

配置描述表可以为满足一个具体要求的符合性的验证提供充足的信息。但更常用和更常见的是它们提供重要的背景信息,然而最终的符合性验证是通过其他方法实现的,如演示或试验。配置描述所提供的背景信息可以显著地减少与演示或测试相关的复杂性和风险。

（3）设计理念。

a. 描述

设计理念方法可以用来演示一个以安全为中心的理念,就像产品/系统或面板中应用的设计规范

b. 可交付性

验证项目的文本描述和系统的成员接口的功能方面(最好有数据和绘图)和它们于整体设计理念的关系。

c. 使用

记录一个设计满足一个具体要求的能力。

d. 局限性

在大部分情况下,这种符合性方法作为唯一演示符合性的方法是不充分的。

e. 例子

如果新的警告与已存在的可接受的警告理念相一致的话,当一个新的警告加到飞行控制面板时,设计理念可以用来作为一种符合性方法。

17.6.3.3　计算/分析

a. 描述

计算和工程分析(手工评估)不要求参与者与设备的物理表示进行直接交互。

b. 可交付性

报告详述了分析、组成部分、评估假设和作出决定的基础。报告详述了结果和结论。

c. 参与者

由申请者实施

d. 一致性

不适用

e. 使用

给产品/系统/飞行控制面板的人—机接口部分的具体和总体方面提供一个系统评估。指导材料会对此具体化。

f. 局限性

在仔细考虑用来进行分析的评估技术的有效性时不要依赖咨询材料或已接受的工业标准方法。申请者可能会被要求去确认用在此类分析中的任何计算工具。如果分析包含了对测量性质与源于已存在的研究的推荐标准(内部的或公开的)进行比较的话,可以要求申请者去证实项目数据的适用性。

g. 例子

申请者可以通过视觉分析的方法去展示机组成员对窗口外有一个清楚和未失

真的视野。类似地,一个分析方法也应该展示出飞行、导航和动力装置从机组成员的位置处是清晰可见的。申请者应该通过地面或飞行试验来证实分析的结果。

17.6.3.4　评估

申请者可能使用产品/系统的部分到全部功能来进行驾驶舱的评估。这些都有两个共同点:①成员接口和系统接口的描述没有必要要符合最终的文件;②认证机构一般不在现场。下面的章节表明了实体模型、部分任务仿真、全仿真和飞行中的状态仿真等组成这一组符合性的典型方法。

实体模型是物理配置(形式和匹配)的全范围和静态描述。它不包括飞行控制面板和它的安装设备的功能方面。

a. 描述

评估就是由申请者实施的对设计进行评估,然后把结果的报告提交给当局。

b. 可交付性

一个提交给当局的报告。

c. 参与者

申请者和可能参加的机构

d. 设施

评估可以在工作台上的实体模型,或实验室、仿真器或飞机上实施。

e. 一致性

一致性不是必须的

f. 实体模型评估

实体模型可以被用作设计的描述,允许参加者可以与设计进行物理交互。CAD 系统中的三维设计描述,与飞行控制面板的三维模型配合,也可以为评估的一些限制类型用作"虚拟的"实体模型。例如,评估可以使用任何类型的实体模型。

g. 实体模型评估的例子

一个分析用来展示控制装置的设置让身高从 $1.58\sim1.91\,\mathrm{m}$ 的机组成员可以使用所有的控制装置。这个分析可以使用源于计算机基于工程绘图的数据。申请者可以在实际的飞机上演示分析的结果。

h. 工作台或实验室评估

申请者可以使用设备仿真成员接口为单个系统或相关的一组系统实施评估。申请者可以使用飞行硬件、仿真系统或联合使用所有设备。

i. 工作台或实验室评估的例子

一个集成系统的工作台评估可以是安装在飞行控制面板的实体模型中的航空电子系统,可以包含主显示和自动驾驶控制。这种工具在开发期间是有用的而且可以为当局提供系统须知。但是,在一个高度集成的结构中,去评估航空电子系统在没有更完整的仿真或没有使用实际的飞机时能以何种程度符合总体飞行控制面板是很难的或不可能的。

j. 模拟器评估

仿真器评估使用设备展现一个飞行控制面板的集成仿真(使用飞行硬件、仿真系统或者两者的联合使用)和操作环境。这些设备也可以与响应特性一起"飞行",这些响应特点可以在一定程度上复现出飞机的响应。仿真功能和物理精度(或真实程度)需求一般取决于配置、功能、任务和设备。

k. 飞行测试

评估是在真实飞机上进行的

l. 使用

传统上这些类型的活动都是作为设计过程的一部分在使用,并没有正式的认证。但是这些活动可以改善设计并且更能够遵循适用性要求。

m. 局限性

局限性在于设备能够在多大程度上描述驾驶舱配置以及真实的机组任务。驾驶舱系统集成度越高,分任务评估作为符合性验证方法的作用变得越小。尽管如此,但它们作为工程工具的作用还可以提供。

17.6.3.5　测试

测试是符合性验证的方法,测试的实施与评估(已在 17.6.3.4 节讨论过)的方式很类似。但是,这里有一个明显的不同。测试需要一致性的产品/系统接口。测试可以在工作台、实验室、仿真器和飞机上进行。

a. 描述

测试是由当局对设计实施的评估。

b. 可交付性

呈交给当局的报告。

c. 参与者

申请者和可能的机构。

d. 设施

测试可以在工作台、实验室、仿真器和飞机上进行。

e. 一致性

设备必须符合一致性。

f. 工作台或实验室测试

这种类型的测试经常要求去展示各部分的性能要和设计要求时的一样。工作台测试不能单独成为符合性验证的方法。但是,他们可以在和其他方法联合使用时提供数据支持。

g. 工作台或实验室测试的例子

申请者在工作台测试时应该展示出显示器在期望照明条件下的可见性,假如有去定义期望照明条件的支持分析。通过计算期望视角,这种支持分析可能包括去显示潜在的阳光可以照射到显示屏上的方向的几何分析。这些条件在实验室条件下可能会复现。

h. 与工作台或实验室测试相关的一致性

部分或系统需要去展示符合一致性。

i. 模拟器仿真

仿真器评估使用设备展现一个驾驶舱的集成仿真(使用飞行硬件、仿真系统或者两者的联合使用)和操作环境。这些设备也可以与响应特性一起在实际飞行条件下使用,这些响应特点可以在一定程度上复现飞机的响应。申请者应该决定仿真的物理和功能精度需求去作为评估时问题的功能。

j. 模拟器测试—致性和精度

模拟器仿真时只需验证部分驾驶舱的一致性。申请者可以使用机组成员训练模拟器去确认设计的大部分正常和紧急步骤,以及机组成员设备的任何对工作量的影响。如果驾驶舱完全满足符合性且航空电子由验证的硬件和软件驱动,那么申请者可以实施和使用集成航空电子测试去验证符合性。应该注意到并不是所有方面的仿真都必须有很高精度的符合性。然而,在评估时要考虑评估精度需求。

k. 飞机测试

飞机测试可以在地面或空中实施。

l. 一个飞机测试的例子

一个地面测试的例子是对显示器潜在的反射问题的评估。这种测试一般包括驾驶舱窗口去仿真黑暗和按照期望的亮度水平去设置驾驶舱的亮度。这个特别的测试在仿真器可能无法实现,因为光源、显示器硬件和窗口接口的区别。

取得适航认证期间的飞行测试是设计的最终演示。这是在飞行期间在验证过的飞机上实施的。飞机和它的组成部分(驾驶舱)是最具代表性的需要验证的设计类型而且是设备的真实操作最接近的。飞行测试是最真实的飞行环境,尽管它受到那些可以安全实施的评估的限制。飞行测试可以用来证实在开发和取证项目期间先前进行的实验。最好去使用飞行测试作为最终的通过使用其他符合性方法收集信息的数据验证,如分析和评估。

m. 飞行测试的局限性

飞行测试受到特殊情况下(例如,天气,失败,不正常海拔)的飞行条件能被发现程度的限制,然后飞行测试在飞行中得到评估。也应该注意到的是飞机的飞行测试提供了在任何符合性方法条件下的最少控制。当局和申请者应该非常认真地讨论飞行试验和它们的结果如何以及什么时候被用来展示符合性。

参 考 文 献

[1] Anderson M R, Clark C, Dungan G. Flight Test Maneuver Design Using A Skill-And Rule-Based Pilot Model [C] //Systems, Man And Cybernetics, 1995. Intelligent Systems For The 21st Century. , IEEE International Conference On. IEEE, 1995,3:2682 - 2687.

[2] Bellet T, Bailly-Asuni B, Mayenobe P, et al. A Theoretical And Methodological Framework For Studying And Modelling Drivers' Mental Representations [J]. Safety Science, 2009,47 (9):1205 - 1221.

[3] Byrne M D, Pew R W. A History And Primer Of Human Performance Modeling [J]. Reviews Of Human Factors And Ergonomics, 2009,5(1):225 - 263.

[4] Byrne M D, Kirlik A. Using Computational Cognitive Modeling To Diagnose Possible Sources Of Aviation Error [J]. The International Journal Of Aviation Psychology, 2005,15 (2):135 - 155.

[5] Cha S H. Comprehensive Survey On Distance/Similarity Measures Between Probability Density Functions [J]. City, 2007,1(2):1.

[6] Cheng D, Qi H, Zhao Y. Analysis And Control Of General Logical Networks—An Algebraic Approach [J]. Annual Reviews In Control, 2012,36(1):11 - 25.

[7] Dul J, Bruder R, Buckle P, et al. A Strategy For Human Factors/Ergonomics: Developing The Discipline And Profession [J]. Ergonomics, 2012,55(4):377 - 395.

[8] Foyle DC, Hooey BL. Human Performance Modeling In Aviation [M]. CRC Press, 2008.

[9] Grimm V, Revilla E, Berger U, et al. Pattern-Oriented Modeling Of Agent-Based Complex Systems: Lessons From Ecology [J]. Science, 2005,310(5750):987 - 991.

[10] Kontogiannis T, Malakis S. A Proactive Approach To Human Error Detection And Identification In Aviation And Air Traffic Control [J]. Safety Science, 2009,47(5):693 - 706.

[11] Leiden K, Keller J W, French J W. Context Of Human Error In Commercial Aviation [J]. Micro Analysis & Design, Inc, 2001.

[12] Leiden K, Laughery K R, Keller J, et al. A Review Of Human Performance Models For The Prediction Of Human Error [J]. Ann Arbor, 2001,1001:48105.

[13] Mcruer D T, Krendel E S. The Human Operator As A Servo System Element [J]. Journal

Of The Franklin Institute, 1959,267(5):381 – 403.

[14] Mcruer D. Human Dynamics In Man-Machine Systems [J]. Automatica, 1980,16(3):237 – 253.

[15] Vakil S S, Hansman Jr J. Approaches To Mitigating Complexity-Driven Issues In Commercial Autoflight Systems [J]. Reliability Engineering & System Safety, 2002,75(2): 133 – 145.

[16] Onken R, Schulte A. System-Ergonomic Design Of Cognitive Automation: Dual-Mode Cognitive Design Of Vehicle Guidance And Control Work Systems [M]. Springer Verlag, 2010.

[17] Quintana R, Camet M, Deliwala B. Application Of A Predictive Safety Model In A Combustion Testing Environment [J]. Safety Science, 2001,38(3):183 – 209.

[18] Robert G, Hockey J. Compensatory Control In The Regulation Of Human Performance Under Stress And High Workload: A Cognitive-EnergeticalFramework [J]. Biological Psychology, 1997,45(1):73 – 93.

[19] Zipfel P H. Modeling And Simulation Of Aerospace Vehicle Dynamics [M]. Aiaa, 2000.

[20] Melnik R V N. Coupling Control And Human Factors In Mathematical Models Of Complex Systems [J]. Engineering Applications Of Artificial Intelligence, 2009,22(3):351 – 362.

[21] Stanton N A, Salmon P M, Walker G H, et al. Human Factors Methods: A Practical Guide For Engineering And Design [M]. Ashgate Publishing, 2005.

[22] Bridger R. Introduction To Ergonomics [M]. 3rd Edition, 6000 Broken Sound Parkway. NW: CRC Press, 2008.

[23] Wickens C D, Gordon S E, Liu Y. An Introduction To Human Factors Engineering [J]. Pearson Publishing, 2003.

[24] Eshelby M E, Eshelby M. Aircraft Performance: Theory And Practice [M]. London: Arnold, 2000.

[25] MOOIJ H A. Criteria For Low-Speed Longitudinal Handling Qualities Of Transport Aircraft With Closed-Loop Flight Control Systems [M]. The Netherlands: Martinus Nijhoff Publishers, AD Dordrecht, 1985.

[26] Heffley R K, Jewell W F. Aircraft Handling Qualities Data [R]. American Institute Of Aeronautics And Astronautics, 1972.

[27] Damveld H J, Van Paassen M M, Mulder M. Cybernetic Approach To Assess Aircraft Handling Qualities [J]. Journal Of Guidance, Control, And Dynamics, 2011,34(6):1886 – 1898.

[28] Corwin W H, Sandry-Garza D L, Biferno M H, et al. Assessment Of Crew Workload Measurement Methods, Techniques And Procedures. Volume 1. Process, Methods And Results [R]. Douglas Aircraft Co Long Beach Ca, 1989.

[29] Roy C J, Oberkampf W L. A Comprehensive Framework For Verification, Validation, And Uncertainty Quantification In Scientific Computing [J]. Computer Methods In Applied Mechanics And Engineering, 2011,200(25):2131 - 2144.

[30] Anagnostopoulos D. A Methodological Approach For Model Validation In Faster Than Real-Time Simulation [J]. Simulation Modelling Practice And Theory, 2002,10(3):121 - 139.

[31] Einstein A. Physics And Reality [J]. Journal Of The Franklin Institute, 1936,221(3):349 - 382.

[32] Grimm V, Revilla E, Berger U, et al. Pattern-Oriented Modeling Of Agent-Based Complex Systems: Lessons From Ecology [J]. Science, 2005,310(5750):987 - 991.

[33] Mcruer D T, Krendel E S. The Human Operator As A Servo System Element [J]. Journal Of The Franklin Institute, 1959,267(5):381 - 403.

[34] Mcruer D. Human Dynamics In Man-Machine Systems [J]. Automatica, 1980,16(3):237 - 253.

[35] Hodgkinson J. Aircraft Handling Qualities, Reston, Va: American Institute Of Aeronautics And Astronautics, Inc [J]. 1999.

[36] Foyle D C, Hooey B L. Human Performance Modeling In Aviation [M]. CRC Press, 2008.

[37] Leiden K, Laughery K R, Keller J, et al. A Review Of Human Performance Models For The Prediction Of Human Error [J]. Moffett Field, CA: NASA, 2001.

[38] Robert G, Hockey J. Compensatory Control In The Regulation Of Human Performance Under Stress And High Workload: A Cognitive-Energetical Framework [J]. Biological Psychology, 1997,45(1):73 - 93.

[39] Quintana R, Camet M, Deliwala B. Application Of A Predictive Safety Model In A Combustion Testing Environment [J]. Safety Science, 2001,38(3):183 - 209.

[40] Bellet T, Bailly-Asuni B, Mayenobe P, et al. A Theoretical And Methodological Framework For Studying And Modelling Drivers' Mental Representations [J]. Safety Science, 2009,47 (9):1205 - 1221.

[41] Byrne M D, Pew R W. A History And Primer Of Human Performance Modeling [J]. Reviews Of Human Factors And Ergonomics, 2009,5(1):225 - 263.

[42] Vakil S S, Hansman Jr J. Approaches To Mitigating Complexity-Driven Issues In Commercial AutoflightSystems [J]. Reliability Engineering & System Safety, 2002,75(2): 133 - 145.

[43] Onken R, Schulte A. System-Ergonomic Design Of Cognitive Automation: Dual-Mode Cognitive Design Of Vehicle Guidance And Control Work Systems [M]. Springer Verlag, 2010.

[44] Wiegmann D A, Shappell S A. Human Error Perspectives In Aviation [J]. The International Journal Of Aviation Psychology, 2001,11(4):341 - 357.

[45] Cheng D, Feng J, Lv H. Solving Fuzzy Relational Equations Via Semitensor Product [J].

Fuzzy Systems, IEEE Transactions On, 2012,20(2):390 - 396.

[46] Cheng D. Some Applications Of Semitensor Product Of Matrices In Algebra [J]. Computers And Mathematics With Applications, 2006,52(6 - 7):1045 - 1066.

[47] Cheng D, Qi H, Li Z. Realization Of Boolean Control Networks [J]. Automatica, 2010,46 (1):62 - 69.

[48] Cheng D. Semi-Tensor Product Of Matrices And Its Application To Morgen's Problem [J]. Science In China Series: Information Sciences, 2001,44(3):195 - 212.

[49] Dul J, Bruder R, Buckle P, et al. A Strategy For Human Factors/Ergonomics: Developing The Discipline And Profession [J]. Ergonomics, 2012,55(4):377 - 395.

[50] Bayarri M J, Berger J O, Cafeo J, et al. Computer Model Validation With Functional Output [J]. The Annals Of Statistics, 2007:1874 - 1906.

[51] Roache P J. Verification And Validation In Computational Science And Engineering [M]. Albuquerque: Hermosa, 1998.

[52] Anderson M R, Clark C, Dungan G. Flight Test Maneuver Design Using A Skill-And Rule-Based Pilot Model [C] //Systems, Man And Cybernetics, 1995. Intelligent Systems For The 21st Century. , IEEE International Conference On. IEEE, 1995,3:2682 - 2687.

[53] Chang Y H J, Mosleh A. Cognitive Modeling And Dynamic Probabilistic Simulation Of Operating Crew Response To Complex System Accidents: Part 2: IDAC Performance Influencing Factors Model [J]. Reliability Engineering And System Safety , 2007,92(8): 1014 - 1040.

[54] Ericsson K A, Kintsch W. Long-Term Working Memory [J]. Psychological Review, 1995, 102(2):211.

[55] Fitts P M. The Information Capacity Of The Human Motor System In Controlling The Amplitude Of Movement [J]. Journal Of Experimental Psychology, 1954,47(6):381.

[56] Foyle D C, Hooey B L. Human Performance Modeling In Aviation [J]. CRC. 2007.

[57] Hollands J G, Wickens C D. Engineering Psychology And Human Performance [M]. New Jersey: Prentice Hall, 1999.

[58] Hollnagel E. Cognitive Reliability And Error Analysis Method (CREAM) [M]. Access Online Via Elsevier, 1998.

[59] Kaempf G L, Klein G, Thordsen M L, et al. Decision Making In Complex Naval Command-And-Control Environments [J]. Human Factors: The Journal Of The Human Factors And Ergonomics Society, 1996,38(2):220 - 231.

[60] Kleinman D L, Baron S, Levison W H. An Optimal Control Model Of Human Response Part I: Theory And Validation [J]. Automatica, 1970,6(3):357 - 369.

[61] Larkin L I. A Fuzzy Logic Controller For Aircraft Flight Control [C]//Decision And Control, 1984. The 23rd IEEE Conference On. IEEE, 1984,23:894 - 897.

[62] Latorella K，Pliske R，Hutton R，et al. Cognitive Task Analysis Of Business Jet Pilots' Weather Flying Behaviors: Preliminary Results [M]. National Aeronautics And Space Administration, Langley Research Center, 2001.

[63] Lee C C. Fuzzy Logic In Control Systems: Fuzzy Logic Controller. II [J]. Systems, Man And Cybernetics, IEEE Transactions On, 1990,20(2):419 - 435.

[64] Lee C C. Fuzzy Logic In Control Systems: Fuzzy Logic Controller. I [J]. Systems, Man And Cybernetics, IEEE Transactions On, 1990,20(2):404 - 418.

[65] Leiden K, Laughery K R, Keller J, et al. A Review Of Human Performance Models For The Prediction Of Human Error [J]. Ann Arbor, 2001,1001:48105.

[66] MÜLler M. Risk And Risk Management In Aviation] [J]. Zeitschrift FÜR Ärztliche Fortbildung Und Qualitätssicherung, 2004,98(7):559.

[67] MauleAJ, SvensonO. Time Pressure And Stress In Human Judgment And Decision Making [M]. Springer, 1993.

[68] Mcruer D T, Jex H R. A Review Of Quasi-Linear Pilot Models [J]. Human Factors In Electronics, IEEE Transactions On, 1967 (3):231 - 249.

[69] Miller D P, Swain A D. Human Error And Human Reliability [J]. Handbook Of Human Factors, New York, John Wiley & Sons, 1987:219 - 250.

[70] Lone M M, Cooke A K. Review Of Pilot Modelling Techniques [C] //48th AIAA Aerospace Sciences Meeting Including The New Horizons Forum And Aerospace Exposition, Number AIAA - 2010 - 297, Orlando, Florida. 2010.

[71] O'Hare D. Cognitive Functions And Performance Shaping Factors In Aviation Accidents And Incidents [J]. The International Journal Of Aviation Psychology, 2006,16(2):145 - 156.

[72] Rasmussen J. Skills, Rules, And Knowledge: Signals, Signs, And Symbols, And Other Distinctions In Human Performance Models [J]. Systems, Man And Cybernetics, IEEE Transactions On, 1983 (3):257 - 266.

[73] Reason J. Human Error [M]. Cambridge University Press, 1990.

[74] Shappell S A, Wiegmann D A. US Naval Aviation Mishaps, 1977 - 92: Differences Between Single-And Dual-Piloted Aircraft [J]. Aviation, Space, And Environmental Medicine, 1996, 67(1):65 - 69.

[75] Zein-Sabatto S, Zheng Y. Intelligent Flight Controllers For Helicopter Control [C] //Neural Networks, 1997., International Conference On. IEEE, 1997,2:617 - 621.

[76] Ahlstrom U, Friedman-Berg F J. Using Eye Movement Activity As A Correlate Of Cognitive Workload [J]. International Journal OfIndustrial Ergonomics, 2006,36(7):623 - 636.

[77] Ahlstrom V, Longo K. Human Factors Design Standard [J]. US: US Department Of Transportation Federal Aviation Administration Technical Center, 2003.

[78] Annett J. Subjective Rating Scales: Science Or Art? [J]. Ergonomics, 2002,45(14):966 - 987.

[79] Basler M, Spott M, Buchanan S. The Flightgear Manual (2010) [J].

[80] Bradley M M, Miccoli L, Escrig M A, et al. The Pupil As A Measure Of Emotional Arousal And Autonomic Activation [J]. Psychophysiology, 2008,45(4):602 - 607.

[81] Cain B. A Review Of The Mental Workload Literature [R]. Defence Research And Development Toronto (Canada), 2007.

[82] Corwin W H, Sandry-Garza D L, Biferno M H, et al. Assessment Of Crew Workload Measurement Methods, Techniques And Procedures. Volume 1. Process, Methods AndResults [R]. Douglas Aircraft Co Long Beach Ca, 1989.

[83] De Jong P J, Merckelbach H. Eyeblink Frequency, Rehearsal Activity, And Sympathetic Arousal [J]. International Journal Of Neuroscience, 1990,51(1 - 2):89 - 94.

[84] De Rivecourt M, Kuperus M N, Post W J, et al. Cardiovascular And Eye Activity Measures As Indices For Momentary Changes In Mental Effort During Simulated Flight [J]. Ergonomics, 2008,51(9):1295 - 1319.

[85] Farmer E, Brownson A. Review Of Workload Measurement, Analysis And Interpretation Methods [J]. European Organisation For The Safety Of Air Navigation, 2003,33.

[86] Harris D. Human Performance On The Flight Deck. Don Harris [M]. Ashgate Publishing, 2011.

[87] Hart S G, Staveland L E. Development Of NASA-TLX (Task Load Index): Results Of Empirical And Theoretical Research [J]. Human Mental Workload, 1988,1(3):139 - 183.

[88] Healey J A, Picard R W. Detecting Stress During Real-World Driving Tasks Using Physiological Sensors [J]. Intelligent Transportation Systems, IEEE Transactions On, 2005,6(2):156 - 166.

[89] Hoc J M. From Human—Machine Interaction To Human—Machine Cooperation [J]. Ergonomics, 2000,43(7):833 - 843.

[90] Hollands J G, Wickens C D. Engineering Psychology And Human Performance [M]. New Jersey: Prentice Hall, 1999.

[91] Johns M, Crowley K, Chapman R, et al. The Effect Of Blinks And Saccadic Eye Movements On Visual Reaction Times [J]. Attention, Perception, &Psychophysics, 2009, 71(4):783 - 788.

[92] Kirchner H, Thorpe S J. Ultra-Rapid Object Detection With Saccadic Eye Movements: Visual Processing Speed Revisited [J]. Vision Research, 2006,46(11):1762 - 1776.

[93] Lee Y H, Liu B S. Inflight Workload Assessment: Comparison Of Subjective And Physiological Measurements [J]. Aviation, Space, And Environmental Medicine, 2003,74 (10):1078 - 1084.

［94］ Miyake S. Multivariate Workload Evaluation Combining Physiological And Subjective Measures ［J］. International Journal Of Psychophysiology, 2001,40(3):233–238.

［95］ Moresi S, Adam J J, Rijcken J, et al. Pupil Dilation In Response Preparation ［J］. International Journal Of Psychophysiology, 2008,67(2):124–130.

［96］ Parasuraman R, Riley V. Humans And Automation: Use, Misuse, Disuse, Abuse ［J］. Human Factors: The Journal Of The Human Factors And Ergonomics Society, 1997,39(2):230–253.

［97］ Rubio S, DÍAzE, MartÍNJ, et al. Evaluation Of Subjective Mental Workload: A Comparison Of SWAT, NASA – TLX, And Workload Profile Methods ［J］. Applied Psychology, 2004,53(1):61–86.

［98］ Rydström A, Broström R, Bengtsson P. A Comparison Of Two Contemporary Types Of In-Car Multifunctional Interfaces ［J］. Applied Ergonomics, 2012,43(3):507–514.

［99］ Ryu K, Myung R. Evaluation Of Mental Workload With A Combined Measure Based On Physiological Indices During A Dual Task Of Tracking And Mental Arithmetic ［J］. International Journal OfIndustrial Ergonomics, 2005,35(11):991–1009.

［100］ Smart E, Brown D, Denman J. A Two-Phase Method Of Detecting Abnormalities In Aircraft Flight Data And Ranking Their Impact On Individual Flights ［J］. Intelligent Transportation Systems, IEEE Transactions On, 2012,13(3):1253–1265.

［101］ Stanton N A, Salmon P M, Walker G H, et al. Human Factors Methods: A Practical Guide For Engineering And Design ［M］. Ashgate Publishing, 2012.

［102］ Van Orden K F, Limbert W, Makeig S, et al. Eye Activity Correlates Of Workload During A Visuospatial Memory Task ［J］. Human Factors: The Journal Of The Human Factors And Ergonomics Society, 2001,43(1):111–121.

［103］ Veltman J A, Gaillard A W K. Physiological Workload Reactions To Increasing Levels Of Task Difficulty ［J］. Ergonomics, 1998,41(5):656–669.

［104］ Wang Z, Fu S. A Layered Multi-Dimensional Description Of Pilot's Workload Based On Objective Measures ［M］//Engineering Psychology And Cognitive Ergonomics. Applications AndServices. Springer Berlin Heidelberg, 2013:203–211.

［105］ Wickens C D. Multiple Resources And Mental Workload ［J］. Human Factors: The Journal Of The Human Factors And Ergonomics Society, 2008,50(3):449–455.

［106］ Wickens C D, Hellenberg J, Xu X. Pilot Maneuver Choice And Workload In Free Flight ［J］. Human Factors: The Journal Of The Human Factors And Ergonomics Society, 2002, 44(2):171–188.

［107］ Wilson G F, Russell C A. Real-Time Assessment Of Mental Workload Using Psychophysiological Measures And Artificial Neural Networks ［J］. Human Factors: The Journal Of The Human Factors And Ergonomics Society, 2003,45(4):635–644.

[108] Zheng Y, Fu S. The Experimentation Of Implementing Chase View InLanding Phase [C] //Centric2012, The Fifth International Conference On Advances In Human-Oriented And Personalized Mechanisms, Technologies, And Services. 2012:119 - 123.

[109] Zolghadri A. Early Warning And Prediction Of Flight Parameter Abnormalities For Improved System Safety Assessment [J]. Reliability Engineering &System Safety, 2002, 76(1):19 - 27.

缩　略　语

A

AHP	Analytic Hierarchy Process	层次分析法
AMC	accepted means of compliance	可接受的符合性方法
ASRS	Aviation Safety Reporting System	航空安全报告系统

C

CCD	Cursor Control Device	光标控制装置
CDU	control display unit	控制显示器
CH 量表	Cooper-Harper Ratings	库珀-哈珀评定量表

D

DAR	Designated Airworthiness Representative	委任适航代表
DEP	design eye position/design eye reference point	设计眼位/设计参照眼位
DER	Designated Engineering Representative	委任工程代表
DMU	digital mock-up	数字化仿真

E

EICAS	Engine Indicating and Crew Alerting System	发动机指示和机组告警系统

F

FADEC	full authority digital electronic control system	全权数码发动机控制装置
FAITM	Function Allocation Issues and Tradeoffs Methodology	功能分配及权衡
FMS	flight management system	飞行管理系统

G

GPWS	ground proximity warning system	近地警告系统
GUI	Graphical User Interface	图形用户界面

H

HFACS	Human Factors Analysis and Classification System	人为因素分析分类系统

| HF – HWG | Human Factors-Harmonization Working Group | 人为因素协调工作组 |
| HUD | Head Up Display | 平视仪 |

I

ILS	Instrument Landing System	仪器导航着陆系统
IMC	Instrument Meteorological Conditions	仪表气象条件
IOF	input-output flow	输入—输出流

M

MAPPS	Maintenance Personnel Performance Simulation	维修者个人行为仿真
MCH 量表	Modified Cooper-Harper Ratings	改进的库珀-哈珀量表
MEL	Minimum Equipment List	最低设备放行清单

N

| NTSB | National Transportation Safety Board | 美国国家运输安全委员会 |

P

| POP | pilot operation procedures | 飞行员操作程序 |

R

| REMHS – D | Reliable Machine Human System-Developer | 可靠人机系统开发者 |
| RNAV | Area Navigation | 区域导航 |

S

SAE	Society of Automotive Engineers	美国汽车工程师学会
SAGAT	Situation Awareness Global Assessment Technique	情境意识全局评价技术
SARS	Situation Awareness Ratings	情境意识级别
SART	Situation Awareness Rating Technique	情境意识分级技术
SA – SWORD	Situation Awareness Subjective Workload Dominance	情境意识—主观工作负荷法
SLIM – MAUD	Success Likelihood Index Method-Multi Attribute Utility Decomposition	有效分解的成功可能索引法
SMYD	stall management yaw damper	失速管理偏航阻尼器
SWAT 量表	Subjective Workload Analysis Technique	主观工作负荷分析技术

T

TAWS	Terrain Awareness Warning System	地形告警系统
TC	Type Certificate	型号合格证
TCAS	Traffic Collision Avoidance System	空中交通防撞系统
THERP	Technique for Human Error Rate Prediction	人失误率预测技术

V

VMC	Visual Meteorological Conditions	目视气象条件
VNAV	Vertical Navigation	垂直导航
VNP	verb-noun pair	动名词对

W

| WP | work-package | 工作包 |

索　引

大飞机出版工程
书　目

一期书目(已出版)

《超声速飞机空气动力学和飞行力学》(俄译中)

《大型客机计算流体力学应用与发展》

《民用飞机总体设计》

《飞机飞行手册》(英译中)

《运输类飞机的空气动力设计》(英译中)

《雅克-42M和雅克-242飞机草图设计》(俄译中)

《飞机气动弹性力学及载荷导论》(英译中)

《飞机推进》(英译中)

《飞机燃油系统》(英译中)

《全球航空业》(英译中)

《航空发展的历程与真相》(英译中)

二期书目(已出版)

《大型客机设计制造与使用经济性研究》

《飞机电气和电子系统——原理、维护和使用》(英译中)

《民用飞机航空电子系统》

《非线性有限元及其在飞机结构设计中的应用》

《民用飞机复合材料结构设计与验证》

《飞机复合材料结构设计与分析》(英译中)

《飞机复合材料结构强度分析》

《复合材料飞机结构强度设计与验证概论》

《复合材料连接》

《飞机结构设计与强度计算》

《飞机材料与结构的疲劳与断裂》(英文版)

三期书目

《适航理念与原则》

《适航性:航空器合格审定导论》(译著)

《民用飞机系统安全性设计与评估技术概论》

《民用航空器噪声合格审定概论》

《机载软件研制流程最佳实践》

《民用飞机金属结构耐久性与损伤容限设计》

《机载软件适航标准DO-178B/C研究》

《运输类飞机合格审定飞行试验指南》(编译)

《民用飞机复合材料结构适航验证概论》

《民用运输类飞机驾驶舱人为因素设计原则》

四期书目

《航空燃气涡轮发动机工作原理及性能》

《航空发动机结构》

《航空发动机结构强度设计》

《风扇压气机气动弹性力学》(英文版)

《燃气轮机涡轮内部复杂流动机理及设计技术》

《先进燃气轮机燃烧室设计研发》

《燃气涡轮发动机的传热和空气系统》

《航空发动机适航性设计技术导论》

《航空发动机控制》

《气动声学基础及其在航空推进系统中的应用》(英文版)

《叶轮机内部流动试验和测量技术》

《航空涡轮风扇发动机试验技术与方法》

《航空轴流风扇压气机气动设计》

《燃气涡轮发动机性能》(译著)

其他书目

《民用飞机环境监视系统》

《民用飞机飞行管理系统》

《飞机内部舒适性设计》(译著)

《航空航天导论》

《航空计算工程》

《涡动力学》(英文版)

《尾涡流控制》(英文版)

《动态系统可靠性分析:高效概率法及航空航天应用》(英文版)

《国际航空法导论》(译著)